Lesen, wie, wann und wo Sie wollen!
**ZU DIESEM BUCH ERHALTEN SIE
DAS E-BOOK EINFACH MIT DAZU**

1. Öffnen Sie die **Webseite** www.campus.de/ebookinside.
2. Geben Sie unter der Überschrift »E-Book inside« folgenden **Download-Code** in das Eingabefeld ein, um

   Ihr E-Book zu erhalten: DJJ2A-KJX3J-6N7HZ

3. Wählen Sie das gewünschte E-Book-**Format** (MOBI/Kindle, EPUB oder PDF).
4. Füllen Sie das Formular aus und mit dem Klick auf den Button am Ende des Formulars erhalten Sie Ihren persönlichen **Download-Link** für das ausgewählte E-Book-Format per E-Mail.

CHEFSACHE
CYBERSICHERHEIT

Thomas R. Köhler

CHEFSACHE
CYBERSICHERHEIT

Der 360-Grad-Check
für Ihr Unternehmen

Campus Verlag
Frankfurt/New York

ISBN 978-3-593-51373-7 Print
ISBN 978-3-593-44742-1 E-Book (PDF)
ISBN 978-3-593-44741-4 E-Book (EPUB)

Das Werk einschließlich aller seiner Teile ist urheberrechtlich geschützt.
Jede Verwertung ist ohne Zustimmung des Verlags unzulässig. Das gilt
insbesondere für Vervielfältigungen, Übersetzungen, Mikroverfilmungen
und die Einspeicherung und Verarbeitung in elektronischen Systemen.
Trotz sorgfältiger inhaltlicher Kontrolle übernehmen wir keine Haftung
für die Inhalte externer Links. Für den Inhalt der verlinkten Seiten sind
ausschließlich deren Betreiber verantwortlich.
Copyright © 2021. Alle deutschsprachigen Rechte bei Campus Verlag GmbH,
Frankfurt am Main.
Umschlaggestaltung: Guido Klütsch, Köln
Umschlagmotiv: © shutterstock/Varunyuuu (Hintergrund) shutterstock/senee sriyota (Schild)
Satz: Publikations Atelier, Dreieich
Gesetzt aus der Sabon Next und der URW DIN
Druck und Bindung: Beltz Grafische Betriebe GmbH, Bad Langensalza
Printed in Germany

www.campus.de

INHALT

Cybersicherheit ist Chefsache! 7
   Alarmierend – Cyberattacken in Zahlen 7
   Schädlich – vielfältige Kosten durch Cyberangriffe 8
   Bedenklich – Sorglosigkeit in der Chefetage 9
   Fatal – Kleinreden der Cybersecurity 11
   Vorbildlich – Wege aus dem Cybersecurity-Dilemma 15

1 Attacken von vielen Seiten 22
   Eine altbekannte Plage – Computerviren und -würmer 22
   Hinterhältig – Trojaner 24
   Hier lockt das große Geld – E-Mail-Scams 26
   Sie haben Post! Phishing-Mails als Einfallstor 34
   Social Engineering – Täuschungsmanöver auf hohem Niveau 42
   Enkeltrick für Unternehmen – CEO-Fraud 47
   Erpressung und Datendiebstahl in einem – dank Ransomware 50
   Angriff der Bots – lahmgelegte Websites durch DDoS-Attacken ... 63
   Ihre Abwehrkräfte – mobilisieren Sie Ihre Verteidigung! 64

2 Cybersecurity im Zeichen der Burg 82
   Innerhalb der Burgmauern – Cybersecurity im Büro 83
   Wildwuchs in der Ablage – Datensicherheit und Datenschutz 92
   Smarte Geräte überall – intelligente Büroumgebung 99
   Mobiles Arbeiten 105
   Im Homeoffice 114
   Dauerbrenner Cloud-Computing 120
   Industrieanlagen und Logistik – lohnende Ziele 125
   Fahrzeugsicherheit – mit einer neuen Dimension 131
   Opfer überall – Cyberkriminelle ohne Skrupel 136

3 Ungleichgewicht zwischen Angriff und Verteidigung 141
   Eine Lücke reicht – das Grundproblem der Cybersicherheit 142
   Kennen Sie Ihre Feinde? Einige Typen und Motive 142

Die Gefahr von innen – Bedrohungen durch Mitarbeiter 149
Schlamperei – kaum Anreize für Sorgfalt 155
Die Sache mit der Anonymität – ohne klare Identität im Internet 162
Allein auf weiter Flur – der Chief Information Security Officer 167
Mit im Boot – Sensibilisierung der Mitarbeiter 173
Ihre Verteidigungslinien –
mehr Cybersicherheit in Ihrem Unternehmen 174

4 Künstliche Intelligenz und Cybersicherheit 185
Stand der Technik – wie intelligent ist KI? 186
Deep Fake – wem können Sie noch trauen? 190
Künstliche Helfer – mit Algorithmen gegen Cyberkriminelle 193

5 Ohne wirksames Gegenmittel 195
Attraktive Schlüsselstelle – Sicherheitsdienstleister im Visier 195
Versierte Marktschreier – mehr Schein als Sein 199
Spiel mit der Angst – und mit dem Feuer 201
Hart an der Grenze – Hilfe nach Ransomware-Attacken 202
Schwarze Schafe – auch in der Cybersicherheitsbranche 203

6 Investitionen in Cybersicherheit 205
Erste Einordnung – Marktprognosen und Investitionsvorhaben 205
Schwarz auf weiß – Kennzahlen für Cybersicherheit 208
IT-Benchmarking – Maßstab für IT-Ausgaben 214
Über den Daumen gepeilt – eine grobe Kostenschätzung 216
Undurchsichtige Vielfalt – Cybersecurity-Lösungen en masse 217

7 Die Kronjuwelen Ihres Unternehmens 221
Rundum geschützt – aber wie? 221
Schützenswert – was Cybersicherheit ausmacht 222
Das CE21-Cybersecurity-Modell 360+ 233
Sicherheit versus Komfort 236

Keine Illusionen, aber ein Hoffnungsschimmer 241

Glossar 245
Anmerkungen 259
Der Autor 272

CYBERSICHERHEIT IST CHEFSACHE!

Cybersicherheit ist Chefsache – eigentlich eine triviale Erkenntnis, möchte man meinen, angesichts von Sicherheitsvorfällen großer Tragweite, die immer wieder Schlagzeilen in den Medien machen. Im Zuge der Vernetzung unserer Lebens- und Arbeitswelt in den letzten 25 Jahren wurden wir mit neuen, teils unvorhersehbaren Risiken konfrontiert, von technischen Schwachstellen und Sicherheitslücken über Cyberkriminelle, die geschickt menschliche Schwächen ausnutzen, bis hin zu automatisierten Attacken, die potenziell unsere Infrastrukturen bedrohen.

Nicht selten wurden diese Risiken befeuert von einer Technologiebranche, die es über Jahrzehnte geschafft hat, sich aus der Verantwortung für ihre eigenen Produkte zu stehlen. Hinzu kommen schwarze Schafe in der Cybersecurity-Branche, die jede Gelegenheit nutzen, um potenzielle Kunden mit immer neuen Schreckensszenarien einzuschüchtern und ihnen möglichst viel Geld für unnütze Produkte und Dienstleistungen aus der Tasche zu ziehen. Umfassenden Schutz gibt es angeblich nur durch den Erwerb immer neuer Wunderwaffen gegen Cyberkriminalität in Gestalt von Programmen, Geräten und Diensten. Doch mitunter bringen die Sicherheitslösungen selbst neue Sicherheitsrisiken mit sich.

Alarmierend – Cyberattacken in Zahlen

Nach wie vor sind bei viel zu vielen kleinen und mittelständischen Unternehmen die Brisanz von Cyberattacken und die Relevanz des Themas Cybersicherheit für die eigene Zukunftsfähigkeit nicht bis in die Management- und Chefetagen durchgedrungen, allen dokumentierten Vorfällen zum Trotz.

Ein beliebtes Bonmot unter IT-Sicherheitsexperten lautet nicht von ungefähr: »Es gibt nur zwei Arten von Unternehmen – die, die gehackt wurden, und die,

die es noch nicht wissen.« Mehr als 1 000 deutsche Unternehmen hat Bitkom Research für die Studie »Spionage, Sabotage und Datendiebstahl – Wirtschaftsschutz in der vernetzten Welt: Studienbericht 2020« befragt:[1] »75 Prozent der Unternehmen waren in den vergangenen zwei Jahren von Datendiebstahl, Industriespionage oder Sabotage betroffen. Weitere 13 Prozent waren vermutlich betroffen – denn nicht immer lässt sich ein Angriff zweifelsfrei feststellen.« In Summe ist das ein deutlicher Sprung zu den Studienergebnissen aus 2015 und 2017, die jeweils knapp über 50 Prozent der Unternehmen als »Betroffene« identifiziert hatten. Und diese Identifikation kann dauern. Der US-Sicherheitsanbieter FireEye geht in seinen Sicherheitsreports für die EMEA-Region, zu der auch Deutschland gehört, durchschnittlich von 106 Tagen, also gut drei Monaten aus.[2] Der von IBM Security herausgegebene »Bericht über die Kosten einer Datenschutzverletzung 2020« nennt 279 Tage zwischen einem Sicherheitsvorfall und dessen Entdeckung, für Deutschland werden »nur« rund 170 Tage genannt.[3] Egal welchen Schätzwert man zugrunde legt: In jedem Fall ist es eine viel zu lange Zeit, in der sich die Angreifer ungestört umsehen, Daten exfiltrieren und Systeme manipulieren können.

Ein Lichtblick ist, dass die interne Risikobewertung der Unternehmen sich anscheinend langsam, aber sicher auf die Gefahr durch Cyberkriminelle einstellt. Einen Hinweis darauf liefert das Allianz-Risk-Barometer, das jährlich die wichtigsten Risiken aus Sicht der deutschen Unternehmen beleuchtet: 2013 waren nur rund 6 Prozent der Befragten der Meinung, dass Cybersicherheit ein wesentliches Businessrisiko sei. Damit landete sie auf Platz 15.[4] 2020 steht die Angst vor Cyberattacken an der Spitze der Liste[5] – meiner Meinung nach vollkommen zu Recht! Cyberattacken können heutzutage jeden treffen, und deswegen ist Cybersicherheit für alle Unternehmen, die großen, die mittelständischen und die kleinen, eine Grundvoraussetzung. Setzen Sie das Thema in Ihrem Unternehmen auch ganz oben auf die Agenda!

Schädlich – vielfältige Kosten durch Cyberangriffe

Die Schäden für die deutsche Wirtschaft durch Cyberattacken belaufen sich Bitkom Research zufolge auf rund 100 Milliarden Euro pro Jahr. Miteinbezogen wurden dabei die Kosten für Ermittlungen, Ersatzmaßnahmen, Rechtsstreitigkeiten, datenschutzrechtliche Maßnahmen, entstandene Kosten durch Erpressung mit gestohlenen oder verschlüsselten Daten sowie durch Ausfall, Diebstahl oder Schädigung von Informations- und Produktionssystemen oder

Betriebsabläufen, Umsatzeinbußen durch Plagiate oder den Verlust von Wettbewerbsvorteilen sowie entstandene Imageschäden, etwa durch negative Berichterstattung. Als weitere negative Folge identifiziert, aber nicht in Euro beziffert wurde im Rahmen der Studie eine erhöhte Mitarbeiterfluktuation beziehungsweise das Abwerben von Mitarbeitern.[6]

Ob und wieweit die von Bitkom Research ermittelte jährliche Schadenssumme stimmig ist, ist umstritten, denn bei der Bezifferung der Schäden gehen die Schätzungen weit auseinander. Einigkeit besteht eigentlich nur insoweit, als die Kosten für eine Cyberattacke mit Datenverlust dramatisch variieren und alleine aus diesem Grund simple Mittelwerte immer problematisch sind, da sie durch einzelne Großereignisse massiv verschoben werden und natürlich viele kleinere Schäden gar nicht erst bekannt werden.

Um dennoch eine Indikation zu haben, ist IBM eine erste Anlaufstelle. Der IBM Data Breach Report kalkuliert die Kosten je Cybersecurity-Vorfall weltweit auf 3,92 Millionen US-Dollar und in Deutschland auf rund 4,78 Millionen US-Dollar.[7] Weltweiter Spitzenreiter sind die USA mit 8,19 Millionen US-Dollar. Für die Schweiz geht die Melde- und Analysestelle Informationssicherung mit dem schönen Akronym »Melani« von rund 4,7 Millionen Schweizer Franken aus.[8] Woran die Unterschiede im Detail liegen, ist nicht klar. Einige Untersuchungen adressieren die angesprochenen Verzerrungen und stellen detailliertere Analysen an. Die Cyentia Information Risks Insights Study 2020 etwa gliedert nach Branchen auf und ermittelt Durchschnitts- sowie Extremwerte der bei Sicherheitsvorfällen erlittenen Verluste. Der Durchschnittswert schwankt demnach zwischen 132 000 US-Dollar (öffentlicher Sektor) und 782 000 US-Dollar (Informationstechnologie). Der Extremwert liegt bei rund 63 Millionen US-Dollar.[9]

Es ist müßig, sich über derartige Schätzungen zu streiten. Unbestritten ist jedoch, dass das Kostenrisiko für die direkten wie für die indirekten Folgen eines Cybersicherheitsvorfalls für die meisten Unternehmen enorm ist und existenzbedrohend sein kann. Um sich dagegen zu wappnen, muss die Initiative jedoch von ganz oben kommen, und dort fehlt oftmals nach wie vor das Problembewusstsein.

Bedenklich – Sorglosigkeit in der Chefetage

»Wir haben hier nur ein Sicherheitsrisiko – und das ist der Chef.« So ungewohnt deutlich teilte mir vor Kurzem der IT-Leiter eines bayerischen Automobilzulieferers seine Bedenken mit. Der Inhaber verweigere die Nutzung von

Passwörtern, weil er sie lästig finde, und bestehe darauf, seinen privaten Laptop sowie sein Smartphone mit in den Betrieb zu bringen und zu nutzen. Mehr als einmal habe der Chef seine mobilen Geräte bereits in Restaurants, in Taxis und am Flughafen vergessen. Jenseits des individuellen Risikos für sich und sein Unternehmen ist dieser Chef zweifellos kein gutes Vorbild für seine Mitarbeiter.

Doch auch in nicht inhabergeführten Unternehmen gibt es erfahrungsgemäß vermeidbare Sicherheitsrisiken, die auf diejenigen zurückgehen, die das Sagen haben und die – womöglich mangels technischer Kenntnisse – Cybersicherheit als notwendiges Übel oder gar als überflüssig sehen.

Sorglosigkeit als Lifestyle – eine Einstellung, die IT-Verantwortlichen verständlicherweise schwere Bauchschmerzen bereitet. Mir ist vollkommen bewusst: In den Führungsetagen der meisten kleinen und mittelständischen Unternehmen sitzen selten Experten für Cybersicherheit. Dort sind andere Kompetenzen gefragt, das versteht sich von selbst. Dennoch ist es heute wichtiger denn je, dass auch Sie als Inhaber oder Manager sich bis zu einem gewissen Grad mit der Materie auskennen. Cyberrisiken sind wesentlich für eine Bewertung von betrieblichen Risiken und sollten zumindest unter diesem Gesichtspunkt Aufmerksamkeit finden. Sollten Sie jemand im Betrieb haben, der für das Thema verantwortlich ist, nehmen Sie sich ein paar Stunden und lassen Sie sich briefen. Holen Sie sich im Zweifel auch vertrauenswürdigen externen Rat. Fragen Sie beispielsweise in Ihrem Branchenverband nach seriösen Anlaufstellen. Und dass Sie dieses Buch in der Hand halten und gerade darin lesen, ist natürlich ein guter Anfang.

Sollten Sie sich schon mal gefragt haben, warum Ihre IT-Abteilung Sie mit so vielen Vorschriften und Einschränkungen nervt, werden Sie nach der Lektüre hoffentlich anders darüber urteilen. Ich möchte Ihren Blick für Sicherheitsrisiken öffnen und weiten, sodass Sie in Zukunft zusammen mit Ihrer IT-Abteilung fundierte Entscheidungen über notwendige und angemessene Investitionen in puncto Cybersicherheit treffen können.

Und ich versichere Ihnen: Ihre IT-Abteilung will Sie nicht ärgern oder gar schikanieren, sondern handelt im besten Sinne Ihres Unternehmens. Nur wenn jeder im Unternehmen für Cybersecurity sensibilisiert ist und sich an bestimmte Regeln hält, kann gewährleistet werden, dass Ihre Firma gegen Angriffe – egal ob von außen oder von innen – bestmöglich geschützt ist und bleibt.

Tun Sie bereits Ihr Bestes in puncto Cybersicherheit und unterstützen Ihre IT-Verantwortlichen nach Kräften? Geben Sie ihr oder ihm den nötigen Raum und gestatten oder fördern Sie entsprechende Fortbildungen? Viel zu oft wird die IT als mehr oder weniger lästiger Bittsteller gesehen. Sollte das bei Ihnen so sein, dann ändern Sie das. Hören Sie zu und fragen Sie gezielt nach. Sie werden sich wundern, was in Ihrem Unternehmen an Wissen über mögliche Gefahren bereits vorhanden ist, und nutzen Sie das, um einen Eindruck zu erhalten, den Sie am besten mit einem neutralen externen Experten noch mal durchsprechen. So oder so, Sie werden dazulernen.

Wie gut sind Sie Ihrer Meinung nach für die Risiken des Digitalzeitalters aufgestellt? Sind Sie eher Anfänger, Fortgeschrittener oder gar ein ausgebuffter Profi? Hiscox, ein internationaler Anbieter von Versicherungen gegen Cyberkriminalität, hat 2019 im Rahmen einer Studie Unternehmen befragt, wie gut sie sich auf Sicherheitsvorfälle vorbereitet fühlen, und um eine Selbsteinschätzung gebeten. Selbsteinschätzungen sind naturgemäß kritisch, denn Menschen neigen im Allgemeinen zu dem, was man in der Psychologie »Overconfidence Bias« nennt, das heißt, sie schätzen ihre eigenen Fähigkeiten besser ein, als diese tatsächlich sind. So hält sich ein Großteil der Autofahrer für besonders gute Autofahrer, was rein statistisch gar nicht möglich ist. Insofern sind alle Umfragen, die auf Selbsteinschätzung beruhen, mit Vorsicht zu genießen. Dennoch sei diese Studie hier genannt, schlicht weil es wenige Maßstäbe gibt, die eine Bewertung überhaupt möglich machen. So zeigt sich in der Untersuchung dieses Versicherers denn auch eine durchweg selbstkritische Einschätzung. In Deutschland sind demnach 70 Prozent der Unternehmen Cyberanfänger, 19 Prozent Cyberfortgeschrittene und 11 Prozent Cyberexperten.[10] Die Ergebnisse fallen übrigens europaweit sehr ähnlich aus. Der Unterschied bewegt sich bei wenigen Prozentpunkten. Als Fazit kann man durchaus festhalten, dass die meisten Befragten sich durchaus bewusst sind, dass sie im Bereich Cybersicherheitskenntnisse und -fähigkeiten Defizite haben. Fragt sich, warum die wenigsten Befragten tatsächlich aktiv etwas dagegen unternehmen. Die Vermutung ist, dass es erst eines hinreichenden »Schmerzlevels« braucht, um ins Handeln zu kommen.

Fatal – Kleinreden der Cybersecurity

Wenn ich in Gesprächen mit Inhabern, CEOs und Topmanagern auf deren Einstellung zum Thema Cybersicherheit zu sprechen komme, höre ich nicht selten bedenkliche bis gefährliche Aussagen. Dass es Cyberattacken gibt, ist meinen Gesprächspartnern bekannt, etwa weil es einen Konkurrenten bereits »erwischt« hat. Im Grunde genommen ist es also nur noch eine Frage der Zeit, bis ihr Unternehmen ebenfalls attackiert wird. Nichtsdestotrotz haben viele Gesprächspartner bisher wenig bis nichts für mehr Schutz unternommen und rechtfertigen das auf unterschiedliche Weise. Die nachfolgende Aufzählung impliziert dabei keine Wertung. Jede genannte Ausrede ist auf ihre eigene Art gefährlich, weil sie indirekt mitursächlich sein kann für massive Sicherheitsprobleme bis hin zu existenzbedrohenden Vorfällen.

> **Die zehn häufigsten Rechtfertigungen von Entscheidern**
>
> - Wir sind doch versichert!
> - Ach, wir schließen die Lücken später.
> - Sicherheit ist doch eigentlich ganz einfach …
> - Wieso, wir sind doch compliant?!
> - Wir haben die Lösung gefunden!
> - Das macht bei uns die IT.
> - Wir sind schon vollständig geschützt.
> - Sicherheit ist da eingebaut.
> - Wir sind noch nie angegriffen worden.
> - Wir sind zu klein dafür. Wer interessiert sich schon für uns?

»Wir sind doch versichert!« Dieser Aussage liegt die Idee zugrunde, dass man sich um Cybersicherheit nicht kümmern muss, solange eine Versicherung im Schadensfall einspringt. Das bedeutet, Führungskräfte mit diesem Mindset übertragen die Verantwortung und die Risiken lieber auf Dritte, als sich selbst um die Cybersicherheit zu kümmern und einen Versicherungsfall zu verhindern.

Diese Einstellung greift in meinen Augen aus mehreren Gründen zu kurz. Als Geschäftsführer oder Manager sind Sie dafür verantwortlich, existenzbedrohende Risiken von Ihrem Unternehmen fernzuhalten. Selbst wenn Sie eine Versicherung gegen die Folgen von Cybersicherheitsvorfällen besitzen, können Sie sich nicht blind darauf verlassen, dass eine Versicherung in jedem Fall für die entstandenen Schäden aufkommt. Vielfach sind diese Versicherungen an bestimmte technische Maßnahmen und die laufende Einhaltung gewisser Sicherheitsstandards gebunden. Sie können im Schadensfall davon ausgehen, dass der Versicherer sich sehr genau ansehen wird, was Sie zur Verhinderung des Schadenseintritts getan haben. Unter Umständen schaut der Versicherer auch sehr genau in seine Vertragsbedingungen, um von der Leistungspflicht entbunden zu werden. So machte der Fall Zurich Versicherung gegen Mondelez vor einigen Jahren Schlagzeilen, denn die Versicherungsgesellschaft sah in dem Cyberangriff auf den Lebensmittelproduzenten eine kriegerische Handlung einer fremden Macht, was als solches typischerweise nicht versichert ist.

»Ach, wir schließen die Lücken später.« Das ist eine ähnlich gefährliche und lapidare Aussage wie der Verweis auf das Vorhandensein einer Versicherung. Nicht selten ist den Verantwortlichen dabei die Lage bewusst, vielfach gab es bereits ein IT-Sicherheits-Audit, das zu dem Ergebnis kam, dass Sicherheitslücken vorhanden sind. Die Ergebnisse des Audits zu ignorieren, ist eine gefährliche Strategie, ebenso wie wissentlich bereits bekannte Sicherheitslücken nicht zu schließen. Nicht selten verweist man auf anstehende grundlegende Upgrades, mit denen dann eben auch diese Lücken obsolet werden. Was vielfach vergessen wird: Jeder Tag mit einer nicht beseitigten Lücke kann ein Tag zu viel sein, wenn diese von einem Angreifer erfolgreich ausgenutzt wird. Und das ist – im Zeitalter automatisierter Angriffswerkzeuge – gar nicht mal so unwahrscheinlich.

»Sicherheit ist doch eigentlich ganz einfach« ist vielfach eine Metapher für Mängel bei der Konfiguration und laufenden Überwachung dieser Werkzeuge, obwohl bei den Unternehmen alles vorhanden ist – zumindest, was die Hardware und Software für Cybersicherheit angeht.

»Wieso, wir sind doch compliant?!« Das ist vielleicht die gefährlichste Aussage. Gemeint ist damit, dass man sich als Unternehmen an definierten Vorgaben orientiert, aber dabei nicht nach rechts oder links schaut. Eine sogenannte Compliance-based Security ist ein Anfang, aber dennoch vielfach das Papier nicht wert, auf dem die Anforderungen definiert wurden. Sicherheit, die nicht gelebt wird, ist – spätestens mit der nächsten großen Welle neuer Angriffe – ein Störfall mit Ansage. Das Problem: Angreifer orientieren sich nicht an Compliance-Vorgaben, sondern sie attackieren dort, wo es Erfolg versprechend scheint.

»Wir haben die Lösung für alle Sicherheitsprobleme gefunden.« Man mag es kaum glauben, aber selbst derartige hanebüchenen Aussagen bekommt man ab und an zu hören. Sie kommt meist von Unternehmen, die gerade frisch in eine mehr oder weniger universelle Cybersicherheitslösung investiert haben und den wolkigen Versprechungen der Anbieter eines »Rundum-Schutzes« oder einer »total security« Glauben schenken. Diese Aussage zeugt von falschem Vertrauen in eine Universallösung, die alle Anforderungen an Cybersicherheit im Unternehmen abzudecken vermag. Außerhalb von Marketingbroschüren hat dieses Wunderwerkzeug aber noch niemals jemand gefunden.

»Das macht bei uns die IT.« Diesen Satz höre ich häufig und manchmal stimmt er sogar, aber vielfach hängt damit die Verantwortung im Niemandsland und der Weg ins Desaster ist nicht weit. Festzuhalten ist: Die schlussendliche Verantwortung, wenn was schiefgeht, liegt immer bei der Geschäftsleitung. Wegdelegieren lässt sich das nicht. Auch wenn von Cybersicherheit im Aktiengesetz und

GmbH-Gesetz direkt nichts steht, gelten Grundpflichten in diesen Regelwerken auch dafür. Experten der Wirtschaftsprüfungs- und Steuerberatungsgesellschaft Rödl sehen sogar drei wesentliche Pflichten, die den Bereich der Cybersicherheit tangieren, und beschreiben diese wie folgt:[11]

- »Sorgfaltspflicht: So haben etwa Vorstandsmitglieder die Sorgfalt eines ordentlichen und gewissenhaften Geschäftsleiters gem. § 93 Abs. 1 (1) und (2) AktG anzuwenden. Für einen Geschäftsführer einer GmbH wird nach § 43 Abs. 1 GmbHG der gleiche Maßstab zur Sorgfalt gefordert.
- Legalitätspflicht: Diese Pflicht der Geschäftsleitung verlangt, dafür Sorge zu tragen, dass sich die Gesellschaft in ihren Außenbeziehungen rechtmäßig verhält. Dabei hat die Geschäftsleitung auch die Handlungen ihrer Mitarbeiter zu überprüfen.
- Pflicht zur Einrichtung von Überwachungssystemen: In § 91 Abs. 2 AktG wird die Einrichtung explizit gefordert. Es ist aufgrund dieser Regelung davon auszugehen, dass im Fall einer juristischen Überprüfung auch die Geschäftsführung einer GmbH oder anderer Gesellschaftsformen betroffen sind.«

Und sehen bei einer Pflichtverletzung einen Schadensersatzanspruch der Gesellschaft gegen die Geschäftsleitung.

»Wir sind schon vollständig geschützt.« Bei solchen Aussagen handelt es sich um einen klaren Fall von »Security by Marketing« und derjenige ist schlicht auf die mehr oder weniger hohlen Versprechungen der Vertriebsleute oder bunter Illustrationen auf einer Website hereingefallen. Nur zu gerne vertraut man darauf, dass Dienstleistungen und Produkte aus der IT-Sicherheit einen vollständigen Schutz bieten können. Ein gefährlicher Irrglaube, denn absolute Sicherheit gibt es nicht. Es ist daher ein bisschen wie zu glauben, dass Diätkekse wirklich schlank machen. Man wünscht sich einfach, dass das wahr wäre, und blendet Unplausibilitäten aus. Die Täuscher sterben nicht aus, solange es Kunden gibt, die sich so leicht hinters Licht führen lassen.

»Sicherheit ist da eingebaut« ist ein gern gebrauchtes Argument dafür, sich mit potenziellen oder tatsächlichen Sicherheitsproblemen von einzelnen Systemen und Anlagen, etwa Maschinen in Industriebetrieben oder medizinischen Geräten in Krankenhäusern und Arztpraxen, gar nicht erst auseinanderzusetzen. Es ist eine Mischung aus Marketinggläubigkeit und fehlendem Sicherheitsbewusstsein, die hier durchscheint und in den meisten Konstellationen zu einem schleichenden Problem wird, denn Fakt ist: Neue technische Systeme bringen – gegen die Versprechungen der Hersteller – häufig neue Risiken für das System selbst, aber manchmal auch für das Unternehmen. So gut wie nie sind diese Risiken bei der Einführung und Implementierung bekannt. Praktisch immer kommen diese erst später zum Vorschein. Entscheidend ist dann, wie der Hersteller, aber auch wie der Abnehmer damit umgeht. Anders gesagt: Gibt es zeitnah Sicherheits-Updates, wenn ein Problem auftritt, und werden diese dann auch tatsächlich vom Anwenderunternehmen eingespielt? Selbst Sicherheitssoftware wie Antivirenprogramme, Firewallsysteme und andere Programme, die eigentlich die Sicherheit erhöhen, bringen manchmal Sicherheitslücken mit und verschlechtern so die Lage. »Sicherheit ist da eingebaut« ist daher stets mit Vorsicht zu genießen.

»**Wir sind noch nie angegriffen worden!**« Das bedeutet leider fast immer: Die Unternehmen wurden bereits gehackt, haben es aber noch nicht bemerkt. In die gleiche Richtung geht der Spruch: »Ich hoffe, wir werden nicht attackiert.« Der Kabarettist Nico Semsrott beschrieb das Prinzip Hoffnung wider besseres Wissen einmal mit den schönen Worten: »Die Hoffnung stirbt zuletzt, aber sie stirbt!«[12]

»**Wir sind zu klein. Wer interessiert sich schon für uns?**« Das ist der Klassiker bei kleinen und mittelständischen Unternehmen. Wenn es Ihnen bisher noch nicht bewusst war, werden Sie spätestens bei der Lektüre anhand von zahlreichen Fallbeispielen erfahren, wie sehr gerade der Mittelstand im Fokus der Cyberkriminellen steht.

Vorbildlich – Wege aus dem Cybersecurity-Dilemma

- Wer weiß, womöglich sind Ihnen solche oder ähnliche Aussagen früher selbst einmal über die Lippen gekommen. Da Sie dieses Buch in den Händen halten, ist ein entscheidender Schritt auf dem Weg zu mehr Cybersicherheit für Ihr Unternehmen bereits getan: Sie haben erkannt, dass Sie Ihre Firma besser absichern müssen. Die Motive können dabei unterschiedlich sein, etwa wie in folgenden Beispielen:
- Sie sind Inhaber oder Mitinhaber und sehen in den Folgen von Cyberangriffen ein Risiko für Ihren Unternehmenserfolg. Sie sehen sich in der Verantwortung für sich, die Mitarbeiter und das Unternehmen.
- Sie sind angestellte Führungskraft und scheuen die persönliche Haftung oder wollen Ihren Bonus, der sich etwa auf den Aktienkurs bezieht, nicht gefährden.

- Ihr Unternehmen ist von besonderen Regelungen getroffen – etwa die BSI KRITIS-Verordnung zu sicheren Infrastrukturen – und Sie müssen investieren.
- Ihre Kunden verlangen klare vertragliche Garantien für die Verfügbarkeit von Systemen und Diensten.
- In Ihrer Branche kam es bereits zu Cyberangriffen mit enormen Schäden und Sie fragen sich, ob Ihr Unternehmen das nächste Opfer ist.
- Sie haben Ihre Aufgabe als Führungskraft neu begonnen und wollen nun überall nach dem Rechten sehen.
- Sie oder Ihr Unternehmen sehen sich persönlich im Rampenlicht, weil Sie etwa einen bedeutenden Branchenpreis gewonnen haben oder die Medien über Sie berichtet haben.
- Sie sind – aufgerüttelt von zahlreichen Medienberichten – der Meinung, man müsse mehr für Cybersicherheit tun.
- Es gab bereits einen Sicherheitsvorfall in Ihrer Organisation. Sie wollen nun ausschließen, dass es zu weiteren Problemen kommt.

Diese Aufstellung ist natürlich alles andere als vollständig. Und nicht immer sind es einzelne Motive, sondern vielfach Kombinationen daraus, die den Ausschlag geben, endlich ins Handeln zu kommen. Egal, was Ihre Motive sind. Entscheidend ist, dass Sie ins Handeln kommen. Das ist im Business nicht anders als im Privatleben: Die Feststellung, man sollte mehr Sport machen oder weniger Alkohol konsumieren, ist schnell getroffen. Tatsächlich ins Handeln zu kommen und das eigene Verhalten zu ändern, scheitert vielfach an der Bequemlichkeit. Und selbst wenn der Start gelingt, besteht immer latent die Gefahr, in alte Verhaltensmuster zurückzufallen. Man hat ja keine Zeit, der Alltag ist wichtiger.

Ich kann Ihnen aufgrund meiner langjährigen Erfahrung als Cybersicherheitsexperte versichern, dass es wesentlich ist, dass Sie das Thema Cybersicherheit systematisch in Angriff in Angriff nehmen. Definieren Sie ein Projekt, widmen Sie diesem Ressourcen und stellen Sie sich darauf ein, unterwegs das Ganze mehrfach umzuplanen, denn ganz egal wie elaboriert Sie dabei vorgehen, Sie werden auf unbequeme Wahrheiten stoßen, denen Sie sich stellen müssen. Es liegt auf der Hand, dass es besser ist, wenn Sie diese selbst finden, bevor ein Angreifer es tut.

Die Verantwortung für den richtigen Umgang mit Cyberrisiken kann Ihnen niemand abnehmen, denn als Führungskraft oder als Inhaber ist es Ihre ureigenste Aufgabe, mit Risiken umzugehen. Eine Aufgabe, die im Allgemeinen mit Risikomanagement beschrieben wird und die um »typische« Unternehmensrisiken kreist. Und eine Aufgabe, die mit den oben beschriebenen Pflichten der Unternehmensleitung, »Sorgfaltspflicht«, »Legalitätspflicht« und »Pflicht zur Einrichtung von Überwachungssystemen« auch einen rechtlichen Hintergrund hat. Nach einer Auflistung auf der Industrie- und Handelskammer auf IHK24[13] sind dies insbesondere folgende Risiken:

Externe Risiken

- Wirtschaftliche Rahmenbedingungen (zum Beispiel Wachstum, Kaufkraft)
- Gesetzliche Verordnungen, regulatorischer Rahmen zur Ausübung des Geschäftes (zum Beispiel Umweltauflagen, Dosenpfand, Arbeitsschutz, Datenschutz, zusätzliche Auflagen et cetera)
- Geänderte Vergaberichtlinien für Fremdkapital
- Änderungen im Kaufverhalten (Produktsubstitutionen, veränderte Einstellungen und Vorlieben)
- Änderungen bei Kundenbedürfnissen
- Allgemeiner Preisverfall
- Konkurrenz aus Niedriglohnländern
- Energie- und Treibstoffkosten

Technologische Risiken

- Veränderungen auf der Lieferantenseite
- Fehlende Entwicklungsressourcen
- Ausfall eines Entwicklungspartners
- Ähnliche Produkte vom Wettbewerb schneller auf dem Markt als die eigenen
- Technologische Entwicklungen, die bestehende Produkte ersetzen (Produktlebenszyklus)
- Verzögerungen bei der Fertigstellung neuer Produkte
- Neue Wettbewerber mit moderner Fertigungstechnologie

Leistungswirtschaftliche Risiken

- Abhängigkeit von wenigen Lieferanten
- Engpässe bei notwendigem Material
- Abhängigkeit von wenigen Großkunden, Wegfall wichtiger Großkunden
- Vermarktungsintensität
- Steigende Vertriebskosten
- Umsatzausfälle

- Verlust von Vertriebskanälen
- Fehler im Management von Geschäftspartnern
- Fehlende Internationalisierung in Produktion und Vermarktung
- Fehler in Kundenrechnungen, Forderungsausfälle

Finanzwirtschaftliche Risiken

- Liquiditätsbedarf aufgrund neuer Angebote (zum Beispiel Leasing / Mietkauf)
- Margenreduktion durch Wettbewerbsdruck auf Preise
- Strittige Forderungen
- Verlängerung bei Debitorenzielen
- Verspätete Kapitalmaßnahmen
- Zu niedrige Eigenkapitalquote

Risiken aus der Organisation

- Fehlende Motivation
- Unzureichende Unternehmenskultur
- Schleppender Informationsfluss
- Fehlende Entscheidungsbereitschaft
- Störungen im technischen Ablauf
- Brand, Wasserschaden et cetera
- Ausfall von Führungskräften, Kündigung von Leistungsträgern
- Qualifikation von Mitarbeitern
- Fehlende Nachfolgeregelung

Die Bewertung all dieser Risiken und die adäquate Reaktion darauf sind – ohne Zweifel – ureigenste Aufgabe der Unternehmensleitung.

Dazu dient das Risikomanagement. Haufe Office definiert dies wie folgt: »Risikomanagement umfasst alle Aktivitäten eines Unternehmens, die sich auf die Analyse und den Umgang mit Chancen und Gefahren beziehen. Die wichtigsten Teilaufgaben des Risikomanagements sind die Identifikation, Quantifizierung, Aggregation, Überwachung und Bewältigung von Risiken (...)«.[14] Über Risikomanagement sind ganze Regalmeter in Bibliotheken geschrieben worden, es gibt Normen (ISO 31000) und Modelle und natürlich jede Menge Konzepte von Unternehmensberatern, die Mindestanforderungen sind jedoch recht einfach zu beschreiben und ergeben sich für Aktiengesellschaften aus § 91 Abs. 2 AktG:

»Der Vorstand hat geeignete Maßnahmen zu treffen, insbesondere ein Überwachungssystem einzurichten, damit den Fortbestand gefährdende Entwicklungen früh erkannt werden.«

Aber nicht nur der deutsche Rechtsrahmen deutet auf ein Mehr an Verantwortung hin. Die Analystenfirma Gartner sieht weltweit CEOs und Führungskräfte in der Pflicht und Verantwortung und verweist dazu auf verschiedentlichen regulatorischen Wandel, der in Folge zunehmender Sicherheitsvorfälle weltweit zu einer Verschärfung der Haftungsregeln in der Praxis führt.[15]

Dass Cyberattacken den Fortbestand eines Unternehmens gefährden können, steht spätestens nach einem Fall Anfang 2020 in der Schweiz fest. Ein Fensterbau-Unternehmen mit 170 Mitarbeitern musste nach einem Ransomware-Vorfall Konkurs anmelden. In einer Nachricht des Verwaltungsrates wird die Cyberattacke als ursächlich für die Pleite angegeben: »Eine massive Cyberattacke auf unsere Systeme führte jedoch im Mai 2019 zu einem herben Rückschlag für unser Unternehmen. Die Folge war ein Produktionsausfall von über einem Monat, begleitet von massiven Folgekosten (...)«, hieß es darin unter anderem.[16]

Aber zurück zu den Unternehmensrisiken. Auffällig bei obiger Auflistung ist, dass Cyberrisiken nicht oder – wohlwollend interpretiert – nur indirekt etwa bei den »Störungen im technischen Ablauf« auftauchen. Es wird Zeit, Cyberrisiken in der Debatte den Platz einzuräumen, der ihnen aus den Erfahrungen der Praxis gegeben werden sollte. Bei »Störungen im technischen Ablauf« denkt man an den Ausfall einer Maschine, aber wohl kaum an tage- oder monatelange weitreichende Beeinträchtigungen oder – im Extremfall – gar Komplettausfälle aller technischer Anlagen. Dies offenbart ein weiteres Problem, selbst wenn wir nun Cyberrisiken als eigene Risikoklasse sehen oder zumindest als Verursacher potenziell substanzgefährdender Probleme wahrnehmen: Was ist mit der Identifikation, Bewertung und Analyse der Risiken? Bei gewöhnlichen Risiken – also den Risiken aus obiger Auflistung – gibt es meist eine vernünftige Datenbasis. Ein Logistiker mit einem Fuhrpark an Lieferfahrzeugen hat meist ein relativ klares Bild von der Lebensdauer und Ausfallwahrscheinlichkeit der Fahrzeuge und weiß auch, wie oft sich typischerweise Unfälle ereignen, mithin kann er dafür geeignete Vorsorge treffen, etwa bei der Wartung der Fahrzeuge, der Ausgestaltung der Versicherungsverträge oder auch der Verhandlung der Konditionen mit Autovermietungen für Ersatzfahrzeuge. Bereits mittelständische Unternehmen verfügen hier in aller Regel über vernünftige Bemessungsgrundlagen und selbst als Einzelunternehmer mit nur einem LKW sind Sie nicht ganz aufgeschmissen, da es Erwartungswerte für Lebensdauer wie Unfallhäufigkeiten gibt, die sich natürlich in die eigene Planung integrieren lassen.

Wie steht es jedoch Cyberrisiken insbesondere um die Eintrittswahrscheinlichkeiten und möglichen Auswirkungen? Hier gibt es wenig belastbare Informationen, wenn es um das große Ganze geht. Einfache technische Risiken der Informationstechnologie lassen sich – analog zum LKW-Beispiel – jedoch recht gut bewerten. Die Ausfallquote von Rechnern oder Maschinen eines bestimmten Bautyps ist für viele mittelständische Unternehmen alles andere als Rocket Science. Wie oft und mit welchen erwarteten Auswirkungen jedoch ein Cybersicherheitsvorfall eintreten wird, ist nicht ohne Modellrechnungen mit vielen unbekannten Variablen zu bewältigen. In der Praxis sind diese meist nutzlos. Das ist die bittere Lektion des Autors aus gut zwei Jahrzehnten Beschäftigung mit dem Thema. Es geht nie um das Ob, sondern nur um das Wann und in welcher Form. Viele Unternehmen, die sich mit dem Gedanken tragen, den Umgang mit Cybersicherheit im eigenen Haus zu professionalisieren, stellen zudem im Laufe der Untersuchungen fest, dass sie längst gehackt worden sind, aber die Auswirkungen noch nicht oder noch nicht in Gänze erfassen können.

Wo auch immer Sie mit Ihren Überlegungen stehen: Den ersten Schritt für Ihr Unternehmen haben Sie spätestens mit Lektüre dieses Buchs bereits vorgenommen. Sie nehmen Cyberrisiken als Unternehmensrisiko an und sehen dieses – wie andere Risiken – im Verantwortungsbereich der Geschäftsleitung. Entscheidend ist nun der richtige – praxistaugliche – Umgang mit diesen schwer fassbaren Risiken neuer Art. Die alles entscheidende Frage lautet: Was können oder müssen Sie tun, um Ihr Unternehmen weitgehend vor Cyberattacken zu schützen? Um eine Antwort zu finden, müssen Sie zunächst wissen, welche Angriffe überhaupt denkbar sind und welche Einfallstore es für Cyberkriminelle generell gibt. Danach geht es darum zu bewerten, welche davon für Ihr Unternehmen relevant sind und was im Ernstfall auf dem Spiel steht. Im Anschluss kümmern Sie sich um entsprechende Vorsichtsmaßnahmen – in enger Zusammenarbeit mit Ihren IT-Verantwortlichen oder externen Dienstleistern. Dabei kommen natürlich auch die Kosten dieser Investitionen zur Sprache. Zudem sollten Sie wissen, was konkret zu tun ist, wenn es Sie persönlich, Ihre Mitarbeiter oder Ihr ganzes Unternehmen trotz aller Vorsicht erwischt hat, und brauchen einen Notfallplan, damit Sie in der Hektik nichts vergessen.

Ich gebe Ihnen in diesem Buch auf viele Fragen rund um Cybersicherheit fundierte Antworten. Übrigens: Wenn hier von einem »Experten« die Rede ist, sind selbstverständlich Personen jeglichen Geschlechts gemeint. Wo es möglich ist, verzichte ich auf überflüssigen Technikballast und Expertenkauderwelsch. Neue Cyber-Security-Vokabeln übersetze ich für Sie an Ort und Stelle und zum Nachschlagen finden Sie am Ende des Buchs ein Glossar.

Ich möchte Ihren Blick schärfen: nicht nur für Technologien und deren Schwächen, sondern vor allem für den Faktor Mensch, denn dieser spielt im Bereich Cybersicherheit eine wesentliche Rolle. Eins verrate ich Ihnen gleich vorweg: Es gibt weder ein Universalwerkzeug noch ein Patentrezept für die perfekte Cybersecurity-Strategie. Aber es gibt praxiserprobte Maßnahmen und bewährte Vorgehensweisen, an denen Sie sich orientieren können, um Ihre maßgeschneiderte Lösung zu finden. Mithilfe des CE21-Cybersecurity-Modells, das ich mitentwickelt habe, können Sie eine Risikobewertung für Ihr Unternehmen durchführen, erhalten einen schnellen Überblick über Ihren Cybersicherheitsstatus und identifizieren die Handlungsfelder für Investitionen in Sicherheit.

Laufende Updates zum Thema Cybersicherheit finden Sie in meinem LinkedIn-Feed unter https://www.linkedin.com/in/thomasrkoehler. Schauen Sie auch gerne auf meiner Website www.thomaskoehler.de vorbei! Dort finden Sie weitere Beispiele meiner Arbeit rund um den Schutz vor Cyberrisiken für Unternehmen wie Privatleute.

1 ATTACKEN VON VIELEN SEITEN

Ein durch Schadsoftware lahmgelegter Rechner, eine gehackte Website oder ein über ausgespähte Zugangs- oder Kreditkartendaten geplündertes Konto – von solchen Ereignissen betroffene Personen oder Firmen kennt inzwischen jeder. Direkt aus dem eigenen Bekanntenkreis oder indirekt aus den Medien. In der Businesswelt ist schnell von Millionenschäden die Rede, ja sogar von Unternehmen, die aufgrund einer Cyberattacke Insolvenz anmelden mussten. Sie kennen vielleicht solche Fälle aus Ihrer Branche, womöglich zählen Sie bedauerlicherweise sogar selbst zu den Opfern.

Einige Begriffe rund um Cyberangriffe haben Sie bestimmt schon einmal gehört oder gelesen, bei anderen wissen Sie aber nicht ganz genau, was Sie sich darunter vorstellen sollen und warum das Ganze so gefährlich ist. Geschweige denn, wie Sie mit solchen Attacken umgehen oder Angriffe verhindern könnten.

Es gibt eine ganze Reihe von Cyberattacken, die Ihr Unternehmen bedrohen. Doch wie gelingt es Cyberkriminellen, Ihr Unternehmen zu attackieren oder zu infiltrieren? Mit welchen Angriffen müssen Sie rechnen und wie können Sie sich dagegen wappnen?

Eine altbekannte Plage – Computerviren und -würmer

Der Computervirus – ein selbstreproduzierendes Programm, das Schaden stiften kann – als Urform und Vorläufer aller heute existierenden Bedrohungen der Cybersicherheit ist schon relativ alt. Anno 1949 veröffentlichte der Mathematiker John von Neumann seine Thesen, dass sich Computerprogramme selbst replizieren können.[1] Es dauerte aber noch bis zum Beginn der 1960er-Jahre, bis in den Bell Labs, einem berühmten Forschungszentrum im Silicon Valley, ein Computerspiel namens »Darwin« entwickelt wurde (später unter »Core Wars« bekannt), in dem zwei Algorithmen gegeneinander kämpften: Sie versuchen, sich gegenseitig zu überschreiben und so die Vorherrschaft über das Rechnersystem zu gewinnen.[2] Unter dem etwas sperrigen Titel »Selbstreproduzierende Automaten mit minimaler Informationsübertragung« beschrieb der österreichische Ingenieur Veith Risak 1972 dann einen zu Forschungszwecken geschriebenen Virus in einem Fachartikel. Das Programm selbst lief einwandfrei auf einem damals gängigen Siemens-Großrechner Typ 4004/35 und brachte alle grundlegenden Funktionen mit, die man heute mit einem Computervirus assoziiert.[3] Es konnte sich selbst reproduzieren und so weiter ausbreiten und war in der Lage, Veränderungen an den befallenen Systemen vorzunehmen.

Im selben Jahr tauchte auch der Begriff »Computervirus« erstmals auf – in einer Science-Fiction-Geschichte des (Drehbuch-)Autors David Gerrold mit dem Titel »When Harlie Was One«. Sowohl der Begriff als auch der Gedanke dahinter wurden in der Folge vielfach aufgegriffen, 1975 etwa in dem Roman *Der Schockwellenreiter*. Darin beschreibt der Autor John Brunner viele heute gängige Konzepte bis hin zur Grundidee der Schwarmintelligenz, aber eben auch die Gefahren von Computerviren und anderen selbstreproduzierenden Algorithmen. Die Büchse der Pandora war geöffnet und Wissenschaftler wie Praktiker stürzten sich auf dieses neue Konzept.

Im Jahr 1980 entstand am Informatik-Lehrstuhl der Universität Dortmund eine Diplomarbeit, in welcher der Vergleich angestellt wurde, dass sich bestimmte Programme ähnlich wie biologische Viren verhalten können. Zwei Jahre später schrieb ein damals 15-jähriger US-amerikanischer Schüler ein Computerprogramm namens »Elk Cloner«, das sich auf Apple-II-Systemen via Diskettenaustausch verbreitete. Die eigentliche Schadfunktion von Elk Cloner war überschaubar, so ist überliefert, dass das Programm bei jeder fünfzigsten eingeschobenen Diskette die Meldung ausgab:

> Elk Cloner: The program with a personality
> It will get on all your disks
> It will infiltrate your chips
> Yes it's Cloner!
> It will stick to you like glue
> It will modify ram too
> Send in the Cloner![4]

Wann genau der erste Computervirus, der diesen Namen wirklich verdient, weil er wirkliche Schäden anrichtete, in freier Wildbahn entdeckt wurde, ist unklar.

1986 jedenfalls wurde die erste Vireninfektion auf Rechnern der Freien Universität Berlin entdeckt.[5]

Seither haben wir eine beinahe lawinenartige Zunahme verschiedenster Schadprogramme erlebt, die sich von System zu System, das heißt meist von Computer zu Computer, aber auch von Mobiltelefon zu Mobiltelefon verbreiten. Während früher die Datenübertragung von Schadsoftware zumeist per Diskette erfolgte, stehen nun schnellere und weitreichendere Übertragungswege offen, sodass sich Schadprogramme binnen weniger Stunden rund um den Globus verbreiten können.

> **Virus oder Wurm – das ist hier die Frage**
>
> Bestimmt haben Sie den Begriff **Computerwurm** schon einmal gehört. Der wichtigste Unterschied zum Computervirus: Er verbreitet sich anders. Bei einem Computerwurm handelt es sich ebenfalls um eine Schadsoftware, die sich selbst vervielfältigt. Doch sie breitet sich autark aus, typischerweise über Netzwerke oder Wechseldatenträger, während ein Computervirus eine Wirtsdatei benötigt. Die Schadfunktionen des Computerwurms können sehr vielfältig sein.

Hinterhältig – Trojaner

Um die Begriffsverwirrung komplett zu machen, ist vielfach auch die Rede von einem weiteren Schädling: der Trojaner. Der Begriff ist entstanden in Anlehnung an das hölzerne Trojanische Pferd aus der griechischen Mythologie, das zur Eroberung des als uneinnehmbar geltenden Troja diente, indem sich griechische Soldaten in seinem Bauch versteckt hielten, die nachts – nachdem das als Geschenk präsentierte Pferd von den Trojanern in die Stadt gebracht worden war – die Tore der Stadt von innen öffneten und ihr Heer hineinließen. Als »Trojanisches Pferd« oder »Trojan Horse« oder eben meist kurz als »Trojaner« bezeichnet man in der IT entsprechend Programme, die unerwünschte Funktionen mitbringen und dazu auf fremde Rechner geschleust werden, bei denen der Betroffene vielfach unbewusst bei der Verbreitung mithilft, indem er Programme aus zweifelhaften Quellen herunterlädt und installiert. Aber auch wenn der Nutzer sich nur auf offizielle Quellen verlässt, ist er nicht vor der Gefahr, an Schadsoftware zu geraten, gefeit, denn immer wieder tauchen etwa im offiziellen Google Play Store trojanerverseuchte Apps auf.[6] Teilweise treiben Kriminelle erheblichen Aufwand, um die Sicherheitsmechanismen der Appstores zu umgehen. Vielfach mit Erfolg. Im Ergebnis hat der Nutzer zumeist eine App oder eine Software, die neben den gewünschten Funktionen auch unerwünschte mitbringen oder unerwünschte Programmteile nach Bedarf nachladen.

In der Praxis ist die Unterscheidung zwischen Virus, Wurm und Trojaner nicht mehr wirklich relevant. Fortgeschrittene Schadsoftware integriert Verbreitungs- wie Schadfunktionen aus unterschiedlichen Konzepten, deswegen spricht man heute besser insgesamt von Malware als wichtigstem Oberbegriff und unterscheidet lediglich, ob die Verbreitung mit oder ohne Nutzerinteraktion geschieht. Der erstere Fall ist der Regelfall. Typischerweise etwa klickt der Anwender auf einen verseuchten E-Mail-Anhang, bei Variante zwei spricht man von »Zero click Malware«.

Egal welche Malware sich eingenistet hat, im Ergebnis ist der Rechner und manchmal in Folge das ganze Netzwerk kompromittiert und ein geschickter Angreifer kann entweder auf lange Zeit unbemerkt Daten entwenden oder manipulieren oder ganz simpel Sabotage betreiben. Das in der Praxis häufigste Problem ist dabei die später noch näher beschriebene Ransomware, bei der die auf dem Rechner gespeicherten Daten dem Anwender durch Verschlüsselung entzogen und nur gegen Lösegeld freigegeben werden.

Aber egal wie man die über Jahrzehnte entwickelte Nomenklatur rund um Schadsoftware sieht: Wichtig für das Verständnis ist das damit einhergehende Risiko und Schadenspotenzial. Und das kann – weltweit gesehen – in die Milliarden gehen. Auch wenn die meisten Schadensereignisse nur lokale Folgen haben, machen doch immer wieder einzelne Cybersicherheitsvorfälle weltweit Schlagzeilen. An einen solchen besonderen Fall sei hier kurz erinnert.

Liebesbotschaft der anderen Art

»I love you« stand in der Betreffzeile einer E-Mail, die in meinem Postfach landete. Die Absenderin war eine Kollegin aus der Beratungsfirma, in der ich nach meinem Uniabschluss arbeitete. Mein erster Gedanke damals als selbstbewusst-überheblicher Nachwuchsunternehmensberater war: »Jetzt hat sie endlich gemerkt, was für ein toller Typ ich bin!« Dieser Gedanke hielt jedoch nicht sehr lange vor, denn beinahe im Minutentakt kamen von weiteren Kolleginnen – es waren natürlich nur zufällig zuerst durchweg Kolleginnen – E-Mails mit dem gleichen Betreff, noch bevor ich die erste E-Mail überhaupt geöffnet hatte. So viel Zuspruch in so kurzer Zeit? Da dämmert auch dem aufgeblasensten Ego, dass etwas nicht stimmen kann. Spätestens als der gleichlautende Betreff bei Nachrichten verschiedener männlicher Kollegen in meinem Postfach auftauchte, war endgültig klar: Hier läuft etwas gehörig schief!

Ich war live dabei, als der aufgrund seiner Betreffzeile »Loveletter« getaufte Computerwurm sich Anfang Mai 2000 durch die Outlook-Postfächer der Welt fraß, indem er sich rotzfrech selbst an alle E-Mail-Adressen im gespeicherten Adressbuch versendete. Das Ganze geschah ohne menschliches Zutun, das Vorhandensein einer bestimmten Programmkonstellation reichte. Neben der Funktion, die zu seiner unkontrollierten Verbreitung führte, brachte Loveletter weitere Überraschungen mit. So versuchte das Programm, Dateien mit bestimmten Endungen wie ».jpg« vom Rechner zu löschen. Mithin gab es für viele Empfänger ein böses Erwachen. Meinem damaligen Arbeitgeber passierte zum Glück nichts Nennenswertes, es blieb bei der E-Mail-Flut.

Als Urheber wurde Onel Guzman, ein Student an einem Computercollege in der philippinischen Hauptstadt Manila, identifiziert. Das war aber auch nicht weiter schwer, denn er hatte im Programmcode des Computerwurms ein Kommentarfeld mit eindeutigen Hinweisen hinterlassen[7]:

```
rem barok -loveletter(vbe) <i hate go to school>
rem by: spyder/ispyder@mail.com/@GRAMMERSoft Group/Manila, Philippines
```

Onel Guzman wurde nicht verurteilt, denn zu diesem Zeitpunkt gab es auf den Philippinen keine Gesetze, die sein Verhalten unter Strafe gestellt hätten.[8]

Was Abhilfe schafft

Vordergründig sind das aktuelle Antivirus-Programme. In der Praxis hilft das genaue Hinsehen bei – wie im Beispiel – neuartigen Bedrohungen. Aufmerksamkeit, die nicht nur Sie, sondern auch Ihre Mitarbeiter haben sollten, ist die beste Waffe gegen derartige Bedrohungen.

Hier lockt das große Geld – E-Mail-Scams

Betrüger nutzen unterschiedliche Maschen, um an potenzielle Opfer heranzukommen und ihnen Geld – am besten jede Menge davon! – aus der Tasche zu ziehen. Das war schon vor dem Internetzeitalter so und wird wohl auch immer so bleiben. Neu ist, dass sich den Cyberkriminellen durch E-Mail, Messenger, soziale Medien und Unternehmenswebsites vielfältige Möglichkeiten eröffnen, um ihre Attacken zu starten. Einige Betrugsmaschen sind dabei leichter zu durchschauen als andere, aber machen Sie sich eine Tatsache bewusst: Niemand ist vor Cyberattacken gefeit, das zeigen die schmerzlichen Erfahrungen zahlreicher Opfer. Und das hat in vielen Fällen nichts mit Naivität zu tun, denn die Cyberkriminellen gehen cleverer vor, als Sie vielleicht ahnen! Wichtig ist daher, dass Sie lernen, derartige Versuche schnell zu erkennen und richtig darauf zu reagieren.

Onlinebetrügereien – der Begriff »**Scam**« für den Betrug oder »**Scammer**« für den Täter wird häufig auch im Deutschen gebraucht – sind technisch meist eher trivial und fallen eigentlich unter Social Engineering, weil mit mehr oder weniger simplen Tricks Menschen dazu gebracht werden sollen, bestimmte Verhaltensweisen auszuführen. Im Bereich der Onlinebetrügereien geht es meistens darum, das Opfer dazu zu bringen, vorhandene Sicherheitsmaßnahmen zu umgehen oder auch nur auf einen Link zu klicken oder seine Daten bei einer – zumeist gefälschten – Website einzugeben. Dazu bedienen sich Angreifer unterschiedlicher Mittel von Überraschung bis Einschüchterung. Die nachfolgenden Beispiele zeigen die gängigsten Vorgehensweisen. Wichtig ist festzuhalten, dass neben den nachfolgenden »Klassikern« für Online-Betrügereien fast immer aktuelle Themen zum Anlass genommen werden. Im Frühjahr 2020 – auf dem Höhepunkt der Coronakrise – waren es etwa gefälschte E-Mail-Nachrichten, die den Betrachter auf vermeintliche News-Websites führen sollten oder die sich gezielt die Isolation der Nutzer im Homeoffice zunutze machten.

Leicht durchschaubar

Wer kennt sie nicht: E-Mails, die eine große Erbschaft, einen nicht beanspruchten Lotteriegewinn oder das verlassene Vermögen eines bekannten Diktators versprechen. Reagiert man darauf und zeigt sich interessiert, erhält man in kürzester Zeit eine Antwort: Alles sei in bester Ordnung, nur eine *winzige* Kleinigkeit wäre vor der Entgegennahme noch zu regeln. Ein paar Tausend US-Dollar für »Auslagen« wären nötig – ganz bequem zu übermitteln über Western Union oder andere Zahlungsmittler jenseits des klassischen Bankensystems –, und schon könne man sich an dem neuen Reichtum erfreuen! Die Chance, wieder an das einmal auf diese Weise ins Ausland übermittelte Geld zu kommen, liegt praktisch bei null. Zwar benötigt man auch bei Western Union und anderen Zahlungsvermittlern zur Abholung des Geldes einen gültigen amtlichen Ausweis, aber dennoch gibt es Möglichkeiten, die Spuren zu verwischen, zum Beispiel durch geschickt gefälschte Ausweise oder durch Bestechung von Mitarbeitern der Finanzausgabestellen.

Es ist wohl überflüssig darauf hinzuweisen, dass es für die zahlreichen Empfänger derartiger E-Mails bei den Auslagen bleibt. Fälle, in denen jemand tatsächlich die initial versprochenen Leistungen erhalten hat, sind nicht dokumentiert. Dafür aber Fälle wie die einer japanischen Frau, die um rund 200 000 US-Dollar betrogen wurde durch eine Person, die sich als US-Soldat namens Terry Garcia ausgab und versprach, ihr Diamanten aus Syrien zu schmuggeln.[9]

Wie oft diese und ähnliche Betrugsmasche zum Erfolg führt, ist nicht bekannt, sie hält sich jedenfalls seit Jahrzehnten hartnäckig. Oftmals kommt zum erlittenen Schaden auch die Scham, auf einen Betrug hereingefallen zu sein, und manchmal kommt auch die Furcht dazu, als potenzieller Mittäter selbst zur Verantwortung gezogen zu werden, daher ist die Dunkelziffer enorm. Früher – also noch vor dem Internetzeitalter – war sie im Wesentlichen ein Phänomen, über das Faxgerätebesitzer in den 1990er-Jahren staunten. Aber die Verbrecher gehen mit der Zeit. Neu im Sortiment der cleveren Onlineschwindler ist die Kontaktaufnahme über Instant-Messaging-Apps und soziale Medien. Kein Wunder! Nach einer Erhebung der Bundesnetzagentur von 2020 ist der Messenger WhatsApp bei allen Altersklassen in Deutschland populär. Bei Nutzern über 65 Jahren sind es 69 Prozent, in der Altersklasse ab 75 Jahre immerhin noch 43 Prozent, bei den »Jungen« (Nutzer unter 34) sind es 98 Prozent, bis 44 Jahre dann noch 96 Prozent. Knapp die Hälfte der Befragten gab an, Messaging auch für berufliche Zwecke zu nutzen.[10] Zwar ist nicht bekannt, wie viele davon firmeneigene Smartphones benutzen, aber die Dunkelziffer der nicht datenschutzkonformen WhatsApp-Nutzung auf Firmengeräten dürfte enorm sein. Das Kernproblem dabei: Ein Grundprinzip der Funktionalität von WhatsApp verstößt gegen die Vorschriften der seit 2018 geltenden Datenschutzgrundverordnung, denn WhatsApp sendet das Adressbuch auf Firmenserver im Ausland, um festzustellen, wer von den eigenen Kontakten auch auf WhatsApp ist. Diese Weitergabe personenbezogener Daten ist nach DSGVO grundsätzlich nicht zulässig. Das Problem kenne ich im Rahmen meiner Tätigkeit als TÜV-zertifizierter Datenschutzbeauftragter genau, denn fast jedes Unternehmen steht vor der Frage: verbieten, ignorieren oder technische Lösungen finden, die den Betrieb erlauben. So viel sei an dieser Stelle gesagt: Es gibt Software, die dabei helfen kann, den Anforderungen der DSGVO in Bezug auf WhatsApp und andere Messenger-Dienste einzuhalten. In der Praxis wird jedoch WhatsApp munter benutzt – auch und gerade auf Firmengeräten – und entwickelt sich daher zum Einfallstor für Onlinebetrüger.

Übrigens, auch soziale Netzwerke sind bei Scammern gefragt: LinkedIn erfreut sich derzeit großer Beliebtheit bei Onlinebetrügern, die es auf Unternehmen beziehungsweise Unternehmer abgesehen haben. Auch ich bleibe von derlei dreisten Versuchen nicht verschont und erhalte in manchen Wochen beinahe täglich seltsame Anfragen.

Leere Versprechungen 2.0

Mark John nennt sich der Kontakter, der an einem schönen Spätsommernachmittag per WhatsApp in mein Leben tritt. Das Profilbild zeigt einen kleinen, putzigen Hund der Rasse Skye Terrier, der treuherzig in die Kamera schaut. Die Rufnummer lautet +234 802 881 9078 – eine solche Ländervorwahl habe ich noch nie gesehen.

»Hello?«, schreibt Mark John.

»Who is this?«, erkundige ich mich.

Daraufhin kommt Mark sofort zur Sache: »I'm John Pacific bank agent. Your donation cheque of 1 000 000 euro was send to us.«

Es folgt eine lange Geschichte über eine Spende einer deutschen Industriellen, die angeblich entschieden hat, mir – ja, mir! – eine Million US-Dollar zu schenken, ich bräuchte nur meine Kontonummer zu senden. Ich verlange natürlich Beweise und erhalte nach einigem Hin und Her und nachdem ich meinen vollständigen Namen – ich nenne mich nicht ganz wahrheitsgemäß Johannes Ludwig Kini – angegeben habe, ein Foto. Darauf ist ein Scheck einer Pacific Alliance Bank auf meinen Fantasienamen mit dem Betrag in Höhe von einer Million Dollar zu sehen. Für alles Weitere müsse ich nun aber wirklich an die Gmail-Adresse der edlen Spenderin schreiben und dort am besten gleich meine Bankverbindung angeben, dann würde alles schon seinen Lauf nehmen. Der übliche Weg in einem solchen Fall: Nach einigem Hin und Her hängt das Opfer scheinbar am Haken und dann machen die Kriminellen ernst: Ein kleines Problem wäre noch zu lösen, ein wichtiger Würdenträger noch zu bestechen und dafür brauche man Geld. Geld, das aber gut investiert sei, denn schließlich ebne es den Weg zu den Millionen, macht man das Opfer glauben.

Im Zuge der Digitalisierung und umfassenden Vernetzung unserer Welt verlagert sich die Spielwiese der Verbrecher. Kriminelle gehen eben mit der Zeit und überlegen sich, wo sie am ehesten neue Opfer finden können. Auch wenn

Behörden, Verbraucherschützer und Medien immer wieder vor derartigen Betrugsmaschen warnen und Informationen darüber einfach im Internet selbst zu finden sind, ist diese Art von Betrug alles andere als ausgestorben, vor allen Dingen da es heutzutage ungleich einfacher ist, viele Leute gleichzeitig zu geringen Kosten anzusprechen. Selbst wenn die Erfolgsquote verschwindend gering ist – es lohnt sich für die Verbrecher trotzdem, denn bei potenziell Millionen von Aussendungen reicht eine »Erfolgsquote« von deutlich unter 1 Promille aus, um auf die eigenen Kosten zu kommen und einen Profit zu erwirtschaften. Auch wenn es hier – naheliegenderweise – an belastbaren Zahlen fehlt: Verbrechen ist im Kern ein ökonomisches Problem. Wäre Onlinebetrug nicht lukrativ, hätten die Täter längst »umgeschult«. Auch meine Kontaktperson auf WhatsApp wird sicher mit vielen potenziellen Opfern gleichzeitig interagieren, bis einer anbeißt. Anders gesagt: Die Masse macht's!

Schöne Grüße aus Nigeria

Anders als bei Hackerangriffen, bei denen die Spuren der Täter vielfach nach Osteuropa oder Asien – insbesondere Nordkorea – weisen, stammen die Drahtzieher von E-Mail-Scams häufig aus Nigeria, einem der unbestrittenen Hotspots für derartige Onlinebetrügereien. Bei einer groß angelegten Ermittlung der US-Behörden in Sachen Onlinebetrug, die 2019 zu eine Reihe von Verhaftungen führte, waren 77 von 80 Verdächtigen, denen zusammen 252 Straftaten vorgeworfen wurden, nigerianische Staatsangehörige.[11] Auch die Rufnummer meines WhatsApp-Kontakts hatte die Vorwahl von Nigeria, wie eine schnelle Google-Suche ergab.

In dem afrikanischen Land trägt diese Art des Broterwerbs eine eigene Bezeichnung: Yahoo Yahoo, benannt nach dem einstmals populären Internetportal. Onlinebetrüger, die ihren Reichtum gerne zur Schau stellen, würden zu Vorbildern für die Jugend des Landes, beklagt die nigerianische Intellektuelle und Autorin Adaobi Tricia Nwaubani.[12] Sie berichtet auch davon, dass der neu erworbene Reichtum vielfach in legale Geschäfte investiert wird und damit ein Graubereich entsteht. Sie findet zudem, dass das internationale Image des Landes leidet und Nigerias durchaus prosperierende Start-up-Szene damit unter Generalverdacht gestellt wird.

Die auch als Yahoo Boys bekannten Cyberverbrecher suchen sich ihre Opfer – nach allem, was man über die Szene weiß – relativ gezielt aus, im Land selbst attackieren sie überwiegend Bewohner guter Wohnviertel. International werden vor allen Dingen Europa und Nordamerika als Zielregionen gesehen. Zwar kommt es immer wieder zu Verhaftungen im Land selbst. Dennoch ist nicht bekannt, dass nigerianische Behörden gegen Yahoo Boys systematisch vorgehen. Ähnlich lässig agieren Behörden vielfach auch in Osteuropa, wenn es um dortige Cybergangster geht. Hier arbeiten viele Täter gezielt und ausschließlich im Ausland und achten darauf, ja keine Landsleute zu attackieren. Woher man das weiß? Cybersicherheitsexperten hatten in der Vergangenheit Schadsoftware gefunden, die prüft, ob auf einem Rechner eine bestimmte Spracheinstellung – zum Beispiel Russisch – gewählt ist und dann diese von der Attacke ausgespart.[13]

Gefakter Hilferuf

Eine Variante des E-Mail-Scams geht einen entscheidenden Schritt weiter. Dabei werden im Vorfeld E-Mail-Konten von den Onlinebetrügern systematisch gehackt. Alle Kontakte im Adressbuch erhalten dann eine Nachricht, in welcher der Absender auf eine Notlage hinweist und um dringende Hilfe bittet. Das liest sich dann in etwa so wie die folgende Nachricht, die Ende März 2020 bei mir eingegangen ist. Lediglich identifizierende Informationen habe ich aus Datenschutzgründen entfernt. Die Schreibfehler waren genauso im Text enthalten.

> Betreff: Sad news
> Greetings vom Spain,
> Sorry i didnt inform you about my trip to Spain, i travel fpr the World your week meeting. Please help me I have a little problem at hand here and you are the only one you can help me out, i will pay back as soon as i get back to Germany. Please I want you to lend me 1,500 Euro i really need it to sort out things here before i can trecvel back to Germany. Please let me know if you can help me so i can tell you how to send the money to me, i will be waiting to hear from you. God bless you
> In Christ,
> Klaus

Das könnte man alles leicht vom Tisch wischen, wäre dieser Klaus mir nicht persönlich bekannt und wäre er zudem nicht Missionar und als solcher tatsächlich international in Sachen Jugendarbeit unterwegs. Stutzig machte mich jedoch, dass er mir nicht auf Deutsch schrieb. Spätestens hier demontiert sich der sonst recht clevere Versuch, aus Versatzstücken, die der Scammer im E-Mail-Postfach seines Opfers gefunden haben muss, eine glaubwürdige Story zu basteln und eine Notlage zu simulieren. Hier wie praktisch überall sonst bei derartigen Vorfällen gilt: So gut die Attacken auch gemacht sind, es gibt fast immer Fehler, Auffälligkeiten oder Schwächen in der Story, die man mit etwas Aufmerksamkeit entdecken kann.

Cybercrime ist ein internationales Business, das vielfach durch die Nachlässigkeit der Unternehmen in puncto Cybersicherheit begünstigt wird. Es ist kein Zufall, dass bei gehackten E-Mail-Konten der Name Yahoo immer wieder auftaucht. Das Unternehmen, das früher als Verzeichnis von Webseiten gewisse Bekanntheit erreichte, bietet unter anderem private E-Mail-Adressen kostenfrei an. Aber nicht nur viele Privatleute, sondern auch Kleinunternehmer nutzen noch immer häufig E-Mail-Adressen von Yahoo oder andere kostenlose Angebote, hierzulande etwa GMX und Web.de. Gerne genommen werden auch die Webadressen von Apple (zum Beispiel »me.com«). Ein Fakt, der mir in der täglichen Arbeit der letzten Jahre besonders aufgefallen ist: Selbst wenn Unternehmen professionelle E-Mail-Systeme betreiben, nutzen in vielen Familienbetrieben – auch welchen mit Multimillionen- und sogar Milliarden-Jahresumsätzen – die Inhaber solche kostenlosen Mailadressen als Hauptmailadresse und setzen sich damit ganz unbewusst den Gefahren der potenziell laschen Sicherheitsstandards der Freemail-Anbieter aus. Darauf angesprochen ist das Argument vielfach so was wie: »Die IT-Abteilung kann alle Mails mitlesen, ich will mir aber nicht in die Karten schauen lassen.« Das ist grundlegend richtig, aber erodiert ebenso das Sicherheitsniveau im Unternehmen wie das Bestehen vieler Inhaber und Führungskräfte auf besonderer eigener Hardware und Software. Jede Sonderlocke erhöht die Komplexität des Gesamtsystems, den Wartungsaufwand und das Risiko, Opfer eines Cyberangriffs zu werden.

Aber zurück zu unserem Beispiel Yahoo: 2017 wurde im Rahmen der Übernahme des Unternehmens durch den US-amerikanischen Telekommunikationskonzern Verizon bekannt, dass bereits 2013 alle rund 3 Milliarden E-Mail-Konten von Yahoo gehackt worden waren. Zuvor hatte das Unternehmen den Hack zwar bekannt gegeben, aber laut Medienberichten die Tragweite verschwiegen.[14] Die in Sammelklagen erfahrenen Amerikaner verschonten Yahoo nicht. Ein knapp dreistelliger Millionenbetrag stand bei einer Gerichtsverhandlung als Entschädigung im Raum[15] – ironischerweise sind das nach Abzug der Anwaltskosten nur ein paar Cent für jeden betroffenen Postfachinhaber.

Interessant sind Gerichtsverfahren nach Cybersicherheitsvorfällen aus zweierlei Gründen: Einerseits erhöhen sie das Kostenrisiko für die betroffenen Unternehmen, wenn diese mit Cybersicherheit schlampig umgehen, und sind damit Motivation, Cybersicherheit endlich ernst zu nehmen, andererseits liefern sie Sicherheitsforschern und anderen Interessierten wertvolle Einblicke in die Hintergründe und internen Abläufe des Unternehmens. Informationen, die sonst gerne unter den Teppich gekehrt werden, denn kein Unternehmen ist gerne Betroffener eines Cybersicherheitsvorfalls und will sich Vorhaltungen über mangelnde Sicherheit machen lassen – im Gegenteil.

Selbst im Angesicht eines Cyberdesasters scheuen Firmen nicht davor zurück, mit gewaltigen Worthülsen PR-Nebel zu werfen. Typisch ist das Herunterspielen von Sicherheitsvorfällen – »keine Indizien für den Verlust von Kundendaten« – und das Beschönigen der Aufräumarbeiten, indem man etwa den Eindruck erweckt, das Ganze wäre sorgsam geplant worden. Die Funke Mediengruppe etwa – die Ende 2020 Opfer einer Ransom-Attacke wurde und in Folge über Tage massive Schwierigkeiten hatte, ihr Kernprodukt »Regionale Tageszeitungen« in Qualität und Umfang herzustellen – fand in der hauseigenen Pressemeldung das schöne Wort der »digitalen Waschstraße«[16] für den eher trivialen Vorgang der Einzelprüfung aller Unternehmens-PCs und Laptops auf Schadsoftwarebefall und berichtete über den Besuch des Essener Bürgermeisters vor Ort. Weitergehende Informationen zum Vorfall selbst: Fehlanzeige.

Erstaunlich ist übrigens, wie schnell viele Unternehmen im Fall nicht mehr zu leugnender Sicherheitsvorfälle verkünden, dass alles »nicht so schlimm« oder gar Kundendaten »nicht betroffen« seien. Immer wenn Sie Derartiges lesen, können Sie davon ausgehen, dass Ihnen – bewusst oder unbewusst – ins Gesicht gelogen wird, denn niemand kann kurz nach einem Sicherheitsvorfall tatsächlich wissen, welche Tragweite dieser tatsächlich hatte und welche Folgen er noch haben wird. Das stellt sich – wenn man überhaupt jemals sicher sein kann – erst viel später bei einer forensischen Untersuchung heraus.

Ein Grund mehr, es gar nicht erst so weit kommen zu lassen, sondern auf eine stabile Abwehr zu setzen.

Aber zurück zu den Schwächen der E-Mail-Provider. Der Versand von gefälschten Mails über gehackte Mailkonten bei Yahoo und anderswo dient meist dem Erzielen möglichst direkter finanzieller Erträge – angefangen vom Vorspielen einer Notlage – wie in obigen Beispiel – bis hin als Vorbereitung für größere Betrügereien, bei denen Mitarbeiter im Unternehmen dazu gebracht werden sollen, Geld an Dritte zu überweisen. Mehr dazu im Abschnitt »Enkeltrick für Unternehmen«.

Was Abhilfe schafft

Auch hier ist es das genaue Hinsehen und im Zweifel das Nachfragen: »Ist das plausibel?«, und das Nachfassen bei dem Absender – so er denn bekannt ist. Im Zweifel ist »ignorieren« die beste Strategie.

Sie haben Post! Phishing-Mails als Einfallstor

Laut einer Prognose des Marktforschungsunternehmens Radicati Group werden 2021 pro Tag rund 320 Milliarden E-Mails weltweit versendet werden – Tendenz steigend. 2024 sollen es bereits 360 Milliarden Nachrichten sein.[17] Und ein erheblicher Teil dieser Nachrichten enthält Schadsoftware. E-Mails sind nicht nur für herkömmlichen Onlinebetrug das Mittel der Wahl, sondern spielen auch bei anderen Formen von Cyberattacken eine entscheidende Rolle.

Unerwünschte E-Mails – auch Spam genannt – sind ein Problem, das beinahe so alt ist wie die Nutzung von elektronischer Post. Auf 1978 wird die erste Spam-Mail datiert – versendet im Vorgängernetz des Internet, dem Arpanet.[18] Der Inhalt war eher harmlos. Ein cleverer Computerverkäufer hatte an alle erreichbaren Mailadressen eine Einladung zu einer Produktdemonstration versendet. Die erste Internet-Spam-Nachricht datiert dagegen auf 1994 und wurde ausgerechnet von einer Rechtsanwaltskanzlei versendet.[19]

Seither hat sich einiges getan. Spam-Mails sind nicht mehr nur lästige Werbung oder versprechen vermeintliche Lotteriegewinne. Manche werden von Cyberkriminellen so gestaltet, als kämen sie von amtlichen Stellen oder als enthielten sie eine legitime Zahlungsaufforderung, etwa für einen Verwaltungsakt oder für eine erbrachte Dienstleistung. Der flüchtige Betrachter wird dann möglicherweise bezahlen. Diese Vorgehensweise kennt jedes Unternehmen bereits von einer Vielzahl von Briefen, die es immer wieder erhält.

Auch wenn Verbraucherzentralen, IHKs und Unternehmerverbände immer wieder vor derartigen Maschen warnen, sterben diese Vorgänge nicht aus. Ärgerlich, aber vermutlich nicht zu ändern.

All die genannten Probleme sind aber nur die Vorstufe zu dem, was man im Technikjargon Phishing nennt.

Phishing-Mails sollen den Nutzer unter Vorspiegelung falscher Tatsachen dazu bringen, einen Anhang zu öffnen oder auf einen Link in der E-Mail zu klicken. Statt der versprochenen Rechnung oder Gutschrift wird dem Nutzer jedoch eine Schadsoftware untergeschoben, die Zugangsdaten zu stehlen versucht, nach besonderen Dokumenten stöbert, diese »exfiltriert« und an den Angreifer weiterleitet, oder schlicht alle Daten verschlüsselt, um im Anschluss daran Lösegeld zu erpressen. Manchmal besteht der Angriff auch aus einer Kombination dieser Aktionen.

Manchmal ist eine Phishing-Attacke auch nur die Vorstufe zu einer noch größeren Aktion: Im Fall der Bank von Malta ging es um mehrere Millionen Euro. Hacker versuchten laut Medienberichten, rund 13 Millionen Euro an Konten in Großbritannien, der Tschechischen Republik, Hong Kong und den USA zu senden. Nach Angaben der Bank wurde der Vorgang von Angestellten bei täglichen Routinekontrollen gerade noch rechtzeitig entdeckt. Durch drastische Maßnahmen – Herunterfahren aller Banksysteme, Geldautomaten und Bankwebsites – konnte der Geldfluss gestoppt werden.[20] Vorausgegangen war vermutlich eine Phishing-Operation, bei der Zugangsdaten erbeutet wurden.

Doch die Bank of Malta ist kein Einzelfall. Phishing-Mails machen inzwischen bei praktisch jedem E-Mail-Postfach einen substanziellen Anteil der Nachrichten aus.

An einem einzigen Arbeitstag hatte ich unter anderem folgende, auf den ersten Blick legitim wirkende Nachrichten in meinem E-Mail-Postfach:

- Rechnungen von Telekom, 1&1, Kabel BW und Kabel Deutschland,
- eine Mahnung von GMX,
- einen Kaufbeleg von iTunes,
- ein Retourenlabel der Deutschen Post,
- eine Abholbenachrichtigung für ein DHL-Paket und
- eine Mitteilung über eine Reservierung bei Hotel.de.

Bis auf eine (!) waren alle Nachrichten mehr oder weniger geschickte Fälschungen. Während in der Vergangenheit viele Phishing-Mails durch Rechtschreibfehler und schlechtes Deutsch auffielen, muss ich leider sagen, dass die Qualität in den letzten Jahren immer besser geworden ist. Damit steigt natürlich das Risiko, dass ein unbedarfter Nutzer die Nachricht für echt hält, vor allem in der Hektik des Arbeitsalltags, und damit indirekt das ganze Unternehmen gefährdet. Umso wichtiger ist, dass in Ihrem Unternehmen alle informiert sind und verdächtige E-Mails identifizieren können.

Woran Sie Phishing-Mails erkennen

Gefälschte Mails lassen sich meist erkennen, wenn man genau hinsieht. Die wesentlichen Indizien für eine Fälschung sind:

- Rechtschreib- und Grammatikfehler,
- Mails in fremden Sprachen,
- Mails von Firmen, mit denen Sie definitiv keine Geschäftsbeziehung haben,

- fehlender Name/fehlende Anrede,
- Nachrichten, die einen dringenden Handlungsbedarf suggerieren,
- Nachrichten, die dazu auffordern, eine beigefügte Datei zu öffnen oder auf einen Link zu klicken. Zwar gibt es legitime Rechnungen, die per Mail kommen, aber eben eine Vielzahl von Fälschungen,
- Nachrichten, bei denen Sie Ihr Passwort verifizieren sollen. Diese sind zumeist mehr oder weniger plumpe Versuche, an Ihre Zugangsdaten zu kommen.

Mein Rat: Schauen Sie stets genau hin. Öffnen Sie nur Anlagen, mit deren Eintreffen Sie rechnen. Lassen Sie sich Rechnungen nach Möglichkeit als Papierversion zusenden, auch wenn dafür ein Aufpreis für Porto und Druckkosten fällig wird. Das kostet Sie definitiv weniger als eine erfolgreiche Cyberattacke!

Dass Unternehmen oder – besser gesagt – Mitarbeiter von Unternehmen auf derartige Attacken hereinfallen, ist keine Seltenheit, in die Medien schaffen es meist nur wenige Vorfälle. Die Dunkelziffer dürfte enorm sein. Auch aufgrund der Scham, die praktisch immer mitschwingt, wenn man als Führungskraft, Fachverantwortlicher oder exponierter Mitarbeiter auf eine Cyberattacke hereingefallen ist. Wer will sich schon eine derartige Blöße geben? Ich würde Ihnen das auch nur empfehlen, wenn Sie selbst Inhaber sind oder eine besonders sichere Stellung im Unternehmen haben. Mit Blick auf die Außenwirkung und mögliche rechtliche Folgen fragen Sie im Fall einer erfolgreichen Cyberattacke unbedingt Ihre Rechtsabteilung beziehungsweise Anwaltskanzlei und Ihren Datenschutzbeauftragten, welche Veröffentlichungspflichten gegebenenfalls auf Sie zukommen.

Selbst wenn Sie als aufgeklärter Mensch fest davon überzeugt sind, niemals auf den nigerianischen Prinzen und sein nicht angetretenes Millionenerbe hereinzufallen, kann ich Ihnen versichern: Niemand ist gefeit vor ausgefeilten E-Mail-Betrügereien. Das zeigt das folgende Beispiel, bei dem selbst ich als Cybersicherheitsexperte ins Grübeln kam.

Raffinierte Phishing-Attacke

Es war Montag – mitten im Schreibprozess für dieses Buch –, als folgende E-Mail bei mir einging. Absender und Empfänger sind aus Datenschutzgründen unkenntlich gemacht. Datum und Uhrzeitverlauf ist unverändert.

> Von: xxxx <xxxx@yyy.com>
> Datum: Montag, 17. August 2020 um 12:42
> An: xxxx
> Betreff: Firma XXX
>
> Guten Tag,
> Hiermit möchten wir Sie darüber informieren, dass Firma XXX AG Sie einlädt, einen Vorschlag für den in dieser Anfrage umrissenen Arbeitsumfang einzureichen. Alle Anforderungen und Bedingungen der Arbeit finden Sie unter dem untenstehenden Link.
> Projekt-Codename: RFP25700
> Aufgabe: Regierungsauftrag
> Anmerkung: Dokument hinzugefügt: Ziele 2020-2021
> Um auf diese Einladung zuzugreifen und auf diese Mitteilung zu antworten, klicken Sie bitte auf den folgenden Link unten:
> Detaillierte Informationen finden Sie in den Dokumenten:
> AUG2020-RFP
> Wenn Sie den Link nicht anklicken können, kopieren Sie ihn bitte und fügen Sie ihn in das Adressfeld Ihres Internet-Browsers ein.
> Xxxx xxxx
>
> Firma XXX AG
> office: +49 (0) 69 XXXXX
> E-Mail: xxxxxxx

Ich kenne das Unternehmen ebenso wie die Kontaktperson, von der diese E-Mail vermeintlich stammt. Es ist auch nicht weiter ungewöhnlich, dass von dieser Firma Projektanfragen kommen, die an mehrere Partner des Expertenverbundes gerichtet sind. Ein »Regierungsauftrag« war bisher nicht dabei, dennoch war irgendwie klar, da stimmte etwas nicht. Es war eigentlich mehr ein Bauchgefühl, denn die Schreibweise wirkte merkwürdig gestelzt und bis dato waren die Anlagen von Projektanfragen immer gleich Bestandteil der intern versendeten Mails. Warum hier nun ein Link? Meine Neugierde war geweckt. Daher hakte ich noch einmal beim Absender nach.

> Von: Thomas Köhler <thomas.koehler@ce21.de>
> Gesendet: Montag, 17. August 2020 12:52
> An: xxxx < xxx@xxx.com>
> Betreff: Re: Firma XXX AG
>
> Hallo Herr xxxx!
> Ist das eine legitime Anfrage von Ihnen? (bin immer vorsichtig mit Mailanlagen)
> Mit freundlichen Gruessen
> Thomas R Koehler

Bereits wenige Minuten später kam die Antwort. Mein gleichzeitig gestarteter Versuch, den Absender telefonisch zu kontaktieren, schlug jedoch fehl.

> Von: xxx <xxx@xxx.com>
> Datum: Montag, 17. August 2020 um 12:58
> An: Thomas Köhler <thomas.koehler@ce21.de>
> Betreff: AW: Firma XXX AG
>
> Hallo Thomas, die untenstehende legitime E-Mail wurde von mir gesendet und an Sie gerichtet. Bitte öffnen Sie zur Durchsicht der gesicherten Dokumente.

Im hektischen Büroalltag würde man das wohl als Bestätigung sehen und fröhlich ans Werk gehen, also auf den Link klicken. Dass man in ein und derselben E-Mail mal geduzt und mal gesiezt wird, ist ungewöhnlich und sollte einen stutzig machen. Ebenso, dass man zwar innerhalb Minuten eine E-Mail-Antwort erhält, aber den Absender nicht telefonisch erreichen kann.

Nicht nachmachen!

Ich kann es gar nicht oft genug sagen: Klicken Sie unter keinen Umständen auf Links in E-Mails, die Ihnen suspekt vorkommen! Gleiches gilt für Anhänge in solchen Nachrichten.

Wenn Sie eine unerwartete Mail erhalten, fragen Sie im Zweifel immer direkt beim Sender nach und nutzen Sie dazu das Telefon mit der Rufnummer, die Sie vom Sender gespeichert haben, und nicht die Rufnummer aus dem Mail. Diese könnte – ebenso wie das Mail selbst – gefälscht sein.

Aber zurück zu unserem Beispiel: Ein unter Laborbedingungen auf einem besonders gesicherten Rechner getätigter Klick auf den Link für den vermeintlichen Regierungsauftrag führte mich zu einer Sharepoint-Internetadresse, die nach den Zugangsdaten für mein Microsoft-Konto fragte. Was dahinter tatsächlich lauerte, habe ich dann nicht mehr ausprobiert, da ich verständlicherweise die Office365-Zugangsdaten meines Microsoft-Kontos nicht mutwillig gefährden wollte. Es darf jedoch davon ausgegangen werden, dass statt der Ausschreibung für einen Regierungsauftrag eine Schadsoftware auf meinem System gelandet wäre, oder – in dem Fall wahrscheinlicher – dass das Ziel der Angreifer das Abgreifen der Zugangsdaten für das Microsoft-Konto war.

Als ich wenige Tage nach dem Vorfall erneut auf den Link klickte, fand sich auf der aufgerufenen Seite die Nachricht: »This link has been removed. Sorry, access to this document has been removed. Please contact the person who shared it with you.« Die gefälschte Subdomain selbst existierte interessanterweise noch.

Einen Tag später kam der schlichte Hinweis des betroffenen Projektpartners, man möge bitte alle E-Mails der letzten Tage ignorieren, das E-Mail-Konto sei wohl gehackt worden.

Soweit der Fall rekonstruierbar war, war das Einfallstor für die Cyberkriminellen das in der Firma vorhandene Webmail-Interface. Es war von dem betroffenen Mitarbeiter mindestens einmal in einem Business-Center eines Flughafenhotels an einem dort für Hotelgäste zur Verfügung stehenden Computer aufgerufen worden. Dort könnten die Zugangsdaten mittels eines sogenannten Keyloggers – eines Programms zur Aufzeichnung von Tastatureingaben – mitgeschnitten worden sein. Grundsätzlich gilt: Nutzen Sie keine öffentlich zugänglichen Computer in Internetcafés, Hotels oder Flughäfen und verwenden Sie – wenn Sie einen Mobilfunkvertrag mit ausreichend Datenvolumen haben – im Zweifelsfall lieber Ihre Mobilfunkverbindung für den Internetzugang oder verwenden Sie – wenn Sie um die Nutzung fremder Netze nicht herumkommen – zumindest eine VPN-Software für den Zugriff auf Informationen Ihres Unternehmens. Denn sind die Zugangsdaten einmal in die falschen Hände gefallen, besteht die Gefahr von derartig ausgefeilten Attacken wie im Beispiel.

Berührungslose Bedrohung

Nicht immer muss jemand aktiv auf einen Link oder eine Anlage klicken, damit die Lawine des Bösen ins Rollen kommt. Immer mehr Fälle werden bekannt, bei denen Computer und andere mit dem Internet verbundene Geräte alleine dadurch, dass sie online sind, gehackt oder lahmgelegt werden.

Oftmals sind Smartphones das Ziel solcher Zero-Click-Attacken. Sicherheitsforscher von Googles Project Zero fanden 2020 Sicherheitslücken in allen Samsung-Smartphones mit Android-Betriebssystem, die ab 2014 verkauft worden waren.[21] Für den Angriff ausgenutzt wurde eine Bilderbibliothek der Samsung-eigenen Nachrichten-App, die auf allen Geräten vorhanden ist. Das richtige Bild zu senden genügt der Schadsoftware als Einfallstor, der Nutzer musste nichts tun, es reichte das Vorhandensein der Bilderbibliothek und der Versand eines manipulierten Bildes durch den Angreifer.

Wer nun auf iPhones verweist und als sicher preist, irrt leider. Ein ähnlicher Fehler wurde fast zur gleichen Zeit auch für das iOS-Betriebssystem bekannt. Das Einfallstor war die Standard-Mailsoftware. Inzwischen wurde die Schwachstelle per Update behoben. Entdeckt wurde sie durch die Cybersicherheitsfirma Zecops aufgrund von Anomalien bei zur Untersuchung nach Verdacht auf Hackerangriff eingesendeten Mobiltelefonen. Die Sicherheitslücke wurde demnach bereits in Attacken gegen einzelne Personen beziehungsweise Organisationen genutzt, darunter eine Führungskraft eines japanischen Telekommunikationsunternehmens, ein Journalist aus Europa, ein VIP aus Deutschland sowie Mitarbeiter von Managed-Security-Service-Providern in Israel und Saudi-Arabien.[22] Zecops geht davon aus, dass in den bekannt gewordenen Fällen professionelle Hacker am Werk waren, die im Auftrag von Nationalstaaten tätig wurden, denn die Komplexität des Angriffs war enorm hoch. Nur selten gelingt es bei Cybersicherheitsvorfällen nachzuweisen, woher die Angriffe stammen. Selbst wenn es Sicherheitsforschern gelingt, den Programmcode der Schadsoftware zu analysieren, so sind dort gefundene kyrillische Zeichen ein Indiz für die Herkunft der Täter aber eben kein Beweis. Ein cleverer Angreifer kann so auch falsche Spuren legen. Im Fachjargon spricht man dann von einer »False Flag Operation«. Auch die Frage, ob der Angriff von Kriminellen oder eher von Hackern, die im Auftrag von Nationalstaaten arbeiten, stammt, ist nicht immer eindeutig zu klären. Handelt es sich aber um besonders aufwendige Attacken, etwa weil diese mehrere Sicherheitslücken kombinieren, geht man zumeist davon aus, dass Nationalstaaten dahinterstecken.

Sicherheitslücken, die sich ausnutzen lassen, lauern in einer Vielzahl von Anwendungen und sogar Komponenten von Rechnersystemen. Der allen Datenschutzbedenken zum Trotz weit verbreitete Messaging-Dienst WhatsApp ist für Hacker ein interessantes Ziel. Eine Sicherheitslücke erlaubte es, via WhatsApp-Sprachanruf Schadsoftware auf das Gerät zu schleusen. Dazu musste der Nutzer den Anruf nicht einmal annehmen![23] Zu bemerken sind Attacken auf Mobiltelefone von normalen Nutzern übrigens kaum, bestenfalls an Sekundäreffekten wie verkürzter Akkulaufzeit oder einem Display, das sich plötzlich und unerwartet einschaltet, auch wenn das Gerät nicht in Benutzung ist. Immerhin gibt es bis dato keine bekannten Attacken, bei denen eine Übertragung auf weitere Geräte stattfand.

Grundsätzlich gilt für Smartphones Ähnliches wie für PCs. Nutzen Sie immer die aktuellste Systemversion und spielen Sie alle angebotenen Updates ein. Verwenden Sie keine Geräte mehr, für die der Hersteller keine Updates mehr anbietet. Das ist besonders bei Android ein Problem, da viele Geräte technisch durchaus funktionieren, aber keine Updates mehr bekommen. Außerdem sollten Sie nur die Apps installieren, die sie wirklich einsetzen, und diese auch nur aus bekannten Quellen – also den offiziellen Appstores – herunterladen.

Ähnliche Sicherheitslücken finden sich auch in Spielkonsolen, Routern und anderen smarten Geräten. Viele dieser Geräte verfügen über WLAN und etliche nutzen den Programmcode Marvell Avastar Wi-Fi-driver. Verwendet wird dieser unter anderem in Microsoft-Surface-Computern, die gerne in Firmen eingesetzt werden, in Chromebooks und bestimmten Smartphones von Samsung sowie in den Spielekonsolen Microsoft Xbox One und Sony Playstation 4. Bereits der Kontaktversuch zu einem drahtlosen Netzwerk reicht, um dem Gerät Schadsoftware unterzuschieben und die Kontrolle über das Gerät übernehmen zu können. Der Sicherheitsforscher Densi Selianin, der diese Sicherheitslücke entdeckt hat, betont aber, dass sie allem Anschein nach nicht »in freier Wildbahn« (»in the wild«) ausgenutzt wurde.[24]

In der Sicherheitsbranche spricht man von **»in the wild« (in freier Wildbahn)** immer dann, wenn eine Sicherheitslücke in mindestens einem erfolgreichen Hackerangriff ausgenutzt wurde, und differenziert damit zu Lücken, die von Sicherheitsforschern entdeckt und belegt werden. Seriöse Sicherheitsforscher kontaktieren stets zuerst den betroffenen Anbieter von Hardware oder Software und geben diesem Gelegenheit, ein Update bereitzustellen, bevor sie ihre Erkenntnisse veröffentlichen. Zahlreiche Hersteller bieten auch sogenannte »Bug bounty«-Programme an, die gemeldete Lücken finanziell vergüten. Das macht Software wie auch Webanwendungen langfristig sicherer, ist aber im Regelfall nur ein Weg, den sich große Unternehmen leisten können. Es sollte nicht verschwiegen werden, dass es daneben einen blühenden Schwarzmarkt für Sicherheitslücken[25] gibt und der Wert für eine gefundene Lücke für einen Käufer – etwa aus der Hackerszene oder dem Geheimdienstumfeld – enorm sein kann. Im Einzelfall kann das in die Millionen gehen. Der Anreiz, eine gefundene Lücke auf diese lukrative Weise zu veräußern, ist enorm. Cybersicherheit – und das zeigt sich hier deutlich – ist eben im Wesentlichen ein ökonomisches Problem.

Was Abhilfe schafft

Auch hier ist das Zauberwort »Awareness«. Wer – wie Sie nach Lektüre des Buchs oder als in Sachen Cybersicherheit geschulter Mitarbeiter – genau hinsieht, findet meist Unwägbarkeiten und sollte dann nachfragen, im Zweifel bei der eigenen IT-Abteilung. Dies kann helfen, einen Großteil derartiger Probleme zu vermeiden. Dass immer mal wieder etwas »durchrutscht«, ist – gerade bei neuartigen Attacken – nicht zu vermeiden.

Social Engineering – Täuschungsmanöver auf hohem Niveau

Social Engineering hat großen Anteil an vielen Cybersicherheitsproblemen.

Unter **Social Engineering** versteht man zwischenmenschliche Beeinflussungen, die das Ziel haben, beim Kommunikationspartner bestimmte Verhaltensweisen hervorzurufen. Beim »Hacken von Menschen« werden gezielt menschliche Eigenschaften angesprochen, wie Vertrauen, Hilfsbereitschaft, Angst oder Respekt vor Autorität, um diese Menschen zu manipulieren. Die Sicherheitsfirma Kaspersky hat auf ihrer Website eine sehr gute Beschreibung zu den Hintergründen, Zielen und Methoden gut zusammengefasst:
»Social Engineering dient seit Urzeiten als Grundlage für verschiedenste Betrugsmaschen. Im Zeitalter der digitalen Kommunikation stehen dem Kriminellen jedoch viele neue Möglichkeiten zur Verfügung, Millionen von Opfern zu erreichen. Dabei verleitet er ein Opfer z. B. dazu, vertrauliche Informationen preiszugeben, Überweisungen zu tätigen, Schadsoftware auf den privaten PC oder den Rechner im Firmennetzwerk herunterzuladen und Sicherheitsfunktionen außer Kraft zu setzen.

Bei Angriffen mithilfe Social Engineerings liegt der Fokus auf dem zentralen Merkmal der Täuschung über die Identität und die Absicht des Täters. Beispielsweise gibt sich der Cyberkriminelle als Techniker oder Mitarbeiter eines Telekommunikationsunternehmens aus, um das Opfer dazu zu bringen, vertrauliche Kontoinformationen preiszugeben oder eine bestimmte präparierte Webseite zu besuchen.« [26]

Aushorchen via Telefon

Social Engineering ist nicht auf E-Mails und Websites beschränkt. Nicht selten greifen die Täter auch zum Telefon. Unter **Vishing** (kurz für: **Voice Phishing**) versteht man die Nutzung von Telefonanrufen zum Ausspähen von Zugangsdaten. Der Anrufer gibt sich dabei typischerweise als Servicetechniker oder IT-Mitarbeiter aus. In kleinen Firmen, wo jeder jeden kennt, ist das selten ein Problem, in größeren Organisationen kommt es jedoch häufig vor, dass Anrufe scheinbar aus der IT kommen. Nicht selten werden auch die angezeigten Telefonnummern gefälscht, sodass der Anrufer tatsächlich glaubt, der Anruf komme von einer bekannten Stelle.

Nachdem viele Anwender inzwischen gegen plumpe Versuche wie »Sagen Sie mir mal Ihr Passwort« sensibilisiert sind, passiert dies inzwischen häufig in Kombination mit eigens gefälschten Webseiten, das heißt, der vermeintliche IT-Mitarbeiter fordert nicht direkt zur Herausgabe der Zugangsdaten auf, sondern lockt den Nutzer auf eine gefälschte Website, die unter seiner Kontrolle steht, und verleitet ihn zur Eingabe der Daten.

Vishing ist im deutschen Sprachraum noch eher selten, in den USA jedoch weitverbreitet.[27] Ob und wann der breite Trend auch hier Fuß fasst, bleibt abzuwarten. Vishing-Attacken kennen in Deutschland viele Firmen von vermeintlichen Anrufen von Microsoft, ein Phänomen, das bei Privatleuten und Firmen gleichermaßen verbreitet ist – so weit verbreitet, dass die Polizeiliche Kriminalprävention der Länder und des Bundes (ProPK) auf ihrer Website explizit vor dieser Betrugsmasche warnt:

> »Die angeblichen – häufig nur Englisch oder gebrochen Deutsch sprechenden – Microsoft-Mitarbeiter behaupten, dass der Rechner des Angerufenen Fehler aufweise, von Viren befallen oder gehackt worden sei oder ein neues Sicherheitszertifikat benötige, und bieten ihre Hilfe an. Dazu sollen ihre Opfer auf ihren Geräten eine Fernwartungssoftware installieren, mit der die angeblichen Probleme gelöst werden können.« [28]

Klar ist, dass es den Angreifern dabei ums Geld geht. Mal wird ein vermeintlicher Wartungsvertrag verkauft oder eine nutzlose Software oder Dienstleistung aufgedrängt.

An gleicher Stelle rät die Kriminalprävention:

»So schützen Sie sich
Seriöse Unternehmen wie Microsoft nehmen nicht unaufgefordert Kontakt zu ihren Kunden auf. Sollte sich ein Servicemitarbeiter bei Ihnen melden, ohne dass Sie darum gebeten haben: Legen Sie einfach den Hörer auf.
Geben Sie auf keinen Fall private Daten, z. B. Bankkonto- oder Kreditkartendaten, oder Zugangsdaten zu Kundenkonten (z. B. PayPal) heraus.
Gewähren Sie einem unbekannten Anrufer niemals Zugriff auf Ihren Rechner beispielsweise mit der Installation einer Fernwartungssoftware.«

Ergänzend würde ich Ihnen empfehlen: Sollte Sie der Anruf auf dem Mobilfunk erreichen, sperren Sie am besten direkt die Rufnummer.

Dieses in der Fachwelt »Tech Support Scam« genannte Phänomen ist so weit verbreitet, dass Microsoft eine eigene Website betreibt, bei der sich Betroffene melden können. Konkrete Hilfe sollten Sie jedoch nicht erwarten, denn dort heißt es unter anderem: »Ihre Informationen helfen Microsoft bei den andauernden Untersuchungen zusammen mit Strafverfolgungsbehörden. Wir nutzen Ihre Informationen, um gegen Unternehmen vorzugehen, die unseren Kunden schaden möchten. (...) Dieses Beschwerdeformular für Kunden dient nicht dazu, technischen Support von Microsoft anzufordern.«[29]

Social Media und Internet

Die Erkenntnis, dass Internet und Social Media negative Wirkungen mit sich bringen, ist nicht wirklich neu, setzt sich aber erst langsam durch. Noch vor knapp zehn Jahren war davon wenig zu hören und zu lesen. Im Gegenteil, denn als 2010 *Die Internetfalle* erschien, mein Buch zu den Risiken von Internet und Social Media, war die Social-Media-Euphorie auf ihrem Höhepunkt. Ein besseres Miteinander, eine friedliche Revolution in Ägypten und viele weitere Segnungen für die Gesellschaft versprachen die PR-Leute der großen Plattformen, viele sogenannte Vordenker plapperten dies kritik- wie gedankenlos nach und nicht wenige Medien ergaben sich in Lobesarien. Die sich längst abzeichnenden Schattenseiten wollte niemand sehen. Als Autor wurde ich nicht nur einmal angefeindet, in die Ecke der »Aluhutträger« gestellt und sogar als Amerika-Hasser diffamiert. Erst Jahre später – mit dem Skandal rund um Facebook und Cambridge Analytica – kehrte eine nüchterne Betrachtung der Chancen und Risiken von sozialen Medien in die öffentliche Debatte ein. Fake News, Hass-Postings, die Zunahme von Depressionen bei Kindern und Jugendlichen sind nun kein Tabuthema mehr, sondern wichtiger Gegenstand der Diskussion.

Was immer noch zu kurz kommt, ist eine Debatte der Risiken von Social Media in Bezug auf die Businesswelt. Wenn darüber berichtet wird, dann meist in einem Tenor wie in einem Beitrag der *Wirtschaftwoche*, die etwa »Tipps gegen den digitalen Burnout« für Unternehmer und Selbstständige[30] liefert, eine breite Debatte über die Cyberrisiken, die aus Social Media resultieren können, auch wenn man immer wieder Klagen aus der Riege der kleinen Unternehmen und Soloselbstständigen hört über die mit dem indirekten Zwang zu Social-Media-Präsenz einhergehenden Unannehmlichkeiten und Probleme.

Eine breite Debatte gab es aber eigentlich nur über das, was Mitarbeiter eines Unternehmens in sozialen Medien sagen oder besser nicht sagen sollten, was zu der Erstellung von sogenannten Social-Media-Richtlinien in vielen Unternehmen geführt hat. Auch zu diesem Thema habe ich ein Buch verfasst, sollten Sie Ihr Wissen vertiefen wollen.[31] Das darin aufgezeigte Spannungsfeld zwischen einer potenziell positiven Außenwirkung für das Unternehmen durch in Social Media aktive Mitarbeiter und dem Verlust von Firmeninterna durch unbedachte Kommunikation ist bis heute so, nur wird der Mitarbeiter von einst nun »Corporate-Influencer« genannt.

Das eigentliche Problem ist dabei den wenigsten Unternehmern bewusst. Je mehr Mitarbeiter oder auch der Chef selbst sich auf Social Media exponieren, umso riskanter ist das für die Unternehmen. Vordergründig hat das erstmal nichts mit Cybersicherheit zu tun. Und in der Tat steigt zunächst eher das Risiko an, dass etwa ein Personalberater gezielt Leute in einem Unternehmen aufspürt und in Folge versucht abzuwerben, indem er etwa LinkedIn oder Xing nach geeigneten Kandidatinnen und Kandidaten durchsucht. Das hat natürlich – sofern alles korrekt läuft – nichts mit Cyberrisiken zu tun, ist aber eine klare Nebenwirkung von Social Media.

Aber auch Cyberkriminelle nutzen die Social-Media-Plattformen und den typischerweise damit einhergehenden Vertrauensvorschuss. Anders gesagt: Man ist dazu geneigt, Informationen, die man auf Social-Media-Plattformen erhält, erst einmal zu vertrauen.[32] Und genau hier setzen die Verbrecher an.

So gab es bereits 2016 eine Warnung des Bundesamts für Sicherheit in der Informationstechnik (BSI) vor einer neuen Welle von Spam-Mails. Das Besondere daran: Sie waren mit persönlicher Anrede und Titel beziehungsweise Rolle des Empfängers im Unternehmen versehen. Dazu sollen LinkedIn-Daten genutzt worden sein, welche die Angreifer zuvor erbeutet hatten.[33] Die Masche ist naheliegend: Je persönlicher die Ansprache, desto wahrscheinlicher ist es, dass ein Anhang geöffnet oder ein in der E-Mail enthaltener Link angeklickt wird.

Eine weitere Masche der Cyberkriminellen: Der Angreifer gibt sich als Personalberater oder Recruiter aus, tritt gezielt mit seinen Opfern in Kontakt und schickt ihnen über den Nachrichtenkanal des sozialen Netzwerks ein präpariertes Dokument mit einer Schadsoftware. Andere versuchen, den Nutzer auf gefälschte Internetseiten mit Zugangsdateneingabefeldern umzuleiten. Hier geht es also darum, die sogenannten Login Credentials oder nur Credentials, wie die Zugangsdaten eines Nutzers in Fachkreisen genannt werden, zu stehlen.

Manche Kriminelle versuchen über Social Media Mitarbeiter von Zielunternehmen ausfindig zu machen, die sie womöglich bestechen können, damit diese als Insider für sie tätig werden. Gerade mit ihrem Job unzufriedene Mitarbeiter sind ein attraktives Ziel für Angreifer, denn es braucht meist nicht sehr viel Zuspruch und finanzielle Zuwendung. Die Vorstellung, sich für eine empfundene Ungerechtigkeit – etwa bei einer Beförderung übergangen worden zu sein – zu rächen, kann ein starker Motivator sein. Langfristig folgt übrigens nicht selten auf Bestechung auch Erpressung. Der Mitarbeiter – der einmal der Versuchung nachgegeben hat – wird damit zum Dauerlieferanten von Interna. Die Schlussfolgerung daraus: Ja, die Sicherheit Ihres Unternehmens kann auch von innen gefährdet sein! Mehr zu der Bedrohung durch Insider in Kapitel 3.

Im Konzert der bösartigen Nutzungsszenarien von Social Media dürfen die Ausspähung von Unternehmensstrukturen als Vorbereitung für gezielte Attacken, wie etwa CEO-Fraud, nicht fehlen. Dazu reicht es, eine Kontaktanfrage zu bestätigen, und der Angreifer sieht die Struktur des eigenen Kontaktnetzwerks und gelangt darüber an weitere Kontakte und kann sich schließlich an ein detailliertes Bild der Interna und möglichen Abläufe des Zielunternehmens oder der Zielorganisation bilden. Diese Vorgehensweise scheint weltweit gängig, so warnte bereits vor Jahren der Verfassungsschutz vor gefälschten Profilen[34]. Eine lange Liste an »LinkedIn-Scams« hat auch das US Army Cyber Command auf seiner Website[35] und warnt dort vor falschen Kontaktanfragen wie auch vor vermeintlichen romantischen Avancen durch andere Nutzer des sozialen Netzwerks. Interessant ist die Liste an Indizien für ein gefälschtes Profil, die sich dort ebenso findet:

- Gefälschte Fotos. Halten Sie nach Fotos Ausschau, die nicht authentisch wirken. Typischerweise werden sogenannte Stockphotos, also Fotos aus Bilddatenbanken, verwendet.
- Unvollständige Profile.
- Wenige Kontakte.
- Falsche/generische Namen.

- Fehler in der Rechtschreibung.
- Ungereimtheiten im Lebenslauf.
- Im Profil angegebene Arbeitgeberunternehmen existieren nicht.
- Wenige Postings oder Updates.

All dies kann – nach den Angaben des US Army Cyber Command – ein Indiz für ein gefälschtes Profil sein. Zugegebenermaßen ist das beinahe schon Detektivarbeit, die hier vom Anwender gefordert wird.

Was Abhilfe schafft

In einem Satz: »Seien Sie nicht zu vertrauensselig.« Eine einfache Abwehr derartiger Bedrohungen ist nicht möglich, ohne zumindest grob unhöflich zu sein. Die obige Auflistung des US Army Cyber Command weist den Weg. Wie so oft ist gesunder Menschenverstand wesentlich. Die hier geforderten analytischen Fähigkeiten können Sie aber nicht von jedem Mitarbeiter erwarten, auch nicht bei den »Digital Natives« oder gar der sogenannten Generation Z. Empfehlenswert ist daher auch hier zunächst eine »Awareness-Kampagne«, das heißt eine Schulung aller Mitarbeiter über die sichere und für das Unternehmen vorteilhafte und vor allem sichere Social-Media-Nutzung. Mit zunehmender Verbreitung der Plattformen, erhöhtem Nutzungsgrad und immer mehr integrierten Funktionalitäten ist nachhaltige Aufmerksamkeit entscheidend, damit es ein beherrschbares Cyberrisiko bleibt.

Enkeltrick für Unternehmen – CEO-Fraud

Die Höhle der Löwen ist eine bekannte deutsche Fernsehsendung, in der Gründer sich mit Ideen einer Jury stellen, um eine Investition in ihr Start-up zu erhalten. Der US-amerikanische Vorgänger heißt *Shark Tank* mit Barbara Corcoran in der Jury, einer erfolgreichen und erfahrenen Unternehmerin. Doch das schützt niemanden davor, Opfer von Cyberkriminellen zu werden. Einem Angreifer, der sich als ihre Assistentin ausgab, gelang es, fast eine halbe Million US-Dollar zu erbeuten. Er hatte dazu eine E-Mail-Adresse angelegt, die bis auf einen einzigen Buchstaben der E-Mail-Adresse ihrer Assistentin glich. Darüber wurde die Freigabe einer Rechnung angefordert, die Corcoran erteilte, da die Anfrage an sich nicht ungewöhnlich war. Das Geld floss auf das Konto des Verbrechers.[36]

Auch hierzulande müssen sich Unternehmer mit solchen Täuschungsmanövern herumschlagen, die in der Fachsprache als CEO-Fraud oder CXO-Fraud bezeichnet werden.

> **Mit CEO-Fraud** oder **CXO-Fraud** werden im Allgemeinen Cyberverbrechen umschrieben, bei denen es den Angreifern um die Erlangung größerer Geldsummen geht, indem man Schwächen der Organisation ausnutzt und Überweisungen an Auslandskonten veranlasst oder geplante Überweisungen umleiten lässt. Gefälschte Mails und manchmal auch gefälschte Telefonanrufe veranlassen dann ahnungslose Mitarbeiter zum Transfer größerer Geldsummen.

»Deutschlands dümmster Zulieferer: 40 Millionen Euro weg – dieser MDax-Konzern fällt auf Betrüger rein«, überschrieb das *Manager Magazin* im August 2016 einen Beitrag. Darin ging es um den bisher größten in Deutschland bekannt gewordenen Fall von CEO-Fraud. Der spielte sich beim Autozulieferer Leoni ab und wurde in der Zeitschrift unter anderem wie folgt höhnisch kommentiert:

> »Bei der Verkabelung von Autos zählt Leoni zu den Champions – doch beim Thema IT-Sicherheit und Controlling spielt das MDax-Unternehmen offenbar in der Kreisliga. Dies offenbart ein 40 Millionen Euro teurer Betrugsfall.«[37]

In der offiziellen Pressemeldung des Unternehmens liest sich der Fall unter der Überschrift »Leoni wurde Opfer krimineller Aktivitäten« etwas anders:[38]

> »Nürnberg: Die Leoni AG (ISIN DE 0005408884/WKN 540888) hat am Freitag, 12. August 2016, erkannt, dass sie Opfer betrügerischer Handlungen unter Verwendung gefälschter Dokumente und Identitäten sowie Nutzung elektronischer Kommunikationswege wurde. In deren Folge wurden Gelder des Unternehmens auf Zielkonten im Ausland transferiert. Der Vorstand leitete umgehend eine Untersuchung der Vorfälle ein und prüft derzeit Schadenersatz- und Versicherungsansprüche. Ebenso wurde Anzeige bei der Kriminalpolizei erstattet. Der Schaden beläuft sich auf einen Abfluss an liquiden Mitteln von insgesamt ca. 40 Mio. Euro. IT-Infrastruktur sowie Datensicherheit sind von den kriminellen Aktivitäten nicht betroffen.«

Insbesondere der letzte Satz beschreibt sehr deutlich, dass Leoni – ebenso wie Corcoran – einem technisch eher simplen, wenn auch von Planung und Durchführung relativ aufwendigen Betrugsmanöver aufgesessen sein muss. Ebenso anzunehmen ist, dass die Verbrecher das Unternehmen und dessen Strukturen zuvor ausgespäht haben.

Wie Branchenmedien später berichteten, erhielt Leoni nur einen Teil des Schadens von einer Versicherung zurück. Maßgeblich dafür war das einigen

Mitarbeitern angelastete Fehlverhalten.[39] Der vorzeitige Abgang des CEO von Leoni im Folgejahr wird zwar nicht offiziell mit dem Vorfall begründet, aber im *Finance-Magazin* interessant kommentiert:[40] »Ein Leoni-Sprecher begründete gegenüber der Nachrichtenagentur dpa Bellés Rückzug mit persönlichen Gründen: ›Die letzten Jahre waren mit erheblichen Anstrengungen verbunden, insbesondere für ihn persönlich. Sie haben ihn viel Kraft gekostet.‹« Ähnlich wie bei einem Arbeitszeugnis ist auch bei einem solchen Demissionsschreiben die Wahrheit oft im Kleingedruckten zu finden. Branchenbeobachter sehen den Betrugsfall als maßgeblich für den Abschied an. Vom Unternehmen selbst gibt es keine Aussage dazu.

Beim Münchner Familienbetrieb Hofpfisterei, einer überregional tätigen Bäckereikette, wurden 2015 Gelder in Höhe von 1,9 Millionen Euro nach Hongkong überwiesen. Die Buchhalterin hatte eine vermeintliche Anweisung von ihrer Chefin per E-Mail erhalten. Doch diese war gefälscht. In einem späteren Gerichtsverfahren stritt sich das Unternehmen in mehreren Instanzen mit der Hausbank, da diese – so das Unternehmen – schließlich die Überweisung hätte prüfen müssen.[41] Nach Medienberichten wurde der Schaden schließlich geteilt.[42] Mithin gibt es auch hier keine Sieger – sowohl die Hofpfisterei als auch die Hausbank haben einen Schaden erlitten. Die kleine Nachlässigkeit der Buchhaltung, nicht nachzufragen, obwohl offenkundig etwas nicht im Rahmen des Üblichen war, wurde zum großen Schaden.

Wichtig in diesem und anderen Fällen von CEO-Fraud, die ich plakativ als »Enkeltrick für Unternehmen« bezeichne, da hier wie da die Gutgläubigkeit das entscheidende Element ist: Es genügt im Allgemeinen nicht, nur eine einzige E-Mail-Adresse zu fälschen, diese Attacken sind weitreichender. In der Regel spähen die Angreifer vorher die Organisation aus und kennen die handelnden Akteure, ihr Zusammenspiel und ihre Arbeitsweisen, sodass sie sich zu einem geeigneten Zeitpunkt in laufende Prozesse einklinken können. Der Aufwand lohnt sich, denn fast immer geht es um fünf- bis siebenstellige Summen.

Es dürfte in Deutschland, Österreich, der Schweiz und anderen Ländern eine Vielzahl ähnlicher Fälle geben, doch nur wenige gelangen an die Öffentlichkeit. Aus Scham oder aus Angst vor Imageverlust bemühen sich Unternehmen, solche Vorfälle tunlichst nicht nach außen dringen zu lassen. Aus individueller Sicht ist das mehr als verständlich, in der Gesamtsicht für die Sicherheit der Wirtschaft jedoch abträglich. Bei Leoni lag es an Publikationspflichten des börsennotierten Unternehmens, bei der Hofpfisterei am Gerichtsverfahren gegen die Hausbank, dass die Cyberattacken bekannt wurden.

Es steht zu befürchten, dass wie anderswo bei Cyberattacken die Angreifer aufrüsten werden, wenn neue technische Möglichkeiten zur Verfügung stehen.

Sie haben bestimmt von Deep-Fake-Videos gehört, bei denen man halbwegs lebensecht die Gesichtszüge einer Person auf eine andere Person im Video übertragen kann, aber wussten Sie, dass es Audio-Deep-Fakes gibt, mit der man die Stimme einer anderen Person – nur anhand einer vorliegenden Stimmprobe von einigen Minuten – so gut vom Rechner nachahmen lassen kann, dass das Gegenüber, der den »echten« Sprecher kennt, davon getäuscht werden kann?[43] Der Anruf des CEO in einem solchen CEO-Fraud-Szenario ist dann möglicherweise komplett gefälscht. Noch ist das Zukunftsmusik, aber der Weg ist vorgezeichnet.

Was Abhilfe schafft

Gegen diese weitverbreitete Form der Kriminalität hilft nur, klare Prozesse zu definieren und Regeln für Sonderfälle zu hinterlegen und alle Mitarbeiter dafür zu sensibilisieren. Rein technische Lösungen für das Problem gibt es nicht, dennoch sollte man auch mit Blick auf CEO/CXO-Fraud darauf achten, dass IT- und Telekommunikationseinrichtungen die bestmöglichen Sicherheitsstandards haben.

Erpressung und Datendiebstahl in einem – dank Ransomware

1989 wurde die erste Ransomware-Attacke als »AIDS-Virus« oder »Cyborg« bekannt. Der Biologe Joseph L. Popp Jr. verschickte per Post rund 20 000 Disketten mit der Schadsoftware an Forscher außerhalb der USA, die zur AIDS-Erkrankung forschen. Als Absender war die fiktive PC Cyborg Corporation angegeben. Nutzer, die das Programm ausprobierten, fanden beim nächsten Neustart ihre Daten nicht mehr. Zur Bezahlung einer »Lizenz« für das Programm zum Wiedererlangen seiner Daten sollte man einen Scheck über 189 Dollar an eine Postadresse in Panama schicken.[44]

> Neben der internationalen Bezeichnung **Ransomware** – »Ransom« ist das englische Wort für Lösegeld – ist auch der deutsche Begriff **Verschlüsselungstrojaner** für die derzeit gefährlichste Bedrohung für Unternehmen und Unternehmer üblich. Der Begriff Verschlüsselungstrojaner weist bereits darauf hin, worum es bei dieser Cyberattacke geht: Ransomware-Programme nutzen verschiedene Verbreitungswege, um Endgeräte zu befallen, und verschlüsselt die Dateien. Für das

Entschlüsselungsprogramm muss das Opfer Lösegeld bezahlen, meist in Form von Bitcoins oder einer anderen schwer nachverfolgbaren Kryptowährung.

Im Internetzeitalter mutet dieser Fall eigentlich beinahe anachronistisch an, und doch scheint dagegen bisher kein Kraut gewachsen. Wie kann es sein, dass ein so simpel scheinendes Sicherheitsproblem – Malware dringt in Rechnersysteme ein und nimmt Dateien als Geiseln – nach mehr als drei Jahrzehnten immer noch nicht gelöst ist? Nach wie vor sind gängige Betriebssysteme anfällig für Verschlüsselungstrojaner und es gibt keine wirksame Sicherheitssoftware.

Goldene Zeiten für Cybererpresser

Ransomware ist auf einem Siegeszug, wie es scheint. Allein im ersten Halbjahr 2020 haben Ransomware-Attacken weltweit um mehr als 700 Prozent zugenommen, es gibt davon also gut sieben Mal mehr als noch ein Jahr zuvor. Diese erschreckende Zahl weist der Mid-Year Threat Landscape Report 2020 des IT-Sicherheitsanbieters Bitdefender aus.[45] Cyberkriminelle sollen bereits 2019 mit ihren Machenschaften insgesamt rund 11,5 Milliarden US-Dollar erpresst haben.[46] Die Schäden bei den betroffenen Unternehmen dürften um ein Vielfaches höher sein. Treffen kann es dabei jeden, bei dem potenziell Geld und sensible Daten locken. Das Bundeskriminalamt bezeichnet Ransomware entsprechend in seinem Lagebericht 2019 (der 2020 erschienen ist) als »größte Bedrohung für Wirtschaftsunternehmen«.[47]

Spektakulär: Erpressung beim Weltmarktführer im Containertransport

Weltweit Schlagzeilen machte 2017 das dänische Logistikunternehmen Maersk. Laut den Ermittlungen war ein kompromittiertes Softwareupdate einer in der Unternehmensfiliale in der Ukraine eingesetzten Buchhaltungssoftware das Einfallstor für den vielleicht bisher folgenreichsten Ransomware-Vorfall der Welt,[48] der zu einem mehrtägigen Stillstand eines großen Teils aller Unternehmensaktivitäten und in Folge zu einem Schaden von mehreren hundert Millionen Dollar führte. Darin sind die Folgen durch die entstandenen Verzögerungen für die Maersk-Kunden noch nicht enthalten. Die dürften erheblich sein, denn Maersk bewegt jährlich die kaum vorstellbare Menge von 461 Millionen Tonnen Fracht und ist damit von hoher Bedeutung für den Welthandel.[49]

Nichts geht mehr: Stillstand beim Automatisierungsprofi

Das Familienunternehmen Pilz ist ein deutscher Hidden Champion, in dritter Generation mit rund 2 500 Mitarbeitern weltweit einer der Technologieführer in industrieller Automatisierungstechnik. Der Hauptsitz des Unternehmens liegt in Ostfildern, einer Stadt mit 40 000 Einwohnern im Umland von Stuttgart.

Wenige Wochen vor der Branchenmesse Smart Product Solutions (SPS) in Nürnberg wurde der Automatisierungsprofi Opfer von Cyberkriminellen. Ironischerweise sollte Pilz dort unter anderem Lösungen für die Sicherheit von Industrieanlagen vor Cyberangriffen vorstellen. Die Ransomware-Attacke im September 2019 brachte einen mehrwöchigen Stillstand in der Produktion und den temporären Rückfall auf manuelle Prozesse – sprich: Stift und Papier – mit sich. Bis zum Wiederanlaufen der Produktion dauerte es beinahe drei Wochen; bis alles wieder lief, rund sechs Wochen.[50]

Pilz ist eine bemerkenswerte Ausnahme unter den zahlreichen Opfern von Cyberattacken: Die Unternehmensinhaber und das Management kommunizierten offen über die Vorgänge. Ein seltenes positives Beispiel in Sachen Öffentlichkeitsarbeit.

Nichts geht mehr: Orientierungslosigkeit beim Navigationsprofi

Bei Garmin, dem bekannten Hersteller von Navigationssystemen und Fitnesstrackern, ereignete sich im Juli 2020 ein Cyberangriff. Nicht nur die Bürocomputer wurden außer Gefecht gesetzt, auch die Fertigungssysteme für Smartwatches und Fitnesstracker sowie verschiedene Dienste für Fitnesstracking und Navigation waren betroffen. So meldete die Connect App – zentraler Bestandteil für die Sportaktivitäten von Garmin – mehr als eine Woche lang »Wartungsarbeiten«, während in Wirklichkeit wichtige Dienste von Garmin selbst nicht zur Verfügung standen, da diese durch einen Verschlüsselungstrojaner lahmgelegt worden waren. Während die Garmin-Navigationssysteme für Autos überwiegend autark funktionieren und damit auch in dieser Krisenwoche weiterliefen, waren die insbesondere in den USA verbreiteten Flugnavigationssysteme für Kleinflugzeuge beeinträchtigt: Neue Routen zu erstellen war nicht möglich, die Nutzung stark eingeschränkt.[51]

Zwar ist nicht vollständig klar, wie Garmin schließlich das Problem löste – Medien berichteten jedoch davon, dass das Unternehmen das geforderte Lösegeld, angeblich rund 10 Millionen US-Dollar, bezahlt haben soll.[52] Zum Zeitpunkt der Veröffentlichung dieses Buchs noch nicht abschließend geklärt waren die entstandenen Kosten.

Keine Skrupel: Kritische Infrastrukturen im Visier

Im März 2020 – mitten in der Corona-Krise – wurde das Universitätskrankenhaus der tschechischen Stadt Brünn Opfer einer Cyberattacke, die nicht nur das Netzwerk des Krankenhauses betraf, sondern auch dazu führte, dass geplante Operationen nicht durchgeführt werden konnten. Brünn ist eine der größten Städte des Landes und das dortige Universitätskrankenhaus ein wichtiger Teil der Infrastruktur im Gesundheitswesen. Akute Fälle mussten daher in ein anderes Krankenhaus verlegt und dort operiert werden. Wie der Betrieb wieder aufgenommen werden konnte und ob Lösegeld bezahlt wurde, ist nicht bekannt.[53]

Krankenhäuser sind wegen ihrer oft veralteten IT-Infrastruktur besonders anfällig für Cyberattacken. Diagnose- und Behandlungsgeräte laufen häufig auf veralteten Betriebssystemen, die oft im gleichen Netzwerk wie die Computer der Verwaltung hängen. Die unmittelbare Folge: Bei einem erfolgreichen Cyberangriff auf die Verwaltung ist oft gleichzeitig der medizinische Betrieb bedroht. Hinzu kommt, dass viele Medizingeräte mit veralteten Betriebssystemen und Software-Komponenten auskommen müssen. Medizintechnikgeräte durchlaufen komplexe Zulassungsverfahren. Ein Update würde eine Rezertifizierung notwendig machen. Vor den damit verbundenen Kosten schrecken die Hersteller verständlicherweise zurück mit der Folge, dass die Geräte über kurz oder lang anfällig werden für Cyberattacken. Das Problem: Bei technischem Stillstand im Krankenhaus geht es ganz schnell um Leben und Tod, etwa wenn Behandlungen nicht durchgeführt oder Untersuchungen nicht gemacht werden können.

Was die Sicherheit im Krankenhaus angeht, hätte man gewarnt sein können, war doch die erste große Ransomware-Welle im Mai 2017 mit der Ransomware WannaCry am englischen Gesundheitssystem nicht spurlos vorbeigegangen.

WannaCry war – mit über 200 000 Betroffenen – bis heute die weitverbreitetste Ransomware. Die Liste der geschädigten Unternehmen liest sich wie ein Who's who der internationalen Unternehmen und Organisation. Der spanische Telekommunikationsgigant Telefonica stand ebenso auf der Liste wie die Deutsche Bahn, der Logistiker FedEx und eben zahlreiche Krankenhäuser in Großbritannien. Ausgenutzt wurde – wie so oft – eine Schwäche in Windows-Betriebssystemen.

Im Untersuchungsbericht des National Audit Office heißt es dazu unter anderem, dass 81 der 236 Krankenhäuser des nationalen Gesundheitswesens

Großbritanniens sowie mehrere hundert weitere Einrichtungen betroffen waren und über 6 000 Operationen abgesagt beziehungsweise verschoben wurden.[54] Erschreckenderweise geht aus diesem Bericht zudem hervor, dass die Aufsichtsbehörden bereits 2014 die Migration von veralteten Softwareprodukten angemahnt hatten und im März und April 2017 die einzelnen Einrichtungen vor der konkreten Gefahr einer aufkommenden Ransomware-Welle gewarnt hatten.

Opfer von Emotet: Rechtsprechung auf Eis

1468 wurde das Berliner Kammergericht erstmals urkundlich erwähnt. Seither wird dort, am traditionsreichsten Gericht Deutschlands, Recht gesprochen, und zwar in 28 Zivil- und 5 Strafsenaten. Der IT-Dienstleister ITDZ Berlin als zentraler IT-Dienstleister der Berliner Verwaltung ist für die Cybersicherheitsstrategie verantwortlich. Doch dabei ist offenbar etwas schiefgegangen. Im September 2019 wurde das Berliner Kammergericht von einer Ransomware-Attacke überrascht.

In einem Gutachten zu dem Vorfall, das Ende Januar 2020 veröffentlicht wurde, ist von einem »schwerwiegenden Fall einer Emotet-Infektion« mit »nicht abzuschätzenden Folgen für das Netzwerk, die Systeme und die Daten des Kammergerichts« die Rede.[55]

> **Emotet** ist eine von vielen Ransomware-Varianten, die sich über E-Mail weiterverbreitet. Das BSI (Bundesamt für Sicherheit in der Informationstechnik) beschreibt sehr anschaulich auf seiner Website die Verbreitungsweise dieser Schadsoftware:[56]

»Emotet liest die Kontaktbeziehungen und E-Mail-Inhalte aus den Postfächern infizierter Systeme aus. Diese Informationen nutzen die Täter zur weiteren Verbreitung des Schadprogramms. Das funktioniert so: Empfänger erhalten E-Mails mit authentisch aussehenden, jedoch erfundenen Inhalten von Absendern, mit denen sie erst kürzlich in Kontakt standen. Aufgrund der korrekten Angabe der Namen und Mailadressen von Absender und Empfänger in Betreff, Anrede und Signatur wirken diese Nachrichten auf viele authentisch. Deswegen verleiten sie zum unbedachten Öffnen des schädlichen Dateianhangs oder der in der Nachricht enthaltenen URL.

Ist der Computer erst infiziert, lädt Emotet weitere Schadsoftware nach, (...). Diese Schadprogramme führen zu Datenabfluss oder ermöglichen den Kriminellen die vollständige Kontrolle über das System.

Zurück zum Vorfall beim Berliner Kammergericht. Das Gutachten offenbart schwerwiegende Versäumnisse seitens der IT-Administration:[57]

- **Fehlende Netzwerksegmentierung:** Bei einer Trennung in mehrere Segmente wäre der Schaden vermutlich erheblich geringer ausgefallen. Ähnlich wie die Schotten in einem Schiff, wären nur einzelne Segmente betroffen gewesen.
- **Lokale Administratoren-Accounts:** Je mehr Rechte ein lokaler Nutzer hat, umso einfacher und wirksamer verbreitet sich Ransomware.
- **Fehlendes Logging am Proxyserver:** Damit lässt sich nicht nachvollziehen, welche Systeme befallen sind.

Die Folgen waren gravierend. Laut Medienberichten ging ein knappes halbes Jahr in Sachen IT nichts mehr in dieser wichtigen Abteilung der Berliner Justiz.[58]

Allgemein lässt sich feststellen: Ransomware ist eine große Gefahr für in IT-Dingen schlecht ausgestattete öffentliche Einrichtungen verschiedenster Länder. Rein wirtschaftlich gesehen ist sie die größte Bedrohung für mittelständische Unternehmen.

Eiskalt erwischt – keine Immunität gegen Cyberattacken

Anfang Juni 2017 gab die renommierte Anwaltskanzlei DLA Piper unter dem Titel »Die Ransomware-Attacke von WannaCry war nur die Spitze des Eisbergs – 9 Dinge, die Sie wissen sollten, um Ihr Unternehmen vor dem nächsten Angriff zu schützen«[59] Tipps, wie man derartige Attacken erfolgreich abwehrt. Bei der Kanzlei selbst hat das offenbar nicht so gut funktioniert, denn nur wenige Wochen später meldete *Legal Tribune Online* einen erfolgreichen Cyberangriff auf DLA Piper: »Das IT-System der Kanzlei war vom 27. Juni bis 1. Juli abgeschaltet, die mehr als 9 000 Mitarbeiter in aller Welt konnten ihre Computer nicht benutzen und waren nur sehr eingeschränkt erreichbar.« Wie genau der Angriff erfolgte und ob und wenn ja in welchem Umfang in diesem Fall Daten von Mandanten abgeflossen sind, ist nicht bekannt. Doch die Gefahr, durch betroffene Geschäftspartner, Kunden und Lieferanten in Mitleidenschaft gezogen zu werden, weil Daten gestohlen werden, ist durchaus real.

Zugang, Infektion, Verschlüsselung

Die professionellen Cybererpresser nutzen also Sicherheitslücken in Systemen, um Schadsoftware einzuschleusen, Computernetzwerke zu verschlüsseln und so ein Unternehmen oder eine öffentliche Einrichtung vollständig lahmzulegen. Selbst wenn funktionsfähige Backups vorhanden sind, ist der Aufwand für die Wiederherstellung enorm. Wenn eine solche Sicherheitskopie – wie so oft – nicht vorhanden ist, sind die Folgen immens.

Das Einfallstor für Ransomware war in der Vergangenheit zumeist das E-Mail-Postfach. Ein Anhang, der aussieht wie eine Rechnung, oder ein Link, der auf eine scheinbar legitime Website führt – klassisches Phishing also. Ein Klick genügt und die Schadsoftware ist auf dem Computer des Opfers und verbreitet sich von dort im erreichbaren Rechnernetz. Wer das Opfer ist, ist vielen Cybergangstern vielfach egal.

Neu als Verbreitungsweg ist die sogenannte Human-operated Ransomware. Dabei wird ein Rechner eines Unternehmens gezielt gehackt, indem bekannte und noch nicht behobene Schwachstellen in der Software genutzt werden. Die Angreifer können sich – wenn die Zugriffshürden einmal überwunden sind – dort in Ruhe umsehen und etwa Datenbestände entwenden: Auftragsbestände, Kundenlisten – alles, was auf Rechnern gespeichert ist, kann auf diese Weise geklaut oder gegebenenfalls auch manipuliert werden. Dies passiert zumeist, ohne dass die Verantwortlichen im Unternehmen etwas ahnen. Das Entdeckungsrisiko steigt jedoch von Tag zu Tag und von Aktion zu Aktion. Insbesondere wenn größere Datenmengen abfließen, fällt die damit verbundene Menge an übertragenen Daten manchmal den Netzwerkverantwortlichen als Anomalie in Logdateien auf und führt potenziell zur Entdeckung des Angriffs. Bleibt dieser unentdeckt, so ist die letzte Aktion der Angreifer zumeist die Installation und Inbetriebsetzung der Verschlüsselungssoftware. Der Rest ist aus zahlreichen Medienberichten wohl bekannt:

Nach einer erfolgreichen Infektion verschlüsselt die Malware die Dateien und zeigt auf dem Bildschirm eine Warnmeldung an samt Anweisungen, wie die Lösegeldzahlung für die Freigabe und Entschlüsselung der Daten zu leisten ist. In der Meldung wird zudem meist angedeutet, dass sich der Lösegeldbetrag nach wenigen Stunden oder Tagen erhöhen wird – es ist demnach Eile geboten. Manchmal gibt es sogar ein klares Ultimatum, nach dessen Ablauf keine Entschlüsselung mehr möglich ist. Für den Fall der Nichtzahlung werden vielfach weitere Sanktionen angedroht, wenn das Opfer nicht bezahlt. Typisch ist hier, dass damit gedroht wird, zuvor entwendete unternehmensinterne Datenbestände im Internet zu veröffentlichen. Die Folgen für betroffene

Unternehmen können dann behördliche Sanktionen sein, wenn etwa personenbezogene Daten, wie zum Beispiel Kundenlisten, im Internet auftauchen. Bisher ein erschreckender Einzelfall blieb ein Fall aus Finnland. Eine zentrale Einrichtung für Psychotherapie – ein Dienstleister namens Vastaamo – wurde gehackt und Therapiedaten und -protokolle von rund 40 000 Patienten wurden entwendet. Nachdem das Unternehmen den Forderungen der Cybergangster nicht nachkommen wollte, begannen die Angreifer zunächst Patienteninformationen zu »leaken«, das heißt im Internet zu veröffentlichen, änderten dann jedoch ihre Vorgehensweise und versuchten, einzelne Patienten per E-Mail mit der Androhung einer Veröffentlichung ihrer Krankenakte zu erpressen.[60] Zum Zeitpunkt der Finalisierung dieses Buchs war der Fall nicht abgeschlossen. Es ist nicht auszuschließen, dass es ähnliche Fälle in Zukunft auch anderswo geben wird.

Übrigens, nicht nur die Methoden der Angreifer haben sich gewandelt, auch die geforderten Lösegelder sind seit der Anfangsphase der Ransomware-Attacken stark gestiegen. Meist war damals nur ein einzelner Rechner betroffen und die geforderten Summen überschaubar, typischerweise im Bereich zwischen 500 und 1 500 Euro. Heute sind in der Regel nicht nur einzelne Rechner, sondern ganze Unternehmensinfrastrukturen betroffen. Forderungen in Millionenhöhe sind bei größeren Unternehmen daher keine Seltenheit.

Mehrfacher Zahltag

Wenn Sie jetzt denken: »Kein Problem, wir haben lückenlose Backups. Wir ignorieren die Forderung, gehen zum letzten funktionierenden Wiederherstellungspunkt und starten einfach alles neu!«, muss ich Sie leider enttäuschen. Fortschrittliche Ransomware beschränkt sich – wie etwa das gerade geschilderte Beispiel aus Finnland zeigt – nicht mehr auf die reine Verschlüsselung, sondern schöpft davor gleich noch Ihre Daten ab. Die Angreifer drohen im Fall einer Weigerung, das Lösegelds zu bezahlen, mit der Veröffentlichung dieser gestohlenen, teils sensiblen Informationen.

Es gab bereits zahlreiche Fälle, in denen zumindest Auszüge der gestohlenen Daten im Netz gelandet sind – manchmal praktischerweise offen zugänglich für die ganze Welt auf Websites der Ransomware-Gangster. Einige kriminelle Banden erhalten sogar eigene Websites, auf der sie die neuesten »Fundstücke« präsentieren. Auf eine Listung von Internetadressen wird hier bewusst verzichtet, unter anderem auch, um dieser Art von »Zurschaustellung« vertraulicher Informationen keinen Vorschub zu leisten.

Derartige bewusst herbeigeführte Datenlecks sind für die betroffenen Unternehmen höchst brisant, da sie – dank Datenschutzgrundverordnung – auch die behördliche Sanktionen nach sich ziehen. In der Folge können zu dem Schaden durch den Ransomware-Angriff empfindliche Geldbußen hinzukommen.

Das große Dilemma der Opfer: Selbst wenn sie die geforderte Summe bezahlen, ist nicht automatisch sichergestellt, dass die Daten nicht doch irgendwann im Netz landen. Gestohlen ist eben gestohlen.

Lösegeldzahlung: Ja oder Nein?

Pilz betont ausdrücklich, nicht bezahlt zu haben. Das Unternehmen sei in der Lage gewesen, anhand von Backups und intensivem Einsatz von Mitarbeitern und externen Spezialisten die Systeme wiederherzustellen.[61] Über die entstandenen Kosten ist jedoch trotz aller Offenheit des Unternehmens bei der Krisenkommunikation wenig bekannt. »Der Cyberangriff hatte uns unvermittelt getroffen und der Wiederaufbau ist noch nicht komplett abgeschlossen«, hieß es in der Pressemeldung des Unternehmens zum Abschluss des Geschäftsjahrs 2019 lediglich.[62]

Nur wenige betroffene Unternehmen machen Angaben zu den entstandenen Schäden nach einem Ransomware-Angriff, finanzielle wie personelle. Unternehmen mit besonderen Veröffentlichungspflichten – wie sie etwa bei börsennotierten Unternehmen gegeben sind – weisen die Kosten im Regelfall in der Bilanz aus. Beim Logistikdienstleister Maersk fielen laut Jahresbilanz rund 300 Millionen US-Dollar für die Aufräumarbeiten und den mehr als einwöchigen Stillstand an.[63] Im Sommer 2019 zahlte die Juwelierkette Wempe als Opfer ihren Erpressern Medienberichten zufolge mehr als eine Million Euro Lösegeld.[64] 170 Arbeitslose mehr sind die traurige Bilanz bei dem Schweizer Fensterhersteller Swisswindows. Nach einer Ransomware-Attacke war es dem Unternehmen nicht gelungen, den technischen Betrieb der IT-Systeme wiederaufzunehmen. Das Ende vom Lied: Insolvenz.[65]

Laut einer Studie der Sicherheitsfirma Proofpoint entschieden sich 2019 rund 33 Prozent der via Ransomware erpressten Unternehmen dafür, das Lösegeld zu zahlen. Doch etwa jedes fünfte davon erhielt dennoch keinen Zugriff auf die Daten. 9 Prozent gaben sogar an, nach der ersten Lösegeldzahlung mit weiteren Forderungen der Erpresser konfrontiert worden zu sein. Fazit der Studie: »Ganovenehre gibt es nicht.«[66]

Sollten Sie bei diesen eher düsteren Aussichten überhaupt in Erwägung ziehen, Lösegeld zu bezahlen? Das Bundesamt für Sicherheit in der Informationstechnik rät eindeutig von der Zahlung ab: »Angemessen vorsorgen, im Schadensfall auf die Vorbereitungen zurückgreifen und NICHT zahlen.«[67] Lässt aber offen, wie genau das zu geschehen hat. Die österreichischen Behörden sind nicht ganz so eindeutig, man solle »möglichst nicht zahlen«[68]. In den USA sieht man das zumeist pragmatisch, alle Hemmungen sind längst gefallen, selbst renommierte Analystenhäuser empfehlen inzwischen, im Zweifel die Lösegeldsumme als Betriebsausgabe zu sehen und zu bezahlen.[69] Das Problem: Damit verfestigen sie die Stellung der Angreifer, denn mithilfe des erpressten Lösegelds finanzieren Cyberkriminelle ihre nächste Angriffswelle. Vergleiche zur organisierten Kriminalität herkömmlicher Prägung drängen sich auf. Natürlich rate ich Ihnen ab, im Fall des Falles zu zahlen, nicht nur deswegen, weil eine Zahlung keine Garantie ist, dass Sie Ihre Daten damit wiederbekommen und Ihre Betriebsfähigkeit wiedererlangen können. Sie muss das letzte Mittel sein, wenn alle Schutzmaßnahmen versagt haben. Und über diese Schutzmaßnahmen sollten Sie nachdenken und dringend investieren. Jetzt und nicht erst wenn es zu spät ist.

Seltener Fahndungserfolg

Dass die Hintermänner von Ransomware-Attacken gefasst werden, ist eher unwahrscheinlich. Oftmals sitzen die Drahtzieher in Osteuropa. Gefundene und analysierte Beispiele von Schadsoftware weisen oft bestimmte Merkmale auf, die auf eine Herkunft aus bestimmten Ländern oder Regionen hindeuten. Hintergrund ist hier schlicht der, dass es dort viele gut bis exzellent ausgebildete junge Menschen gibt, denen anderweitige berufliche Perspektiven fehlen und die sehen, dass in der digitalen Schattenwirtschaft enorme Summen zu verdienen sind. Deren Vorbild sind vielfach Cybergangster, die ganz offen auf Instagram und Co. mit ihrem Reichtum prahlen und anscheinend unbehelligt tun und lassen können, was sie wollen.

Diese Täter beschränken ihre verbrecherischen Aktivitäten meist ganz bewusst auf das westliche Ausland, das heißt, Rechner, die eine russische Sprachversion haben, werden schon mal verschont. So bleiben sie unterhalb des Radars der heimischen Behörden.

Gelingt durch internationale Kooperation der Polizeibehörden dennoch eine erfolgreiche Fahndung, so erwischt es vielfach wichtige Beteiligte, aber selten die Hintermänner. Ein Beispiel: Ende Juli 2020 wurde ein 31-jähriger Arbeitsloser aus dem weißrussischen Gomel festgenommen. In dem Fall war insgesamt ein einstelliger Millionenbetrag von über tausend Opfern in Indien, den USA, Ukraine, Großbritannien, Deutschland, Frankreich, Italien und Russland erpresst worden. Gomel selbst war aber nur eine Art Franchisenehmer eines größeren Malware-Systems namens »GandCrab« – dem rund 2 Milliarden US-Dollar Schaden zur Last gelegt werden.

> **GandCrab** ist eine Ransomware, die als Ransomware-as-a-Service (RaaS) angeboten wurde. Der »technische Dienstleister« stellt dabei Software und Infrastruktur für die Verschlüsselung und Erpressung. Der »Kunde«, der den Trojaner zur Erpressung einsetzen will, erwirbt diese Dienstleistung im Revenue-Sharing-Modell und sucht sich das Opfer (ein Unternehmen) gezielt aus. Das eingenommene Geld wird im fixen Verhältnis (zum Beispiel 70:30 oder 60:40) zwischen Täter und Dienstleister geteilt.

Sehr erhellend ist die offizielle Meldung des Innenministeriums von Weißrussland dazu: Darin heißt es unter anderem:[70]

> »Das Büro ›K‹ des Innenministeriums identifizierte in Zusammenarbeit mit der Cyberpolizei von Großbritannien und Rumänien ein Mitglied einer internationalen Hacker-Gruppe. (...) Der Virus gelangte durch Spam-Mailing von PDF-Dateien an die Computer der Opfer: Der Cryptolocker verschlüsselte den Inhalt der Festplatten und machte ihn unzugänglich. (...) Die einzige Möglichkeit für das Opfer, wieder Zugang zu seinen Inhalten zu erhalten, war ein Lösegeld in Cryptowährung in Höhe von 400 bis 1,5 Tausend US-Dollar. (...) Ein Teil des (so erlangten) Gewinns wurde an die Betreiber des von ihm gemieteten Servers überwiesen.«

So erfreulich der Fahndungserfolg auch ist, es ist unwahrscheinlich, dass die Hintermänner bei GandCrab zur Verantwortung gezogen werden, hat man doch bereits 2019 per Eintrag in einem Hackerforum im »Darkweb« angekündigt, sich aus dem Markt zurückziehen zu wollen – nachdem man vorher so eine Art Marktführer war. Experten schätzen, dass rund 40 Prozent Marktanteil auf GandCrab zu deren besten Zeiten fielen.[71] Wie immer bei Ankündigungen von Kriminellen sind derartige Äußerungen natürlich mit Vorsicht zu genießen, womöglich machen die gleichen Täter längst unter anderem Namen anderswo weiter, denn warum aufhören, wenn das Geschäft so gut läuft?

Für Außenstehende mutet vielleicht skurril an, dass Cybergangster per Ankündigung kommunizieren, dennoch hat sich in den letzten Jahrzehnten eine vollständige Schattenwirtschaft herausgebildet, die überwiegend im über den TOR-Browser erreichbaren Darkweb agiert. Dort gibt es nicht nur Marktplätze für verbotene Güter, etwa Waffen und Drogen, sondern eben auch einen regen Austausch über Werkzeuge und Methoden für Cyberattacken.

Was Abhilfe schafft

Die gute Nachricht bei all den Schreckensbotschaften: Nicht immer sind sofort Daten abgeflossen und nicht immer müssen Sie das geforderte Lösegeld zahlen. Für zahlreiche Varianten von Verschlüsselungstrojanern existiert inzwischen frei zugängliche Entschlüsselungssoftware. Unter der Internetadresse www.nomoreransom.org finden Sie dazu verlässliche Informationen und Downloads. Die Website ist eine Initiative der National High Tech Crime Unit der niederländischen Polizei, Europols europäischem Cybercrime Center sowie Kaspersky und McAfee. Die zwei gängigsten Sicherheitsvorkehrungen – Firewall und Virenschutz – sind und bleiben unbestritten wichtig für eine grundlegende Absicherung Ihres Unternehmens. Aber es sind eben nur Bausteine, die manchmal sogar eigene Risiken mit sich bringen. Das generelle Problem: Einfache Ratschläge helfen nicht gegen die weitverbreitete Plage Ransomware. Die einleuchtende Idee »Spielen wir im Schadensfall halt ein Backup ein«, nützt Ihnen nichts, wenn die Angreifer auch das Backup verseucht haben und relevante Daten möglicherweise bereits entwendet haben und mit der Veröffentlichung drohen.

Meine Empfehlungen:

- Sichern Sie Ihre Daten zyklisch und vor allen Dingen offline.
- Speichern Sie zusätzlich kritische Datenbestände in der Cloud oder auf externen Speichersystemen. Stellen Sie unbedingt sicher, dass diese Kopien entscheidender Datenbestände nicht von Ihren Live-Systemen aus verändert oder gelöscht werden können.
- Machen Sie eine kritische Bestandsaufnahme Ihrer Infrastruktur mit allen Systemen (PCs, Server, sonstigen vernetzten Geräten) und allen Verbindungen dazwischen.
- Machen Sie ebenfalls Inventur über alle eingesetzten Softwaresysteme und erstellen Sie eine Übersicht über den Softwarestand und möglicherweise fehlende Updates und Patches (und aktualisieren Sie die Systeme und erstellen ein Update-/Patch-Konzept, wenn noch nicht geschehen). Halten Sie bevorzugt alle Systeme mit Schnittstellen nach außen auf dem aktuellen Stand. Patchen Sie diese entsprechend.
- Installieren Sie Anti-Viren und Anti-Schadsoftware-Technologie (so noch nicht geschehen) und halten Sie diese laufend aktuell.
- Verabschieden Sie sich von »Bring your own Device«(BYOD)-Konzepten, bei denen Mitarbeiter mit eigener Hardware-/Software Zugang zum Unternehmensnetz erlangen können. Dies führt fast immer zu massiven Sicherheits-

problemen, weil Sie nur eingeschränkte Kontrolle über deren Systeme ausüben können.
- Planen Sie neu und segmentieren Sie Ihre Netze in mehr oder weniger unabhängige Teilzonen für Standorte, Landesgesellschaften, Business-Units und so weiter. So ist im Fall eines erfolgreichen Angriffs nicht notwendigerweise gleich das ganze Unternehmen betroffen.
- Erstellen Sie eine Übersicht aller Remote-Zugänge und vereinheitlichen Sie diese, solange noch nichts passiert ist, auf einer als grundlegend sicher bekannte Plattform beziehungsweise Technologie. Dies gilt insbesondere, da im Zuge der Corona-Pandemie vielfach – mit Blick auf die Notwendigkeit, schnell ins Homeoffice zu wechseln – unbedacht Zugänge ins Unternehmensnetz angelegt wurden.
- Insbesondere das RDP (Remote Desktop Protocol) ist bei Administratoren beliebt, aber eben ein wesentliches Einfallstor für Cyberattacken[72]. Verzichten Sie, wann immer es geht, darauf.
- Nutzen Sie nur sichere Netzwerke und vermeiden Sie öffentliche Wi-Fi-Netzwerke (statten Sie Ihre Mitarbeiter stattdessen mit LTE/5G-Zugängen für die mobile Arbeit aus).
- Achten Sie bei Neueinstellungen – insbesondere von Administratoren und Technikern – auf persönliche Integrität und Verhalten, das eine Tendenz zur Einflussnahme durch unternehmensferne Dritte erkennen lässt. Es ist mir bewusst, dass diese Aussage Sprengstoff in sich trägt, aber die aktive oder passive Mithilfe von Insidern ist nicht selten ein wesentlicher Faktor bei Cyberattacken. Es geht hier auch nicht um Generalverdacht oder Vorverurteilung, sondern schlicht um die Überlebensfähigkeit des Unternehmens und damit die Existenzgrundlage zahlreicher Familien.
- Nutzen Sie Zwei-Faktor-Authentifizierungssysteme für alle Anmeldeverfahren.
- Und das Trivialste und vielleicht Wichtigste zum Schluss: Klicken Sie nicht auf E-Mail-Anlagen und Links in Nachrichten, die Sie nicht erwarten, und weisen Sie Ihre Mitarbeiter immer wieder auf dieses Grundproblem hin.

Ja, es ist mir bewusst, dass diese Maßnahmen in erster Linie Aufwand und Arbeit bedeuten und keine Garantie dafür bieten, dass man nicht doch Opfer einer Cyberattacke wird. Ein Allheilmittel für Ransomware ist nicht in Sicht, daher sollten Sie die Empfehlungen hier als das nehmen, was sie sind: die beste Option, in der aktuellen Schadsoftwarewelle davonzukommen.

Angriff der Bots – lahmgelegte Websites durch DDoS-Attacken

In den Anfangstagen des Internets waren Onlinewettbüros eine große Sache. Sportwetten und Glücksspiele sind in den meisten Ländern staatlich reglementiert. Was in Großbritannien etwa eine traditionelle Freizeitbeschäftigung ist, ist hierzulande nur in ganz engen Grenzen erlaubt. Für Onlineangebote gab es jedoch lange Zeit Regulierungslücken, und nicht wenige Anbieter nutzten diese, um länderübergreifend ihre Dienste anzubieten – mit teilweise enormem finanziellen Erfolg.

Dies rief wiederum clevere Cybergangster auf den Plan, die – nach Mafiaart – Schutzgeld forderten: »Schönes Onlinewettbüro haben Sie da. Wäre doch schade, wenn es nicht mehr funktioniert.« Eine solche Cybererpressung funktioniert natürlich nicht ohne Einschüchterung durch die eindrückliche Demonstration der eigenen Fähigkeiten. Dazu dienten sogenannte DDoS-Angriffe.

> Das Kürzel **DDoS** steht für **Distributed Denial of Service** und bezeichnet eine koordinierte Attacke im Internet. Zumeist werden dafür Rechner oder auch andere Endgeräte wie etwa Internetrouter ahnungsloser Nutzer gehackt und ferngesteuert zur Attacke auf das Zielsystem zusammengeschaltet. Durch wiederholte Seitenaufrufe in schneller Folge von einer Vielzahl von Endgeräten lassen sich Websites ausbremsen bis hin zum vollständigen Stillstand, sodass sie legitime Nutzungswünsche nicht mehr abarbeiten können. Nutzer können in diesem Fall die Seiten gar nicht mehr aufrufen oder erhalten extrem lange Ladezeiten und Fehlermeldungen bei dem Versuch, Transaktionen durchzuführen. Der Begriff **Botnet** hat sich für diese Kohorten ferngesteuerter »Zombiegeräte«, die auch große Websites in die Knie zwingen können, eingebürgert.

Warum ausgerechnet Onlinewettbüros ein beliebtes Ziel der Cybergangster waren und nicht etwa Onlineshops, wird erst bei einer näheren Betrachtung des Geschäftsmodells klar. Einen großen Teil ihrer Umsätze machen Wettbüros naturgemäß innerhalb eines sehr eng begrenzten Zeitraums, etwa kurz vor einem Fußballspiel. Damit sind diese ein beinahe ideales Opfer, denn auch die Angreifer können eine solche Attacke nicht beliebig lange aufrechterhalten.

DDoS-Angriffe sind auch heute – viele Jahre nach den ersten Vorfällen dieser Art – noch ein Problem. Trotz massiv gesteigerter Bandbreiten und Serverleistung werden immer wieder auch legitime Websites Opfer solcher Attacken. Nicht selten steckt die Konkurrenz dahinter. Besonderes Know-how zur Initiierung einer Attacke ist nicht nötig. Botnets für DDoS-Angriffe lassen sich heute sogar mieten, für wenige Hundert US-Dollar pro Stunde. Bezahlt wird meist via Bitcoin. Das ist natürlich illegal, schreckt aber Angreifer wie Anbieter nicht ab.

Ebenso lassen sich auf der Verteidigerseite DDoS-Abwehrdienste mieten und viele große Unternehmen vertrauen bereits auf diese Form der Absicherung.[73] Blöd nur, wenn der Dienst selbst nicht funktioniert, wie es bei Cloudflare – einem der bekanntesten Anbieter für Cybersicherheitslösungen – Mitte Juli 2020 der Fall war.[74] Mehr als 26 Millionen Websites, darunter Onlineshops und Restaurantlieferdienste, waren von dem Ausfall betroffen und temporär nicht oder nur teilweise erreichbar. Sogar der Onlinedienst Downdetector.com, der überwachen und melden soll, welche Websites und Internetdienste gerade »down«, das heißt, nicht erreichbar sind, war durch den Ausfall nicht erreichbar.

Was Abhilfe schafft

Die gute Nachricht: Anders als bei Ransomware sind von DDoS nur wenige Unternehmen betroffen. Dennoch, wenn es Sie trifft: Gegen DDOS-Angriffe können Sie als einzelner Teilnehmer im Netz wenig ausrichten. Sollten Sie also entsprechende Erfahrungen gemacht haben oder in besonders betroffenen Branchen agieren, nutzen Sie unbedingt einen Provider, der Ihnen DDoS-Abwehr als Dienstleistung anbietet.

Ihre Abwehrkräfte – mobilisieren Sie Ihre Verteidigung!

> »Wenn Du Deinen Feind kennst und dich selbst kennst, brauchst du das Ergebnis von 100 Schlachten nicht zu fürchten.« *Sun Tsu*

Dieses gut 2 500 Jahre alte Zitat wird einem chinesischen General, Militärstrategen und Philosophen zugeschrieben. Es stammt aus seinem Buch »Die Kunst des Krieges«. Auch heute und bei Cybersicherheit gilt dies im Grunde noch. Entscheidend für jede Art von erfolgreicher Verteidigung ist eine grundlegende Kenntnis der Bedrohungslage und die richtige Reaktion darauf. Das Kernproblem: Der Angreifer braucht – im Extremfall – nur eine einzige Lücke zu finden, die er ausnutzen kann. Die Verteidigung muss jederzeit alles im Blick behalten und permanent absichern. Ein Ungleichgewicht, mit dem wir leben müssen.

Die zehn größten Bedrohungen und die besten Abwehmaßnahmen

Für den Bereich Cybersicherheit in der Industrie hat das Bundesamt für Sicherheit und Informationstechnik (BSI) die zehn größten Bedrohungen für 2019 ermittelt – immer mit der Angabe der vorherigen Untersuchung (hier im Vergleich zu 2016):[75]

1. Einschleusen von Schadsoftware über Wechseldatenträger und externe Hardware (Tendenz steigend),
2. Infektion mit Schadsoftware übers Internet und Intranet (Tendenz steigend),
3. menschliches Fehlverhalten und Sabotage (Tendenz stark steigend),
4. Kompromittierung von Extranet und Cloud-Komponenten (Tendenz stark steigend),
5. Social Engineering und Phishing (Tendenz leicht sinkend),
6. (D)DoS Angriffe (Tendenz stark steigend),
7. Angriffe auf mit dem Internet verbundene Steuerungskomponenten (Tendenz gleichbleibend),
8. Einbruch über Fernwartungszugänge (Tendenz gleichbleibend),
9. Technisches Fehlverhalten und höhere Gewalt (Tendenz leicht sinkend),
10. Kompromittierung von Smartphones im Produktionsumfeld (Tendenz gleichbleibend).

Die Darstellung bleibt naturgemäß etwas abstrakt und allgemein und spart die Folgen aus. Für eine Risikobewertung ist sie ein erster Anlaufpunkt, hilft aber nicht konkret weiter, um die Bedrohungslage für das eigene Unternehmen zu erfassen. Nachfolgend versuche ich daher, diese transparent zu machen.

Cyberattacken und die Ziele der Kriminellen

Hier sehen Sie noch einmal die wesentlichen Formen von Cyberattacken auf einen Blick, welche Schäden die Angreifer verursachen könnten und grundlegende Ansätze, wie Sie solchen Versuchen einen Riegel vorschieben und wie leicht oder schwer es ist, sich dagegen zu verteidigen. Die nachfolgende Liste ist dabei notwendigerweise alles andere als vollständig. Kreativität und Erfindergeist mit immer neuen Maschen muss man von jedem Angreifer erwarten.

Cyberattacke	Schaden	Ansätze für die Verteidigung
Ransomware	Lösegeld, Datenverlust, Wiederherstellungkosten, ggf. Strafen für Datenschutzverletzungen	Laufende Updates, Sicherung der Infrastruktur
Industriespionage	Verlust von Geschäftsgeheimnissen	Separierung besonders wichtiger Unterlagen
CEO-Fraud	Finanzieller Verlust	Organisatorische Maßnahmen, 4-Augen-Prinzip
Manipulation/Sabotage von IT-Systemen	Wiederherstellungsaufwendungen, Ausfallkosten	Laufende Updates, Sicherung der Infrastruktur
Manipulation/Sabotage von Produktionsanlagen	Wiederherstellungsaufwendungen, Ausfallkosten, ggf. auch Kosten für Ersatzbeschaffung physischer Defekte	Konsequente Netztrennung, Einsatz von Technologien zur strikten Separierung von IT- und Produktionstechnologien
Diebstahl von Ressourcen, etwa für die Erzeugung von Bitcoins und anderen Kryptowährungen	Verschlechterte Leistung der eigenen IT, finanzielle Verluste (etwa durch Kosten für missbräuchliche Cloudnutzung)	Umsichtige Konfiguration, laufende Überwachung auf Anomalien

Sie wurden gehackt! Die wichtigsten Anzeichen für einen Cybersicherheitsvorfall

»Oops, your files have been encrypted!« Wenn Sie Ihr Computer eines Tages so begrüßt, dann ist es passiert: Sie wurden gehackt und Ihre Daten sind nun verschlüsselt. So lautete die »freundliche Information« der WannaCry-Ransomware, die 2017 weltweit ihr Unwesen trieb, zusammen mit weiteren Erläuterungen zu wichtigen Fragen wie »Was ist mit meinem Computer los?« oder »Kann ich meine Dateien wiederherstellen?«. Gefolgt von einer detaillierten Anleitung, wie Sie das Lösegeld bezahlen können. Ransomware ist diesbezüglich – nun ja – sehr transparent. Mit etwas Glück bleibt das Problem auf den einzelnen Rechner beschränkt und hat sich noch nicht im gesamten Unternehmensnetz ausgebreitet – schnelles Handeln ist dann gefragt.

In anderen Fällen ist nicht auf den ersten Blick klar, dass Ihr Rechner oder sogar Ihr gesamtes Netzwerk gehackt wurde. Vielfach geben sich die Angreifer alle Mühe, unentdeckt zu bleiben. In der Praxis ist bei vielen Unternehmen der Feind lange innerhalb der eigenen Struktur, bevor der Verteidiger etwas ahnt.

Cybersicherheits-Vorfälle sind – solange sie Ihre PC-Umgebung betreffen – mit gesundem Menschenverstand relativ leicht erkennbar. Neben der unmissverständlichen Nachricht von Ransomware gibt es Symptome, die Sie zumindest skeptisch machen sollten, und klare Anzeichen, die sofortiges Handeln erfordern.

Sofortmaßnahmen bei Cyberattacken

Grundsätzlich gilt: Wenn Sie den Verdacht haben, Opfer eines Cyberangriffs geworden zu sein, weil Ihr Gerät oder Ihr System nicht mehr so funktioniert oder reagiert, wie Sie es gewohnt sind, sollten Sie vorsichtshalber schnell reagieren.

Trennen Sie das Gerät sofort vom Stromnetz und schalten Sie es »hart« aus, das bedeutet: Ziehen Sie den Netzstecker bei Ihrem Computer am Arbeitsplatz heraus, bei Ihrem Laptop drücken Sie länger den Ausschalter. Ebenso sollten Sie die Netzwerkverbindung trennen. Im Zweifel trennen Sie bitte sofort Ihr Unternehmensnetz vom Internet. Bei einem Smartphone oder Tablet bitte sofort Funkschnittstelle und WLAN abschalten und versuchen, das Gerät abzuschalten.

Eine schnelle Trennung vom Stromnetz kann dabei helfen, die weitere Ausbreitung über das befallene Gerät hinaus zu bremsen. Wenn Sie nicht reagieren, riskieren Sie, dass sich der Schadsoftwarebefall auf weitere Geräte ausbreitet.

Informieren Sie anschließend unverzüglich Ihre IT-Abteilung beziehungsweise die Person, die Ihnen geholfen hat, das Gerät einzurichten.

Manche Dateien sind ohne ersichtlichen Grund verschlüsselt

Ein Anzeichen für eine Ransomware-Attacke kann sein, dass Ihr Computer oder Laptop im laufenden Betrieb grundsätzlich noch funktioniert, einzelne Dateien sich aber nicht mehr öffnen lassen. Geschwindigkeit ist in diesem Fall alles! Denn sobald der Verschlüsselungstrojaner Ihr Gerät erfolgreich befallen und Ihre Dateien verschlüsselt hat, macht er sich eindeutig bemerkbar und Ihnen sind die Hände gebunden. Da aber das Verschlüsseln der Dateien einige Zeit kostet, kann es sein, dass Sie die Attacke bemerken, bevor es zu spät ist.

▶ *Das müssen Sie jetzt tun*

1. Trennen Sie das Gerät sofort vom Netz und schalten Sie es »hart« aus, das bedeutet: Ziehen Sie den Netzstecker bei Ihrem Computer heraus, bei Ihrem Laptop drücken Sie länger den Ausschalter, bis der Laptop runterfährt. Bei einem Smartphone oder Tablet trennen Sie sofort die Netzverbindung und schalten Sie das Gerät danach aus.

2. Informieren Sie Ihre IT-Abteilung beziehungsweise die Person, die Ihnen geholfen hat, das Gerät einzurichten. Bei einem einzelnen Rechnersystem kann ein Neustart von einem anderen Datenträger (Start-CD oder Start-USB-Stick) dabei helfen, festzustellen, inwieweit der Schaden schon entstanden ist.

Eine schnelle Trennung vom Netz kann dabei helfen, die weitere Ausbreitung über den befallenen Rechner hinaus zu bremsen. Aktuelle Formen von Ransomware breiten sich typischerweise im lokalen Netz aus und befallen andere aktive Systeme. Selbst wenn alle anderen Rechner vermeintlich heruntergefahren sind, sind diese nicht sicher, da die meisten in Unternehmen eingesetzten Geräte »wake on lan« unterstützen. Hier hilft nur das Trennen der Netzverbindung – bei verkabelten Netzen bedeutet dies: Stecker ziehen.

Eine gute Nachricht: Erfreulicherweise gibt es für viele gängige Ransomware-Varianten inzwischen kostenfreie Entschlüsselungstools, die von diversen Sicherheitsfirmen entwickelt und bereitgestellt wurden. Eine Übersicht liefert dazu die Initiative Bleib Virenfrei, die (Stand Anfang September 2020) bereits über 400 Varianten von Schadsoftware gelistet hat.[76] Nicht alle davon haben bisher ein frei verfügbares Entschlüsselungstool, aber so mancher Geschädigte hat auf dieser oder einer ähnlichen Liste bereits die Rettung gefunden – ganz ohne teure Dienstleistungen.

▶ *Das riskieren Sie, wenn Sie nichts tun*

Kurz gesagt: Sie riskieren alles. Ohne Bereitschaft zur schnellen Reaktion kommt es im Regelfall zum Befall anderer Rechner im gleichen Netz, das kann im Extremfall zu einem Problem für alle Ihre Standorte und dort befindlichen Systeme werden.

Der Mauszeiger bewegt sich ohne Ihr Zutun

Dass sich Ihr Mauszeiger spontan bewegt, kann schon mal vorkommen. Das kann eine Fehlfunktion sein oder durch eine leichte Erschütterung am Tisch oder der Unterlage hervorgerufen werden und ist im Allgemeinen kein Grund zur Sorge.

Was nicht passieren darf, ist, dass Ihr Mauszeiger wie von Zauberhand Aktionen ausführt, also etwa auf bestimmte Menüpunkte klickt. Sollten Sie aktuell keine Fernwartung beauftragt haben – das wäre die natürliche Erklärung für derartige Vorgänge – können Sie ziemlich sicher sein, dass ein ungebetener Besucher Ihren Rechner übernommen hat. Nervenstarke Nutzer warten noch etwas, um herauszufinden, was der Angreifer vorhat. Im Regelfall ist das keine gute Idee.

▶ *Das müssen Sie jetzt tun*

Die passende Gegenmaßnahme lautet auch hier: Sofort und hart ausschalten, das heißt notfalls Stecker ziehen.

▶ *Das riskieren Sie, wenn Sie nichts tun*

Der Angreifer, der einmal die Kontrolle übernommen hat, kann auf Ihrem Rechner jede Aktion ausführen, die auch eine direkt am Rechner befindliche Person durchführen kann. Dateien löschen, verändern, an Dritte versenden ... Ihrer Fantasie (und der des Angreifers) sind hier keine Grenzen gesetzt.

Sie erhalten eine gefälschte Virenwarnung

Ein Pop-up-Fenster in einer Darstellung und Optik, die Sie noch nicht gesehen haben, warnt Sie vor Viren auf Ihrem Rechner. Fast immer handelt es sich dabei um eine gefälschte Botschaft, die sie übertölpeln soll. Der eigentliche Virus oder alternativ ein nutzloses Programm, das vorgibt, ein Antivirus-Programm zu sein, kommt dann erst, wenn man den angebotenen Optionen folgt ... Es handelt sich hierbei zumeist um Scareware, das heißt: Sie sollen aus Angst vor einer Virusinfektion zu einer Aktion gedrängt werden, die nachteilig für Sie ist, etwa indem Sie ein Programm installieren oder eine bestimmte Aktion auf Ihrem Rechner vornehmen oder ein Abo abschließen. Die Varianten sind vielfältig.

Das Problem ist weitverbreitet und seit Jahren bekannt. Fast immer werden Werbenetzwerke für das Ausspielen von Scareware missbraucht. Sogar die renommierte *New York Times* war betroffen und sah sich genötigt, ihre Nutzer vor »unautorisierten Werbebotschaften« zu warnen.[77] Erschreckend ist, dass so etwas heute, mehr als zehn Jahre nach diesem Vorfall, immer noch gelegentlich vorkommt – fast sieht es so aus, als hätte die Werbebranche das Thema verschlafen.

▶ *Das müssen Sie jetzt tun*

1. Klicken Sie auf gar keinen Fall auf die Anzeige!
2. Schließen Sie Ihren Internetbrowser und starten Sie ihn neu.

▶ *Das riskieren Sie, wenn Sie nichts tun*

Siehe oben.

Sie klicken auf eine Anlage einer E-Mail und es passiert nichts oder Unerwartetes

Grundsätzlich gilt: Klicken Sie nicht auf eine E-Mail-Anlage aus unbekannter Quelle! Eigentlich sollte das jeder längst wissen, dennoch passiert es millionenfach in der Hektik des Tagesgeschäfts. Zudem sehen Phishing-Mails heutzutage täuschend echt aus.

In jedem Fall sollten Sie skeptisch werden, wenn sich die erwartete Anlage nicht öffnet oder eine andere Aktion stattfindet als geplant, etwa unerwartet eine Programminstallation startet. Das könnte Schadsoftware sein!

▶ *Das müssen Sie jetzt tun*

Auch hier gilt: Das betroffene Gerät vom Netz nehmen, es »hart« ausmachen und jemanden verständigen, der sich mit so etwas auskennt – im Unternehmen unbedingt sofort die IT-Abteilung zu Rate ziehen.

▶ *Das riskieren Sie, wenn Sie nichts tun*

Bei einem Schadsoftwarebefall riskieren Sie die Integrität des betroffenen Rechners, der darauf gespeicherten Daten und – im Extremfall – des gesamten Netzwerks.

Ihre Internetsuchen werden weitergeleitet beziehungsweise führen zu unerwarteten Ergebnissen

Als Nutzer einer Suchmaschine haben Sie Erwartungen an die Qualität der Suchergebnisse. Wenn nun in der Trefferliste für einen eher banalen Suchbegriff zweifelhafte Ergebnisse auftauchen, die etwa für Glücksspiel werben oder auf Extremismus hindeuten, ist Vorsicht angesagt. Derartiges unerwartetes Verhalten hat fast immer etwas mit einer unentdeckten Schadsoftware zu tun, manchmal auch mit unerwünschten Browsererweiterungen.

▶ *Das müssen Sie jetzt tun*

Eine einfache Diagnose ist hier nicht möglich. Nutzen Sie gängige Programme zur Diagnose und Entfernung von Schadsoftware, die über Ihren Virenscanner hinausgehen – zum Beispiel Malwarebytes –, und ziehen sie notwendigenfalls einen Experten zu Rate.

▶ **Das riskieren Sie, wenn Sie nichts tun**

Im einfachen Fall ist es einfach nur lästig, was sie sich hier eingefangen haben. Derartiges Verhalten kann aber auch der Vorbote größerer Probleme sein. Seien Sie vorsichtig

Ihr Browser hat plötzlich Erweiterungen oder sogenannte Toolbars, die Sie gar nicht bewusst installiert haben

Vor einigen Jahren war es ein weitverbreitetes Problem, derzeit ist es eher ein Nischenthema: Browser-Extensions beziehungsweise Browser-Toolbars. Jeder gängige Browser hat die Möglichkeit, Erweiterungen, die oft in Form einer zusätzlichen Auswahlleiste (»Toolbar«) daherkommen, zu installieren. Ein Großteil der angebotenen Funktionen ist jedoch nutzlos oder irreführend. Das IT-Sicherheitsunternehmen Avast veröffentlichte bereits 2015 die Ergebnisse einer Umfrage unter Nutzern seiner Sicherheitssoftware, dass rund 96 Prozent der Befragten Toolbars als »schlecht« oder »sehr schlecht« bewerteten. Zu den typischen, aber unerwünschten Funktionen von Toolbars gehören demnach:[78]

- Sie verändern die Browser-Homepage und Suchmaschine ohne die Einwilligung des Nutzers.
- Sie beobachten die Browsing-Aktivitäten und Sucheingaben des Nutzers.
- Sie blenden Werbung ein.
- Sie manipulieren Suchergebnisse.
- Sie nehmen viel Platz im Browser ein.
- Sie leiten Surfanfragen auf potenziell gefährliche Websites um.
- Sie verlangsamen die Surfgeschwindigkeit.
- Sie bekämpfen sich gegenseitig und machen es schwierig oder unmöglich, die Add-ons manuell zu verwalten.

Wichtig zu erwähnen: Aktuelle Browsererweiterungen müssen nicht immer in Form einer Toolbar sichtbar sein, sie können auch im Hintergrund agieren und hinreichend Probleme machen, wie etwa Daten an Dritte senden. Zeit in jedem Fall, genau hinzusehen, was so auf dem eigenen Rechner installiert ist.

▶ *Das müssen Sie jetzt tun*

Installieren Sie keine Browsererweiterungen und Toolbars und schauen Sie bei unerwartet auftauchenden Erweiterungen genauer hin. Toolbars und Browsererweiterungen sind ein Graubereich. Die vielfach vorhandenen Probleme sollten Grund genug sein, darauf zu verzichten beziehungsweise eine eventuell unerwartet installierte Toolbar zu deinstallieren. Je nach Ausführung kann dies kompliziert sein. Die notwendige Vorgehensweise ist dabei unterschiedlich. Das Internet ist hier die größte Hilfe: Wer »Produktname« + »Removal« in die Suchmaschine eingibt, findet zumeist einen ersten Ansatz, das Problem loszuwerden.

▶ *Das riskieren Sie, wenn Sie nichts tun*

Datenabfluss, manipulierte Suchergebnisse, Diebstahl von Passwörtern, die Bandbreite der möglichen Folgen ist groß.

Es erscheinen plötzlich häufig Pop-up-Fenster, die Sie so nicht gewohnt sind

Das kann ein beinahe klassischer Fall von Schadsoftwarebefall sein, oder auch ein neu installiertes legitimes Programm.

▶ *Das müssen Sie jetzt tun*

Schauen Sie genau hin. Überprüfen Sie Ihr System per Malware-Scanner. Ziehen Sie im Zweifel die IT hinzu.

▶ *Das riskieren Sie, wenn Sie nichts tun*

Das ist in diesem Fall schlicht unklar. Seien Sie lieber vorsichtig.

Ihre Kontakte bekommen E-Mails von Ihnen, die Sie nie gesendet haben

Das kann darauf hindeuten, dass Ihr E-Mail-Passwort entwendet und Ihr Mailkonto gehackt wurde.

▶ *Das müssen Sie jetzt tun*

Das E-Mail-Passwort ist Ihr wichtigstes Passwort, da Ihre E-Mail im Regelfall ja dazu dient, auch die Zugangsdaten zu anderen Diensten zurückzusetzen.

Sie sollten daher unbedingt sofort Ihr E-Mail-Passwort ändern und beim neuen Passwort alle Standards guter Passwörter einhalten (Groß- und Kleinschreibung, Buchstaben und Zahlen, Sonderzeichen, möglichst lang). Sie sollten außerdem Ihre »gesendeten Nachrichten« auf Anomalien durchsehen.

▶ *Das riskieren Sie, wenn Sie nichts tun*

Im einfachsten Fall hat jemand nur so getan als ob und schlicht den Absender gefälscht, ohne Zugriff auf Ihr Postfach zu haben. Im schlimmsten Fall hat dieser Jemand aber tatsächlich Zugriff auf Ihre Mails und damit Kontrolle über Ihre Kommunikation – mit unabsehbaren Folgen.

Sie erhalten über Social Media unerwartete Nachrichten, etwa dass Sie sich mit jemand connecten sollen, mit dem Sie bereits connected sind

Hier sollten Sie immer vorsichtig sein, Social Media wird zunehmend manipulativ verwendet.

▶ *Das müssen Sie jetzt tun*

Stellen Sie bei allen Social-Media-Interaktionen am besten sicher, dass Sie die Person tatsächlich kennen. Bei Dopplungen sollten Sie stets stutzig werden, ebenso bei scheinbaren Autoritäten von Organisationen, mit denen Sie sonst nichts zu tun haben.

▶ *Das riskieren Sie, wenn Sie nichts tun*

Direkt erst einmal wenig, denn meist kommt tatsächlich nach Kontaktbestätigung nur ein zweifelhaftes Angebot – vergleichbar mit dem oben beschriebenen Yahoo-Yahoo-Phänom aus Nigeria. Indirekt kann ein solcher Account auch dazu dienen, Ihre Unternehmensorganisation auszuspähen und weitere Attacken, etwa in Sachen CEO-Fraud, vorzubereiten. Seien Sie daher im Zweifel lieber zu vorsichtig als zu promisk, wenn es um Ihre Kontakte geht.

Ihr Passwort für einen Onlinedienst funktioniert nicht mehr

Das kann ein temporärer Fehler sein, ist aber häufig ein Indiz dafür, dass jemand Ihre Zugangsdaten missbraucht und bereits dabei ist, Sie auszusperren.

▶ *Das müssen Sie jetzt tun*

Stoßen Sie sofort eine Zurücksetzung Ihres Passworts an und vergeben Sie ein neues, sicheres Passwort. Sollten Sie dieses Passwort auch für andere Dienste oder Anwendungen verwenden, ändern Sie das überall dort, wo Sie es einsetzen, unverzüglich.

▶ *Das riskieren Sie, wenn Sie nichts tun*

Je nach Account kann der Angreifer hier unterschiedlich Schaden anrichten, im Ergebnis ist das vermutlich irgendwo zwischen lästig und teuer. Genauer kann man das vorab leider nicht sagen.

Ihr Rechner installiert unerwartet Software

Das kann normales Verhalten sein, wenn Ihr Rechner zentral gemanagt ist, ist aber zumeist doch ein Indiz für einen Schadsoftwarebefall.

▶ *Das müssen Sie jetzt tun*

Auch hier ist äußerste Vorsicht geboten. Überprüfen Sie Ihr System per Malware-Scanner und ziehen Sie im Zweifel Ihre IT-Abteilung dazu.

▶ *Das riskieren Sie, wenn Sie nichts tun*

Es kann sein, dass Sie einer Cyberattacke beiwohnen – mit allen möglichen Folgen.

Ihre Antivirensoftware funktioniert nicht mehr

Auch das kann ein klares Indiz für einen Befall mit Schadsoftware sein, eventuell ist es jedoch nur eine Inkompatibilität mit einem Update.

▶ *Das müssen Sie jetzt tun*

Nutzen Sie einen alternativen Schadsoftware-Scanner und informieren Sie die IT-Abteilung.

▶ *Das riskieren Sie, wenn Sie nichts tun*

Es kann sein, dass Sie einer Cyberattacke beiwohnen – mit allen möglichen Folgen.

Es fehlen Beträge in Ihren Onlinekonten

Jetzt wird es ernst. Sie müssen sofort handeln.

▶ *Das müssen Sie jetzt tun*

Informieren Sie sofort die Bank und lassen Sie – so noch möglich – alle Transaktionen sperren.
Lassen Sie den Onlinebankingzugang vollständig sperren bis zur Klärung des Sachverhalts.

▶ *Das riskieren Sie, wenn Sie nichts tun*

Sie riskieren Ihr Geld. Fehlt nur ein kleinerer Betrag, war es möglicherweise nur ein Test für eine noch größere Attacke.

Sie erhalten eine Nachricht von Dritten, dass Sie gehackt wurden

Das ist vermutlich nur »Fake News« und soll Sie zu einer Reaktion zu bewegen. Social Engineering vom Feinsten.

▶ *Das müssen Sie jetzt tun*

Aussitzen, wenn jedoch Ihr Passwort im Klartext in der E-Mail steht, ändern Sie dieses sofort, aber nutzen Sie dazu keinesfalls einen Link aus der Mail, sondern geben Sie die Adresse direkt in Ihrem Browser von Hand ein.

▶ *Das riskieren Sie, wenn Sie nichts tun*

Meist wenig, da aber jeder Sachverhalt unterschiedlich ist, sollten Sie vorsichtig sein.

Vertrauliche Inhalte von Ihrem Rechner tauchen im Internet auf

Hier ist immer Vorsicht geboten.

▶ *Das müssen Sie jetzt tun*

Keinesfalls aussitzen. Versuchen Sie nachzuvollziehen, woher die Daten stammen könnten. Häufig sind diese von einem Onlinedienst. Ändern Sie nach Möglichkeit die Passworte für die Dienste, von denen die Daten stammen können. Ich empfehle auch den HPI Leak Checker, der anhand Ihrer E-Mail-Adresse mögliche Identitätsdiebstähle meldet: https://sec.hpi.de/ilc. Wenn die Daten von Ihrem Rechner stammen, ziehen Sie unbedingt die IT-Abteilung oder einen Spezialisten hinzu. Ihr System wurde gehackt.

▶ *Das riskieren Sie, wenn Sie nichts tun*

Sie riskieren eine weitreichende Kompromittierung Ihrer Daten und Systeme.

Ihre Zugangsdaten sind im Netz verfügbar

Siehe zuvor.

▶ *Das müssen Sie jetzt tun*

Passwörter und Zugangsdaten sofort ändern.

▶ *Das riskieren Sie, wenn Sie nichts tun*

Weitergehende Diebstähle, illegaler Zugriff auf in der Cloud gespeicherte Inhalte, Onlinebestellungen auf Ihre Rechnung.

Sie bemerken unerwarteten Netzwerkdatenverkehr

Wenn Sie das merken, sind Sie in Sachen Übersicht über Cyberbedrohungen einen entscheidenden Schritt weiter als die meisten Anwender. Verfolgen Sie, woher und wohin die Daten gehen (und nach Möglichkeit die Kommunikationsinhalte) beziehungsweise bitten Sie jemand von der IT dazu, der das für Sie übernimmt. Die Zieladresse gibt im Regelfall klare Hinweise, ob das, was Sie festgestellt haben, legitimer Traffic ist. Im Zweifel stoppen Sie diesen temporär und schauen, was passiert.

▶ *Das müssen Sie jetzt tun*

Ziehen Sie einen IT-Profi hinzu.

▶ *Das riskieren Sie, wenn Sie nichts tun*

Sie riskieren massiven Abfluss von Daten an unbekannte Adressaten mit allen denkbaren Begleiterscheinungen von Industriespionage bis zur Erpressung.

Sie erhalten eine seltsame Datei als E-Mail-Anlage oder auf einem Datenträger

▶ *Das müssen Sie jetzt tun*

Auf keinen Fall öffnen! Am besten sofort die Mail samt Anhang löschen. Könnte es eine legitime Datei sein, können Sie den Anhang auf Virustotal hochladen und kostenlos prüfen lassen: https://www.virustotal.com/gui/.

▶ *Das riskieren Sie, wenn Sie nichts tun*

Wenn Sie die Anlage anklicken, haben Sie sich möglicherweise ein massives Problem eingefangen – Ransomware wäre die wahrscheinlichste Option.

To-do-Liste nach einer Cyberattacke

Viele Unternehmen werden nach wie vor von Cyberattacken überrumpelt, weil sie zu lange die Augen davor verschließen, dass sie Opfer von Cyberkriminellen werden könnten. Sie besitzen keinen Notfallplan, es gibt keine PR- oder Kommunikationsstrategie – und vielfach fehlt es an den einfachsten Sicherheitsvorkehrungen. Wenn dann der Ernstfall eintritt, agieren die Verantwortlichen wie aufgescheuchte Hühner und verspielen damit eventuell vorhandenes Rest-Vertrauen von Kunden und Geschäftspartnern. Dabei wäre gerade jetzt besonnenes Handeln angesagt. Ein Beispiel zeigt dies deutlich. Nach einer Ransomware-Attacke auf den norwegischen Aluminiumproduzenten Norsk Hydro im Frühjahr 2019 machten Fotos von der Eingangstür der Hauptverwaltung im Internet die Runde, auf denen per Aushang handschriftlich gewarnt wurde:[79] »Bitte schließen Sie keine Geräte an das Hydrofirmennetz an. Schalten Sie keine Geräte an, die mit dem Hydro-Firmennetz verbunden sind, (…) und warten Sie auf Updates.« Gezeichnet »Security« (kein Personenname). Das Unternehmen hatte sich dazu entschieden, das geforderte Lösegeld nicht zu zahlen. Der Schaden durch den Vorfall, bei dem alle Mitarbeiter betroffen, die gesamte Büro-Netzinfrastruktur lahmgelegt und erhebliche Teile der Produktionsanlagen teils wochenlang zum Stillstand gekommen waren, betrug rund 71 Millionen US-Dollar.[80]

Diese Handzettel strahlen genauso Hilflosigkeit aus wie die Verlautbarung auf dem offiziellen Facebook-Account mit Floskeln wie: »Es ist zu früh, um die vollen Auswirkungen auf Kunden zu bewerten.« Außerdem stand dort: »Hydro hat Facebook als Haupt-Kommunikationskanal etabliert. Wir geben Ihnen (auf diesem Wege) Updates sobald wie möglich.« Mehr als 100 Jahre Tradition, knapp 35 000 Mitarbeiter in 40 Ländern und dann nur Papier, Bleistift und Facebook als Backup. In diese Situation sollten Sie nicht geraten. Meine Empfehlung: Etablieren Sie als Krisenvorsorge eine alternative Kommunikationszentrale, die technisch unabhängig ist, etwa bei Ihrer PR-Agentur. Halten Sie dort einerseits eine »Schatten-Website« bereit, über die Sie im Störfall mit der Öffentlichkeit kommunizieren können. Schatten-Website bedeutet in diesem Fall, dass Sie die Website fix und fertig vorliegen haben, diese aber nicht am Netz ist und erst im Störfall aktiviert wird. Da bei Cybersicherheitsvorfällen vielfach auch die unternehmenseigenen Telefonsysteme betroffen sind, sollten Sie sich auch für den Fall Vorsorge treffen – mit einer Vereinbarung mit Ihrem Telekommunikationsunternehmen, das – im Störfall – binnen Minuten die Rufnummer auf einen anderen Empfänger – etwa Ihrer PR-Agentur – schalten kann. Damit stellen Sie eine grundlegende Erreichbarkeit sicher und sind – etwa bei Medienberichten – nicht hilflos in Sachen Kommunikation und Öffentlichkeitsarbeit.

Im Fall eines Falles sind Sie nun grundlegend gerüstet, denn dann bleibt keine Zeit, über Krisenkommunikation nachzudenken. Sie müssen handeln. Bei der nachfolgenden Aufstellung gehe ich davon aus, dass Sie mit Bemerken eines Cybersicherheitsvorfalls alle erreichbaren Systeme angehalten, das heißt heruntergefahren und vom Netz getrennt haben, um die Ausbreitung des Problems soweit wie möglich zu stoppen.

Schritt 1: Rufen Sie Ihre IT-Spezialisten zusammen

Ziehen Sie zudem externe Cybersecurity-Spezialisten hinzu und bilden Sie mit diesen einen Krisenstab, der sofort zusammenkommt (notfalls zunächst virtuell als Telefonkonferenz über private Telefone). Im Idealfall kennen die Spezialisten Ihre Infrastruktur oder Sie hatten – im Rahmen einer proaktiven Krisenvorsorge – bereits Kontakt. Wenn Sie im Störfall erst die richtigen Experten suchen müssen, verlieren Sie wertvolle Zeit. Daher sollten Sie gerüstet sein.

Der Krisenstab entscheidet über die weitere fachliche Vorgehensweise bei der Eingrenzung der Folgen und der Bekämpfung der Ursachen und stellt einen Plan für die Wiederinbetriebnahme auf. Gegebenenfalls kann es sinnvoll sein, einen Verhandlungsexperten (extern wie intern) mit ins Team zu nehmen, falls Sie nicht umhinkommen, mit den Angreifern zu verhandeln.

Schritt 2: Ermittlungsbehörden einschalten

Ist Ihr Unternehmen Opfer eines Cyberangriffs geworden, oder haben Sie die Vermutung, dass dies geschehen ist, wenden Sie sich sofort an die Polizei und erstatten Sie Anzeige. Wer jemals in der Situation war, weiß jedoch, dass lokale Polizeidienststellen mit derartigen technisch komplexen Themen schnell überfordert sind.

▶ *In Deutschland*

In allen Bundesländern gibt es daher beim jeweiligen Landeskriminalamt eine Zentrale Ansprechstelle Cybercrime (ZAC) für Wirtschaftsunternehmen als Anlaufstelle.
Baden-Württemberg: (0711) 5401–2444, cybercrime@polizei.bwl.de
Bayern: (089) 1212-3300, zac@polizei.bayern.de
Berlin: (030) 4664-924924, zac@polizei.berlin.de
Brandenburg: (03334) 388-8686, zac@polizei.brandenburg.de
Bremen: (0421) 362-19820, cybercrime@polizei.bremen.de
Hamburg: (040) 4286-75455, zac@polizei.hamburg.de
Hessen: (0611) 83-8377, zac.hlka@polizei.hessen.de
Mecklenburg-Vorpommern: (03866) 64-4545, cybercrime.lka@polmv.de
Niedersachsen: (0511) 26262-3804, zac@lka.polizei.niedersachsen.de
Nordrhein-Westfalen: (0211) 939-4040, cybercrime.lka@polizei.nrw.de
Rheinland-Pfalz: (06131) 65-2565, lka.cybercrime@polizei.rlp.de
Saarland: (0681) 962-2448, cybercrime@polizei.slpol.de
Sachsen: (0351) 855-3226, zac.lka@polizei.sachsen.de
Sachsen-Anhalt: (0391) 250-2244, zac.lka@polizei.sachsen-anhalt.de
Schleswig-Holstein: (0431) 160-4545, cybercrime@polizei.landsh.de
Thüringen: (0361) 57431-4545, cybercrime.lka@polizei.thueringen.de
Daneben gibt es noch das Bundeskriminalamt, das in Sachen Cybercrime unter (0611) 55-15037 und zac@cyber.bka.de erreichbar ist.

In Österreich bieten die Wirtschaftskammern Steiermark, Kärnten, Burgenland, Vorarlberg, Oberösterreich, Tirol, Niederösterreich, Wien und Salzburg ihren Mitgliedern eine 7x24h-Cyber-Security-Hotline (0800 888 133) für Erstinformationen. Das österreichische Bundeskriminalamt hat eine Zentralstelle Cybercrime, verweist aber Geschädigte zur Anzeigenerstellung an »jede Polizeidienststelle«.[81]

In der Schweiz ist die Zuständigkeit kantonal geregelt. Betroffenen Unternehmen wird geraten, umgehend Strafanzeige zu stellen. »Nach heutiger Gesetzeslage besteht im Fall eines Cybervorfalls grundsätzlich keine Meldepflicht an eine Schweizer Behörde. Eine Ausnahme hiervon bilden sektorspezifische Meldepflichten für Anbieter kritischer Infrastrukturen (zum Beispiel regulierte Finanzinstitute oder Unternehmen im Telekommunikations- und Gesundheitsbereich) aufgrund von Spezialgesetzen.«[82]

Eine Meldung eines Vorfalls beim »nationalen Zentrum für Cybersicherheit«[83] ist optional, wird aber empfohlen.

Schritt 3: Informieren Sie Ihre Kunden

Informieren Sie wichtige Kunden und Geschäftspartner proaktiv über den Ausfall und bringen Sie Ihre alternative Infrastruktur (Website/Telefon) ans Netz.

Schritt 4: Meldepflichten prüfen

Besondere Meldepflichten gibt es für Betreiber kritischer Infrastrukturen in Deutschland. Welche Unternehmen darunterfallen, ist in der Verordnung zur Bestimmung Kritischer Infrastrukturen nach dem BSI-Gesetz geregelt.[84] Grundsätzlich sind dies Unternehmen aus den Branchen Energie, Wasserversorgung, Ernährung, Informationstechnik und Telekommunikation, Gesundheit, Finanz- und Versicherungswesen sowie Transport und Verkehr, die bestimmte Schwellwerte – etwa was Unternehmensgröße und Kundenzahl angeht – überschreiten. Für Unternehmen, für die dies zutrifft, gilt bei IT-Störungen eine Meldepflicht beim Bundesamt für Sicherheit in der Informationstechnik.

Für Anbieter digitaler Dienste, insbesondere Suchmaschinen, Cloud-Computing und Onlinemarktplätze, gilt zudem eine besondere Meldepflicht für »Sicherheitsvorfälle, die erhebliche Auswirkungen auf die Bereitstellung digitaler Dienste haben, die innerhalb der Europäischen Union erbracht werden«[85].

Weitere Sonderregelungen gibt es für Telekommunikationsunternehmen und sogenannte Vertrauensdienstanbieter. Auf eine Ausführung wird hier verzichtet, da die Unternehmen, die unter diese Sonderpflichten fallen, im Regelfall von dieser Eigenschaft und den Folgen für die Pflicht wissen müssen.

Zusätzliche Informationsquellen und Hilfsangebote

Eine Empfehlung wert ist die Initiative Wirtschaftsschutz.[86] In der Eigenbeschreibung auf der Website heißt es:[87]

> »Auf dieser Informationsplattform haben sich vier Sicherheitsbehörden BfV, BKA, BND und BSI zusammengeschlossen, die alle im Themenbereich Wirtschaftsschutz aktiv sind. Sie stellen hier gebündelt ihre Expertise für Wirtschaftsunternehmen zur Verfügung. Dazu gehört das Thema Cyberkriminalität genauso wie Wirtschafts- und Wissenschaftsspionage oder das Thema IT-Sicherheit (...).«

Insbesondere für kleinere Unternehmen liefert die Initiative eine erste Anlaufstelle zu der Frage, wer denn im konkreten Fall behördlicherseits zuständig ist und gegebenenfalls helfen kann.

Es entstehen außerdem immer mehr Initiativen in den einzelnen Bundesländern, die sich mit dem Thema Cybersicherheit befassen. In Baden-Württemberg gibt es unter www.cyberwehr-bw.de ein interessantes Projekt im Rahmen der der dortigen Digitalisierungsstrategie. Auf der Homepage heißt es dazu (Stand Mitte September 2020):

> »Derzeit befindet sich die Cyberwehr in einer Pilotphase. Die kostenlose Hotline ist für alle kleinen und mittleren Unternehmen aus Baden-Württemberg erreichbar. Ein eventuell notwendiger Vor-Ort-Einsatz wird momentan nur für die Stadt- und Landkreise Karlsruhe, Rastatt und Baden-Baden angeboten.«

Wichtigste Informationsstelle in der Schweiz ist das Nationale Zentrum für Cybersicherheit.[88] Daneben existieren kantonale Hilfsangebote.

In Österreich ist besonders auf das Angebot der WKO hinzuweisen. Die Wirtschaftskammern Steiermark, Kärnten, Burgenland, Vorarlberg, Oberösterreich, Tirol, Niederösterreich, Wien und Salzburg bieten ihren Mitgliedern eine Cyber-Security-Hotline, 7 Tage die Woche, 0 bis 24 Uhr, mit kostenloser Erstberatung unter 0800 888 133 an.[89]

Für Deutschland, Österreich und die Schweiz gilt: Vielfach gibt es zudem lokale Angebote auf Ebene von Bundesländern beziehungsweise Kantonen. In dem Maße, in dem das Bewusstsein für die Bedeutung von Cybersicherheit steigt, greifen auch einzelne Branchenverbände das Thema auf. Es kann sich also lohnen, im Rahmen Ihrer Branche beziehungsweise Region gezielt danach zu fragen.

2 CYBERSECURITY IM ZEICHEN DER BURG

Eine Metapher für das, was jahrelang Standard in der IT-Sicherheit war und noch heute die Debatte bestimmt, ist das Unternehmen als Burg, vor Feinden geschützt durch dicke Mauern. Doch so einleuchtend das Bild der soliden Burgmauer auch ist, es scheint mittlerweile etwas überholt. Unternehmensgrenzen haben sich verschoben, weil die Zusammenarbeit mit anderen Unternehmen und mit externen Mitarbeitern gewachsen ist. Unternehmensgrenzen hören auch längst nicht mehr an lokalen Standorten auf, und Mitarbeiter im Außendienst sind ebenso Teil der Unternehmensinfrastruktur wie Cloud-Computing-Dienste, die im letzten Jahrzehnt enorm an Popularität gewonnen haben. Spätestens durch den Boom des Homeoffice, den uns die Coronavirus-Epidemie 2020 beschert hat, verschwimmen die Grenzen zwischen innen und außen, vor allem wenn private Endgeräte für berufliche Zwecke zum Einsatz kommen.

Bei der Einrichtung Ihrer Büros treffen Sie unzählige Entscheidungen: über stationäre und mobile Arbeitsgeräte für Ihre Mitarbeiter, Büroausstattung mit vernetzten Helfern, die Internetanbindung, Softwarelösungen et cetera. Allein dadurch eröffnen sich manchmal – ohne dass Sie daran etwas ändern könnten – Einfallstore für Cyberkriminelle. Es gibt altbekannte typische, aber auch neuere oder gar ungeahnte Sicherheitslücken im Inneren Ihres Unternehmens, über die Sie im Bilde sein müssen.

Doch wie bereits erwähnt, spielt auch der Faktor Mensch in puncto Cybersicherheit eine Rolle. Durch Nachlässigkeit oder Unwissen entstehen potenzielle Gefahren. Im Zuge der Digitalisierung ist vieles bequemer, aber eben auch unsicherer geworden. Denken Sie nur an Ihre Dokumentenablage: Was früher in Ordnern und Schränken verstaut und weggeschlossen war, liegt heutzutage auf Servern oder in der Cloud. Hier gilt es, bewährte Schutzmaßnahmen zu implementieren und Ihre Belegschaft für potenzielle Bedrohungen zu sensibilisieren.

Innerhalb der Burgmauern – Cybersecurity im Büro

Hier greift sie noch am ehesten, die Metapher der Burgmauer als Schutz vor dem von außen kommenden Bösen, denn hier gibt es ein klares Innen und Außen. Die zugrunde liegende Idee ist so einfach wie naheliegend: Alles, was im Unternehmen, also innerhalb der Burgmauern liegt, gehört dazu und ist per se vertrauenswürdig. Alles, was außerhalb liegt, wird als kritisch und unsicher betrachtet und – so es Einlass verlangt – genau kontrolliert. Das interne Rechnernetz wird durch eine Firewall von der Außenwelt getrennt. Firewall und Virenscanner sind gleichsam die Wächter am Tor, die nur nach definierten Regeln Zutritt zum Inneren gestatten und im Zweifel den Besucher nach versteckten Waffen abtasten – um beim Bild mit der Burgmauer zu bleiben.

Bei dieser traditionellen Vorstellung von Sicherheit spricht man auch von Perimeter-Security. »Perimeter« steht für Umfassung oder Einfassung. Ein »Perimeter Fence« bezeichnet einen Zaun, der rund um ein Gelände führt, gängiger ist in der Praxis der Begriff der Firewall.

> Eine **Firewall** ist ein Schutzsystem, das einen einzelnen Computer oder ein ganzes Rechnernetz vor unerwünschten externen Zugriffen schützt.
> Ein **Virenscanner** oder **Antivirusprogramm** überwacht eingehende Übertragungen und schlägt Alarm, wenn es bekannte Schadsoftware – also Viren, Würmer und Trojaner – anhand von Mustern oder Verhalten erkennt.

Windows-Nutzer kennen die Personal Firewall, früher meist ein eigenständiges Softwareprogramm, heutzutage Teil des Betriebssystems, das ebenso wie ein Antivirus-Programm darin verankert ist. Auch andere Betriebssysteme – wie MacOS – bringen grundlegende Schutzfunktionen bereits mit.

Inventur des Inventars

Wie sind die Büros und die Arbeitsplätze in Ihrem Unternehmen eingerichtet? Wenn wir heute von Büroausstattung reden, sprechen wir typischerweise vom Bildschirmarbeitsplatz als Standardumgebung. Ein Computer mit Bildschirm oder – inzwischen häufiger – ein Laptop sowie ein Telefon beziehungsweise Smartphone stehen zur Verfügung. Vom Praktikanten bis zum

Vorstandsvorsitzenden unterscheidet sich die Arbeitsplatzausstattung meist nur graduell.

Der Computer bildet den Dreh- und Angelpunkt der Büroausstattung. Es versteht sich von selbst, dass dieses wichtigste Endgerät für den Büroalltag entsprechenden Schutz verdient. Von Firewalls war ja bereits die Rede. Laufende Aktualisierungen von Betriebssystem und Anwendungssoftware, der Einsatz von Antivirensoftware und eine standardmäßig aktivierte Festplattenverschlüsselung sollten die Regel sein, genauso wie der Passwortschutz unbedingt aktiviert sein sollte. Die Benutzerrechte sollten dabei so gewählt sein, dass der Anwender seine Arbeit machen kann, aber eben gerade keine vollen Adminstratorenrechte genießt, da damit ein Angreifer, der das Nutzerkonto hackt, dieselben Rechte hat. Diese einfachen Grundregeln werden heute vielfach missachtet. Immerhin: Typischerweise steigt mit der Unternehmensgröße auch die Professionalität beim Umgang mit Hardware und Software. Bereits ab circa zwei Dutzend Rechnern wird die manuelle Verwaltung der einzelnen Geräte viel zu aufwendig. Hier lohnen sich Standardisierung und Automatisierung in der Verwaltung. Im Zuge dessen steigt im Allgemeinen auch das Sicherheitslevel an.

Eigentlich banal, aber für viele Unternehmen Neuland, ist die Inventarisierung aller Geräte und Systeme, denn nur was bekannt ist, wird auch gepflegt und gewartet. Haben Sie in Ihrem Unternehmen schon eine Inventarliste? Wenn nicht, ist das ein erster Schritt zu mehr Cybersicherheit. Ist eine Inventarisierung erfolgt, kann es hilfreich sein, passende Systemlösungen zu integrieren, die das Sicherheitslevel erhöhen können. Dazu zählen – jenseits von obligatorischer Firewall und Virenschutz – insbesondere:

- Systeme, die Einbruchsversuche erkennen (und im Idealfall verhindern sollen),
- Systeme für die Erkennung von Anomalien im Datenverkehr,
- Systeme für die Überwachung von Dateizugriffen,
- Systeme für die besondere Sicherung von externen Zugriffen.

Problem beim Finden der richtigen Lösung ist die uneinheitliche Sprachregelung in der Cybersicherheitsbranche. Mindestens 500 Unternehmens sind – nach eigenen Zählungen – im deutschsprachigen Raum mit Dienstleistungen und Software rund um Cybersicherheit am Markt. Eine einheitliche Klassifikation – jenseits absoluter Basics wie Firewall und Virenscanner – gibt es dennoch nicht. Ähnlich wie in anderen Bereichen der IT versuchen insbesondere große Unternehmen der Branche, eigene Themen und Begriffe am Markt durchzusetzen. Das ist nicht immer zum Wohl des Kunden. Viel hilft viel gilt gerade nicht in Sachen Cybersicherheit, denn das für einen Einsatzzweck falsche Produkt oder ein grundsätzlich geeignetes, aber falsch konfiguriertes Produkt erhöhen nicht die Sicherheit im Unternehmen, sondern können im Gegenteil diese sogar gefährden. Der Fachmann spricht hier von der Erhöhung der Angriffsfläche.

Monokultur am Arbeitsplatz

Mit nur wenigen Ausnahmen setzen Unternehmen bei der Arbeitsplatzausstattung auf Geräte eines Herstellers mit der zum Kaufzeitpunkt aktuellen Version des Betriebssystems. Hinzu kommt ein bestimmter Grundbestand an Softwareprogrammen.

Ein wesentliches Kaufargument für einheitliche Computer und Laptops für das gesamte Unternehmen ist die sogenannte Plattformstabilität.

> **Plattformstabilität** bedeutet, alle Rechner einer bestimmten Typbezeichnung sind technisch identisch und können auf die gleiche standardisierte und automatisierte Weise mit Software bespielt – im Fachjargon sagt man auch »betankt« – werden. Auch nachgekaufte Rechner sind so weit gleich, dass ein einheitliches »Image« – sprich Musterabbild – für alle genügt, zumindest innerhalb eines definierten Zeitraums.

Die Welt der Betriebssysteme ist geprägt von der Windows-Produktfamilie. Weltweit betrachtet sind – Stand Sommer 2020 – mehr als 85 Prozent aller Computer und Laptops mit Windows ausgestattet.[1] Erstaunlich ist, dass rund 22 Prozent der Rechner nach wie vor auf Windows 7 laufen, einem Betriebssystem, für das es längst keine Updates mehr gibt. Die Wartung lief für Windows 7 am 14. Januar 2020 ab[2]. Und das, obwohl Microsoft lange Zeit mit großzügigen Upgrade-Angeboten alles dafür getan hat, damit die Nutzer auf die neueste Version umsteigen.[3] Auf dem zweiten Platz liegt Apples MacOS mit etwas über 9 Prozent – mehr als die Hälfte davon – 5 Prozent des Gesamtmarkts – gehen dort auf die neueste Version zurück. Linux ist als Betriebssystem bei Desktopsystemen weiterhin eine Randerscheinung mit etwa 3 Prozent, ebenso wie Google Chrome OS mit knapp 0,4 Prozent.

Für Deutschland fallen die Zahlen ähnlich, aber etwas mehr zugunsten von MacOS aus. Nimmt man die Marktanteilsberechnung von Statcounter, das eine etwas andere Zählweise hat als Netmarketshare, ergibt sich folgendes Bild: »Microsofts Windows-Betriebssystem erzielte in Deutschland im Juli 2020 einen Marktanteil von rund 77 Prozent, Apples MacOS kam auf etwa 17 Prozent, die Linux-Betriebssystemvarianten belegten mit weniger als 4 Prozent den dritten Platz. Die Daten wurden anhand der Internetnutzung mit Desktop- und Notebook-PCs (ohne Smartphones und Tablets) anhand von Page Views (Seitenaufrufen) erhoben.«[4]

Diese Erkenntnis klingt trivial, die sicherheitsrelevanten Folgen sind es nicht. Auf diese Weise wird in den Unternehmen – aus wirtschaftlich durchaus nachvollziehbaren Gründen – etwas geschaffen, das dem entspricht, was man in der Pflanzenwelt eine Monokultur nennt. Jedem, der in Biologie ein bisschen aufgepasst hat, ist klar, was das bedeutet: Die Anfälligkeit für Schädlinge steigt enorm. Eine digitale Monokultur liefert statt einer Schwachstelle gleich 100 oder gar 1 000 identische Lücken – frei Haus, wenn man so will. Und selbst wenn das Sicherheitsproblem nur ein einzelnes System betrifft, pflanzt sich ein einmal eingeschleppter Schädling unter Umständen durch die gesamte Infrastruktur fort.

Ganz offensichtlich, wohin sich die Mehrheit der Schadsoftware-Autoren orientiert bei derartig klaren Verteilungen. In der Tat waren bis vor Kurzem praktisch ausschließlich Windows-Computer Ziele von Hackerangriffen. Dies hat sich in den letzten Jahren etwas gedreht und Sicherheitsforscher sprechen übereinstimmend von einer Zunahme der Schadsoftware für Macs und Linux-Rechner. So gab es etwa für das Apple-Betriebssystem (Stand Sommer 2020) ganze drei (!) verschiedene Typen von Ransomware-Schadprogrammen[5]: EvilQuest, KeRanger und Patcher. Für Windows gab es zum gleichen Zeitpunkt vermutlich mehrere Tausend Varianten – die Schätzungen gehen da auseinander.[6] Bei anderen Formen von Schadsoftware sieht es vergleichbar aus. Im Ergebnis lässt sich festhalten: Macs und Linux-Desktops sind in der Praxis relativ gesehen sicherer als Windows-Rechner – immun gegen Schadsoftware sind sie nicht. Besonders erschütternd ist, dass die erfolgreichste Schadsoftware auf dem Mac eine ziemlich banale ist: Shlayer tarnt sich als angeblich notwendiges Update für den Adobe Flash Player – eine Anwendung, die auf der Apple-Plattform nie wirklich populär war und inzwischen gar nicht mehr verfügbar ist.[7] Hier auf »Installieren« zu klicken, zeugt nicht gerade von Verständnis für Technologie.

Bei Linux-Systemen ist Schadsoftware noch relativ selten, allerdings nicht bei Serversystemen. Die Unternehmensberatung Comconsult beschreibt den Markt wie folgt:[8]

> »Bei den Server-Betriebssystemen hat Microsoft die Marktführerschaft (...) verloren. Insbesondere Webprojekte werden in ihrer großen Mehrheit mit Linux-Servern betrieben. (...)
> Windows-Server dürfte aber nach wie vor einen Marktanteil von 30 bis 50 % haben. Vor allem für die weitverbreiteten Infrastruktur- und Plattformprodukte von Microsoft

wie Active Directory, Exchange, SharePoint und andere wird Windows Server (noch) zwingend vorausgesetzt. Darüber hinaus setzen gerade kleine mittelständische Firmen und Niederlassungen auf Windows-Server, wenn dort kein eigenes Linux-Knowhow vorhanden ist.«

Interessanterweise adaptiert selbst Microsoft inzwischen verschiedene Services für Linux und setzt damit bei Serversystemen zunehmend selbst auf Linux.

Rund 21 linuxbasierte Malware-Typen haben die Sicherheitsforscher von Eset 2019 gefunden[9] und es ist davon auszugehen, dass es laufend mehr werden.

Für die Gesamteinordnung sagt dies natürlich noch zu wenig, daher sei hier auf eine Untersuchung von Datto, einem Anbieter von Cloud-Software, verwiesen, dessen Produktangebot sich an Managed Service Provider richtet. Eine Befragung von 2019 unter 1 400 Kunden weltweit – allesamt wiederum Dienstleister für Unternehmen – ergab folgende Häufung von Schadsoftware bezogen auf Betriebssysteme: 87 Prozent bei Windows versus 7 Prozent bei MacOS (den Rest teilen sich Android und iOS als Betriebssysteme für Mobilgeräte).[10]

Sie sehen schon: Absolute Sicherheit gibt es nirgendwo, selbst weniger verbreitete und grundlegend sicherer konstruierte Systeme wie MacOS und Linux werden von Malware befallen. Einmal überwunden, ist die beste Firewall machtlos. Dies gilt in ähnlicher Form auch für alle anderen Geräte, die typischerweise in Büros zu finden sind.

Folgenschwerer Software-Download

Mit Computern und Betriebssystemen allein ist es natürlich nicht getan. Um mit den Geräten arbeiten zu können, ist eine Ausstattung mit zusätzlicher Software nötig. Jenseits von Office- und ERP-Software gibt es eine Vielzahl kommerzieller Softwareanbieter und eine lebendige Szene für Freeware und Shareware, die dabei helfen sollen, unterschiedlichste Aufgaben zu erfüllen. Es gibt für praktisch alle Bedarfe eine Lösung, man muss sie nur finden. Die Betriebssysteme Windows und MacOS lassen dem Benutzer die Wahl zwischen dem Angebot in offiziellen Stores, in denen sowohl kostenpflichtige als auch kostenlose Software bereitgestellt wird, und dem wilden Westen des Internets. Zentraler Vorteil der offiziellen Stores: die angebotenen Softwareprodukte werden zumindest grundlegend überprüft. Wesentlicher Nachteil: es gibt längst nicht alles darin, was der Anwender nutzen möchte.

Doch Downloads können gefährlich sein, denn Hacker versuchen längst, sie zu kompromittieren. Es gelingt Cyberkriminellen immer wieder, Server zu manipulieren und dem Anwender mit der gewünschten Software auch problematische Zusätze unterzujubeln. Ein hundertprozentiger Schutz vor Manipulation ist nicht möglich, die Angabe einer Prüfsumme (sogenannter Hash-Wert), die dem nach dem Download vom Anwender errechneten Wert entsprechen muss, zeigt aber von der Sorge um die Sicherheit beim Anbieter, hilft aber nur Profis, die damit bei der Verifizierung eines Downloads umzugehen wissen.

Dennoch: Es ist in der Vergangenheit sogar bei offiziellen Downloadportalen vorgekommen, dass vom Anbieter unerwünschte Software »beigepackt« wurde. Und manchmal können die Entwickler der Software nicht widerstehen und bringen im Downloadpaket weitere Programme mit, für deren Auslieferung im Paket sie dann bezahlt werden.

Wann immer möglich, sollten Sie Freeware und Shareware nur von offiziellen Herstellerseiten laden. Bei vielen Angeboten ist aber unklar, welches die richtige Seite ist. Nutzen Sie in dem Fall am besten seriöse Download-Portale wie das der Zeitschrift *Chip*, die die Software vor der Bereitstellung zum Download auf Schadsoftware prüfen.

Besser aufgestellt ist in Sachen Anwendungssicherheit der App Store von Apple. Zumindest auf iPhone und iPad führt kein Weg daran vorbei, um neue Software zu laden. Android bietet ebenfalls einen offiziellen App Store – den Google Play Store –, der zumindest eine grobe Kontrolle durchführt, aber bei den Geräten ist Sideloading möglich, das bedeutet, dass praktisch alles auf die Geräte aufgespielt werden kann.

Bei unternehmenseigenen Smartphones empfiehlt sich die Nutzung eines sogenannten MDM-Systems (Mobile Device Management). Damit lässt sich unter anderem kontrollieren, welche Software auf dem Gerät installiert und verwendet werden darf. Klare Empfehlung meinerseits und kaum eine Einschränkung für die Nutzer ist, wenn man eine geeignete »Whitelist« – also eine Liste der erlaubten Anwendungen – vorsieht.

Manipulierte Software-Updates

Ende 2020 machte ein Cybersicherheitsvorfall weltweit Schlagzeilen. Der Updateserver der weltweit bei vielen Unternehmen und Behörden eingesetzten Netzwerküberwachungssoftware der Firma »Solarwinds« war von Angreifern manipuliert worden. Hunderte von Kunden hatten mit dem Update unwissentlich Schadsoftware geladen, die den Angreifern eine Hintertür in deren Systeme lieferte. In Hunderte Systeme.

Man spricht in diesem Fall von einer »Supply-Chain-Attacke«, da es sich um einen indirekten Angriff auf ein Unternehmen handelt. Manipulierte Updates sind kein neues Thema. Bereits 2009 wurde auf der Sicherheitskonferenz Defcon ein Werkzeug vorgestellt, mit dem Angreifer gezielt die Update-Funktionen gängiger Programme wie Acrobat Reader übernehmen und Schadsoftware gezielt an die Opfer ausliefern konnten.[11] Auch im oben geschilderten Fall des Logistikunternehmens Maersk war das Einfallstor der Cybererpresser wohl ein solcher manipulierter Download: ein kompromittiertes Systemupdate für ein Buchhaltungsprogramm der ukrainischen Niederlassung.[12]

Die schlechte Nachricht für Sie: Auf die Qualität und Integrität dieser Softwarenachlieferungen haben Sie keinen Einfluss. Wenn es um Software-Updates und Fehlerbehebungen, sogenannte Patches, geht, sind Sie auf den offiziellen Download-Kanal angewiesen. Eine Chance zur Überprüfung der Dateien gibt es im Regelfall nicht. Hier sind tatsächlich die Softwareanbieter in der Pflicht, durch geeignete kryptografische Verfahren und weitere Maßnahmen eine Manipulation durch Dritte zu verhindern. Im Fall Solarwinds war – nach Medienberichten – die Sicherheit des Updateservers selbst gefährdet. Durch das eher schlichte Passwort »solarwinds123« konnte jeder, der es wollte, darauf zugreifen. Dieses Passwort war zudem auf Github – dem wesentlichen Speichersystem für Softwareentwickler – veröffentlicht worden.[13]

Moderne Kommunikationswege

Vorbei sind die Zeiten, als man die Wichtigkeit einer Person in der Unternehmenshierarchie an der Größe ihres Tischtelefons erkennen konnte. Was einst – in den längst vergangenen Zeiten der Siemens- und Alcatel-Telefonanlagen – an Funktionsdifferenzierung im Endgerät implementiert war, ist in den letzten zwei Jahrzehnten schlicht neuen Standards zum Opfer gefallen. Heute gibt es weniger Differenzierung, weil Software die Welt der Telefonie bestimmt und jede denkbare Einstellung einfach und bequem über ein Webinterface vorgenommen werden kann.

Mit Voice-over-IP (VoIP) ist die Internet- und Softwarewelt in die Unternehmenstelefonie eingezogen und Telefonanlagen sind nun praktisch überall nur noch Software, die auf einem Server läuft. Dies hat Auswirkungen auf die Verwaltung und technische Betreuung: Die Wartung von Telefonanlagen gehörte früher zum Aufgabenfeld von Haustechnik oder Facility-Management, dank jeder Menge spezieller Kabel und Technik. Heutzutage kümmert sich eher die IT-Abteilung darum und sorgt für Cybersicherheit, denn eine erfolgreiche Attacke auf wichtige Teile der Unternehmens-IT wirkt sich fast immer auch auf die Telefonie aus. Beispielsweise wird im Zuge einer Ransomware-Attacke aufgrund der gekaperten Computer sowie des Netzwerks oft die Telefonverbindung lahmgelegt.

Der CEO des Logistikanbieters Maersk gab im Gespräch mit der *Financial Times* zu der durchlebten Ransomware-Attacke zu: »Am Ende mussten wir WhatsApp auf unseren privaten Mobiltelefonen verwenden.« Auch bei dem Cyberangriff auf Garmin, einen Hersteller von Navigationsgeräten und Wearables, im Sommer 2020 war dies augenscheinlich der Fall: Medienberichten zufolge waren nicht nur Rechner im Büro und der E-Mail-Dienst, sondern auch die gesamte Festnetztelefonkommunikation betroffen.[14]

Sich nicht mehr über die gewohnten Kommunikationswege austauschen zu können, ist ein wesentliches Hindernis für eine erfolgreiche Bekämpfung eines Cyberangriffs und sollte ein wesentlicher Grund für die rechtzeitige Implementierung eines Notfallplans sein, der auch regelt, wie und in welcher Form beim Ausfall von Telefonie und E-Mail kommuniziert werden sollte.

Das drahtlose Firmennetzwerk

Ein drahtloser Internetzugang über WLAN erleichtert so vieles im Geschäftsleben, oder? Ich vermute, auch in Ihrem Unternehmen gibt es ein solches Netzwerk, und vermutlich sind Ihnen schon einige Sicherheitsaspekte in puncto WLAN bekannt. Finden Sie im Folgenden heraus, ob Sie schon genug für den Schutz Ihres Unternehmens vor Cyberkriminellen getan haben, die in Ihr drahtloses Netzwerk eindringen wollen. So manches Mal lauern Gefahren an Schwachstellen, die Sie womöglich gar nicht als solche eingestuft hätten.

Drahtlose Netzwerke – auch bekannt als WLAN oder Wi-Fi – sind beliebt bei Angreifern. Die richtige Konfiguration der Sicherheitsoptionen und nicht zuletzt die Geheimhaltung der Zugangsdaten sind hier entscheidend. WLAN-Zugänge können darüber hinaus so eingerichtet werden, dass sie nur vorher bestimmte Geräte ins Netz lassen. Doch das ist mühsam und wird daher meist »vergessen«. Dabei erhöht gerade dieses einfache Feature die Sicherheit drahtloser Zugangswege in Ihr Unternehmensnetz enorm.

Dem entgegen steht natürlich gelebte Kundenfreundlichkeit, die bei vielen Unternehmen dazu führt, dass ein Gast-Internetzugang angeboten wird. Dieser soll natürlich möglichst einfach und reibungslos nutzbar sein. Ich empfehle hier, diesen auf typischerweise von Besuchern frequentierte Bereiche wie die Lobby zu beschränken und dafür einen eigenen, technisch vollständig getrennten Internetzugang samt WLAN einzurichten. Zu schnell sind bei einem Mischbetrieb von Gast- und internem WLAN Fehler bei der Konfiguration gemacht, die dann dem Angreifer Zugriff auf das interne Netz ermöglichen.

Sie können natürlich auch komplett auf WLAN verzichten und eine verkabelte Infrastruktur in Ihrem Unternehmen wählen. Doch selbst dann müssen Sie sich gegen Einfallstore für Cyberkriminelle absichern. Das heißt, Sie sollten genaue Regeln für den Zugang zum unternehmenseigenen Netz definieren. Ein Besucher könnte sonst unbemerkt seine mobilen Endgeräte anschließen. Ist dieses Gerät von Schadsoftware befallen, könnte Ihr Unternehmensnetzwerk infiziert und infiltriert werden. Das muss nicht grundlegend böse Absicht sein, aber auch das ist vorstellbar. Eine Netzwerkdose in der Lobby, dem Besucherzimmer des Vorstands oder der öffentlich zugänglichen Cafeteria reicht aus, und ein dort heimlich angeschlossenes Gerät könnte Daten aus dem Netzwerk nicht nur »mitlauschen«, sondern direkt – per eigenem Funkmodul – an einen Angreifer weitergeben.

Was Sie beachten sollten

Vermeiden lässt sich derartiges Ungemach über geeignete Zugangsregeln, die klar definieren, welches Gerät ins Netzwerk darf und welches nicht. Natürlich bedeutet das Aufwand für die Einrichtung und laufende Administration. Aber ein Aufwand, der sich lohnt, wenn dadurch eine Cyberattacke verhindert wird!

Das WLAN/interne Netz konfigurieren und sichern

Etablieren Sie neben einer wirksamen Zugangsberechtigung im WLAN auch für alle Netzsegmente noch eine Mac-Adress-Filterung, sodass nur vorher bekannte Geräte ins Netz kommen.

Sicheren WLAN-Hotspot für Gäste einrichten

Bauen Sie nach Möglichkeit eine eigene Infrastruktur für den von Kunden und Besuchern typischerweise benutzten Bereich in Lobby oder Vorzimmer. Dafür reicht zumeist eine eher simple Technologie. Die typischerweise rund 40 Euro im Monat für den separaten Internetanschluss sind gut investiertes Geld, da sie sich keine Gedanken machen müssen, ob und inwieweit Ihre Gäste (und eventuelle Angreifer vor dem Gebäude (!)) Ihr WLAN erfolgreich als Sprungbrett in Ihr internes Netz gebrauchen können.

Wildwuchs in der Ablage – Datensicherheit und Datenschutz

Als früher eine Vielzahl von Dokumenten in Ordnern ganze Schränke füllten, die nur Mitarbeitern zugänglich waren, musste ein Einbrecher ein hohes Risiko eingehen, um sie sich unter den Nagel zu reißen. Heutzutage liegen unzählige Daten auf Servern oder in der Cloud und sind für jeden, der die technischen Zugangshürden überwindet, im Prinzip einsehbar, ganz egal wo auf der Welt er sich auch befindet.

Professionelle Dokumentenverwaltung

Vielfach werden in Unternehmen Daten nach wie vor unstrukturiert gespeichert, im schlimmsten Fall nur auf dem Endgerät eines einzelnen Nutzers, wobei im Fall eines technischen Defekts oder des Verlusts des Endgeräts zusätzlich zum finanziellen Schaden ein Datenverlust droht. Insbesondere in kleineren Unternehmen kommt es oft zu Wildwuchs bei der Dateiablage. Da mutiert schnell mal ein mit der persönlichen Gmail-Adresse eines Mitarbeiters eingerichteter Dropbox-Account zum Speicherort für Unternehmensdaten – komplett an der IT-Abteilung und allen Sicherheitsanforderungen vorbei. Überflüssig zu erwähnen, dass diese Form von Schatten-IT der Unternehmenssicherheit nicht gerade zuträglich ist.

> Von **Schatten-IT** spricht man im Allgemeinen, wenn Investitionen in Informationstechnologie an der IT-Abteilung vorbei direkt von der Fachabteilung getätigt werden. Typische Fälle sind Cloud-Speicherdienste, Dateiaustauschdienste und Messaging: »Man könnte ja mal schnell ...« Dies hat in den letzten Jahren enorm zugenommen, da mit der zunehmenden Technisierung unseres Alltags viele Mitarbeiter die Erfahrung gemacht haben, dass viele Dinge – etwa das Speichern und der Austausch von Dateien – eigentlich ganz einfach sind mit den Diensten, die für Endverbraucher angeboten werden, und diese Erwartung nun in das Unternehmen tragen. Kann die IT-Abteilung die Wünsche nicht schnell genug bedienen, so werden oft beliebige Onlinetools adaptiert, ohne über die möglichen Folgen für Sicherheit und Verfügbarkeit nachzudenken.

Eine professionelle Dokumentenverwaltung schafft hier Abhilfe, indem sie nicht nur Speicherorte klar definiert, sondern auch Zugriffsregeln erlässt.

Wieder erhöhter Konfigurations- und Verwaltungsaufwand, aber eben auch ein Plus an Sicherheit Ihrer eigenen sensiblen Daten und gegebenenfalls jener Ihrer Kunden, Lieferanten und Geschäftspartner. Angesichts der europäischen Datenschutzgrundverordnung (DSGVO) sind Sie ohnehin zu bestimmten Schutzmaßnahmen für personenbezogene Daten angehalten. Nehmen Sie diese Vorgaben unbedingt ernst, denn damit verbessern Sie gleichzeitig die Cybersicherheit in Ihrem Unternehmen – ganzheitlich und kostengünstig.

Teuer kann es hingegen werden, wenn Sie sich nicht daran halten. Im Fall eines Datenlecks durch einen Hackerangriff drohen unter Umständen erhebliche Strafzahlungen. Ein zusätzliches Risiko: In dem Maße, in dem die Aufsichtsbehörden derartige Verstöße verfolgen, steigen auch die Anreize für Angreifer, diesen Zusammenhang für Erpressung zu nutzen.

Dennoch sollten Sie nicht der Versuchung nachgeben, sich das Schweigen der Cyberkriminellen erkaufen zu wollen. Einen ersten, vielsagenden Präzedenzfall gibt es bereits: Der (nun ehemalige) Sicherheitschef des Fahrtdienstleisters Uber hatte das versucht und wurde dabei erwischt.[15] Das US-Justizministerium teilte dazu ziemlich humorlos mit:[16]

> »Silicon Valley ist nicht der Wilde Westen. Wir erwarten eine gute Corporate Citizenship. Wir erwarten eine prompte Meldung von kriminellem Verhalten. Wir erwarten Kooperation bei unseren Ermittlungen. Wir werden keine Unternehmensvertuschungen tolerieren. Wir werden keine illegalen Schweigegeldzahlungen tolerieren. (…) Helfen Sie kriminellen Hackern nicht dabei, ihre Spuren zu verwischen. Machen Sie das Problem für Ihre Kunden nicht noch schlimmer und vertuschen Sie keine kriminellen Versuche, persönliche Daten von Menschen zu stehlen (…).«

Weitere Fälle werden folgen, wenn Unternehmen nicht die richtigen Weichen stellen. Entscheidend ist es, dafür zunächst bei allen Mitarbeitern das Bewusstsein für die Bedeutung von Cybersicherheit zu wecken und nachhaltig um Verständnis für die Akzeptanz von Cybersicherheitsmaßnahmen zu werben, gerade weil diese vielfach Komfortnachteile mit Sicherheitsvorschriften und -maßnahmen hinnehmen müssen.

Mehr Sicherheit auf dem Übertragungsweg

Sobald Daten den Bereich Ihrer unternehmensinternen Infrastruktur verlassen, kommen zwangsläufig die Infrastrukturen Dritter, im Regelfall das öffentliche Internet, ins Spiel: Sie greifen auf eine Website zu, starten den Download eines Dokuments oder klicken im E-Mail-Programm auf »Senden«. Ganz normale Vorgänge im Businessalltag, die jeder von uns am Tag mehrfach ausführt, ohne sich darüber Gedanken zu machen. Dabei lauern auf dem Übertragungsweg jede Menge Risiken: Ein Dritter könnte beim Zugriff auf eine Website mitlesen, ein Download könnte unerwünschte Bestandteile – sprich: Schadsoftware – enthalten und bei einer E-Mail in Ihrem Postfach könnte der Absender vorgeben, ein anderer zu sein. Generell gilt: E-Mails sind ein quasi öffentliches Medium, vergleichbar mit einer Postkarte, deren Inhalt mindestens der Postbote, aber auch andere am Transport beteiligte Personen einfach lesen können.

Ein Ärgernis ist manchmal die Begrenzung der Dateigröße für Anlagen. Diese ist vollkommen uneinheitlich geregelt. Microsoft Outlook – der Quasi-Standard für E-Mail-Programme in Unternehmen – erlaubt maximal 20 Megabyte im Anhang, für eine einzelne Anlage ebenso wie für mehrere Anlagen zusammen. Der Mailserver des Empfängers kann aber eine andere Größenbeschränkung vorsehen, zum Beispiel nur 10 Megabyte. Selbst wenn diese Hürden überwunden sind, kann das Postfach des Empfängers voll sein und Ihre E-Mail kommt aus diesem Grund nicht durch.

Diese Alltagsprobleme werden vielfach vermieden, indem größere Anlagen von der E-Mail getrennt und separat übertragen werden. Das Internet bietet dazu eine Vielzahl von technischen Möglichkeiten, angefangen beim ursprünglich für die Dateiübertragung konzipierten File Transfer Protocol (FTP), das es auch in einer verschlüsselten Form gibt. Probleme bei der Bedienung führten jedoch dazu, dass es im Büroalltag keine Rolle spielt. Über mehr als zwei Jahrzehnte hat sich hier praktisch nichts getan. Die Akzeptanz bei »Otto Normalnutzer« ist daher nicht gegeben.

Besser geeignet für den sicheren Austausch von Dateien sind sogenannte Secure-Mailer oder sichere Datenräume. Der Absender schickt in diesem Fall dem Empfänger nur einen Link per E-Mail. Das Passwort für den Zugang erhält er auf einem anderen Kanal, etwa per SMS oder am Telefon. Vorausgesetzt, das eingesetzte Verschlüsselungsverfahren ist hochwertig, sind derartige Systeme die derzeit beste Lösung für die vertrauliche Übertragung mit einem hohen Maß an Authentizität und Unverfälschtheit.

Systemkritische und besonders sensible Informationen wie Konstruktionspläne, noch nicht zum Patent eingereichte Innovationen oder vertrauliche Preisangebote sollten Sie lieber auf Datenträgern speichern und mit einem zuverlässigen Kurierdienst transportieren.

Das mag übertrieben scheinen, aber ein aktuelles Beispiel aus der Berichterstattung rund um die Corona-Impfstoffthematik Ende 2020 zeigt die Bedeutung auf. Nach einem Bericht der Financial Times hat die US-Behörde FDA (Federal Drug Administration) verfügt, dass Impfstoffdaten nicht über das Internet übertragen werden dürfen, sondern von Mitarbeitern des FBI auf USB-Datenträgern zu transportieren sind.[17]

Mitunter gilt sogar die Regel: »Wenn etwas sicher ankommen soll, tragen sie es selbst hin.« Dies gilt auch für physische Güter. Legendär sind die von Edward Snowden geleakten Dokumente zu den Aktivitäten des US-Geheimdienstes NSA, bei denen unter anderen Netzwerkequipment des Herstellers Cisco zwischen Hersteller und Empfänger (der IT-Abteilung eines bekannten Unternehmens) abgefangen und mit Abhörtechnik präpariert wurde. Dabei waren auch Fotos, die das sorgfältige Auspacken der Ware und eine Werkbank, an der die »Bearbeitung« stattgefunden haben soll, zeigen.[18]

Ähnlich präpariere Endgeräte – in diesem Fall Telefone für Telefonanlagen – wurden auch schon bei Kunden meines Unternehmens entdeckt. Dort konnte der Fall aber nicht auf staatliche Akteure zurückgeführt werden und es bleibt bis heute unklar, wie und vor welchem Hintergrund die Endgeräte präpariert worden waren.

Ähnlich wie bei dem Beispiel mit den präparierten Softwareupdates spricht man auch hier von einer Supply-Chain-Attacke. Gegen derartig ausgefeilte Angriffe sind Sie – und das muss hier festgehalten werden – aber de facto machtlos.

Passwortschutz: Simple Maßnahme, große Wirkung

Für die Konfiguration aller Anwendungen, die ein Passwort erfordern, gilt: Sorgen Sie dafür, dass in Ihrem Unternehmen hochwertige Passwörter eingesetzt werden. 12345 oder etwas ähnlich Triviales ist ein absolutes No-Go und geradezu eine Einladung für Cyberkriminelle wie eine sperrangelweit geöffnete Tür. Diese Erkenntnis sollte sich längst herumgesprochen haben – und doch siegt die Bequemlichkeit häufig über Sicherheitsbedenken. Laut Hasso-Plattner-Institut lauten die 20 beliebtesten Passwörter Deutschlands 2020:[19]

1. Platz: 123456
2. Platz: 123456789
3. Platz: passwort
4. Platz: hallo123
5. Platz: 12345678
6. Platz: ichliebedich
7. Platz: 1234567
8. Platz: 1234567890
9. Platz: lol123
10. Platz: 12345
11. Platz: qwertz
12. Platz: michael

13. Platz: killer
14. Platz: michelle
15. Platz: hallo
16. Platz: sonnenschein
17. Platz: alexander
18. Platz: Passwort
19. Platz: abc123
20. Platz: daniel

Sollten Sie eines Ihrer Lieblingspasswörter in dieser Liste gefunden haben, besteht akuter Handlungsbedarf!

Ändern Sie dieses dringend und nutzen Sie für jeden genutzten Dienst ein eigenes Passwort. Vom HPI kommen auch folgende Empfehlungen für mehr Sicherheit bei Passwörtern:[20]

- Verwenden Sie lange Passwörter (> 15 Zeichen).
- Verwenden Sie alle Zeichenklassen (Groß-, Kleinbuchstaben, Zahlen, Sonderzeichen).
- Verwenden Sie keine Wörter aus dem Wörterbuch.
- Verwenden Sie einzigartige Passwörter (keine Wiederverwendung von gleichen oder ähnlichen Passwörtern bei unterschiedlichen Diensten).
- Prüfen Sie die Verwendung von Passwortmanagern.
- Nehmen Sie einen Passwortwechsel vor bei Sicherheitsvorfällen und bei Passwörtern, die die obigen Regeln nicht erfüllen. Sie müssen dabei nicht warten, bis etwas passiert ist, denn sollten Sie den Apple Passwortmanager verwenden, teilt dieser Ihnen mit, ob Ihr Passwort in einem Datenleck aufgetaucht ist, und gibt Ihnen Hilfestellung für die sofortige Änderung.
- Aktivieren Sie eine Zwei-Faktor-Authentifizierung, wenn möglich.

Übrigens: Diese Empfehlungen gelten überall, wo Sie im Unternehmen oder auch privat Passwörter vergeben müssen.

Adäquate Zugriffssteuerung

Von dem Sicherheitsansatz Zero Trust, also null Vertrauen, spricht man, wenn eine strenge Überprüfung jedes Anwenders beziehungsweise Geräts erfolgt, bevor ein Datenaustausch mit einem anderen System erlaubt wird. Dies gilt unabhängig vom Standort innerhalb oder außerhalb des unternehmenseigenen Netzes.

Zero Trust ist weder ein konkretes Produkt noch eine bestimmte Technologie, sondern ein Modell für den Zugriff der berechtigten Anwender auf die für sie zugänglichen Ressourcen.

Dahinter steht die radikale Annahme, dass zunächst kein Nutzer, Gerät oder Dienst vertrauenswürdig ist. Unbegründetes Vertrauen soll also vermieden werden, um IT-Risiken des Unternehmens zu minimieren. Daher werden lediglich geringstmögliche Berechtigungen vergeben und ein Zugriff nur erlaubt, wenn dieser unbedingt erforderlich ist.

Voraussetzung dafür sind stets aktuell zu haltende, explizite Richtlinien. Diese definieren, welche Nutzer, Dienste, Geräte und Anwendungen wie miteinander interagieren dürfen.

- Sorgen Sie dafür, dass Zugriffsrechte an die Aufgaben und Verantwortlichkeiten der Nutzer angepasst sind. Das bedeutet, dass jeder Anwender genau die Rechte bekommt, die er zur Erfüllung seiner Aufgaben braucht.
- Auf besonders kritische Daten sollte ein Zugriff nur über eine geeignete Autorisierung möglich sein. Damit stellen Sie sicher, dass nachvollziehbar bleibt, wer zu welchem Zeitpunkt auf diese Daten zugegriffen hat.
- Stellen Sie sicher, dass Ihre Mitarbeiter im sicheren Umgang mit Daten und insbesondere gegenüber den Risiken von Phishing-Attacken und leichtfertigen Datenweitergaben an Dritte (auch an Kollegen!) sensibilisiert sind. Das gilt im Grunde auch für andere Cybersicherheitsrisiken. Laufende Schulungen und Awareness-Maßnahmen helfen dabei, dass der Mitarbeiter Cyberrisiken ernst nimmt und damit im Zweifel dazu beiträgt, dass eine Attacke erfolglos bleibt, oder – positiv formuliert – die Abwehr hält.

Verschlüsselung

Hierzulande tobt bereits seit mehreren Jahrzehnten eine Debatte um die Frage, ob und in welcher Form Kryptografie reglementiert werden sollte. Auf der einen Seite – und das ist unbestritten – braucht die Strafverfolgung, die der technologischen Entwicklung regelmäßig in technischer und personeller Ausstattung wie fachlicher Kompetenz hinterherhinkt, wirksame Mittel, um Kriminelle dingfest zu machen. Anderseits schwächt jede Hintertür die Qualität der Verschlüsselung, was es wiederum Kriminellen leichter macht, diese zu knacken und für ihre finsteren Zwecke, wie etwa das Ausspähen oder Manipulieren von Übertragungsinhalten, zu missbrauchen. Im schlimmsten Fall ist das vergleichbar wie ein Schlüssel unter Ihrer Fußmatte, der selbst das aufwendigste Schließsystem Ihrer Wohnung obsolet macht.

Es geht dabei um die Zulässigkeit von Verschlüsselung beziehungsweise bestimmter Verfahren und im fortgeschrittenen Diskurs auch um die Frage, ob Anbieter von Verschlüsselungsverfahren bestimmte Zugänge für Behörden als Hintertür – im Fachjargon: Backdoor genannt – gewähren müssen. Diese Debatte verläuft in der westlichen Welt anders als etwa in China, wo ein staatlicher Zugriff schlicht und ergreifend gewährt werden muss.

Unbestritten ist, dass Polizei und Strafverfolgung für die Bekämpfung der Verbrechen des 21. Jahrhunderts auch die Mittel des 21. Jahrhunderts brauchen. Unbestritten auch, dass wir als Nutzer für eine Vielzahl von Anwendungen wirksame Verschlüsselung brauchen, um uns vor der Vielfalt der Cybergefahren zu schützen. Dies gilt bei der Übertragung ebenso wie bei der Speicherung von Daten.

Sicherheitsbewusstsein der Cyberkriminellen

Cyberkriminelle haben logischerweise großes Interesse daran, zu verhindern, dass sie abgehört werden oder Dritte ihre Korrespondenz mitlesen können. Schließlich steht unter Umständen ihre persönliche Freiheit auf dem Spiel.

Im Rahmen einer Studienwoche der Universität Hamburg zum Thema Cybercrime hatte ich vor Jahren die Möglichkeit, mich mit Ermittlern zu unterhalten. Diese bestätigten meine Vermutung, dass Cyberkriminelle ebenfalls über Internet und Smartphone kommunizieren, aber eben zusätzlichen Aufwand betreiben, um nicht entdeckt zu werden: durch häufiges Wechseln der Endgeräte (»Wegwerfhandy«) oder zumindest Wechsel der SIM-Karten und Manipulation der Geräte-Identifikationsnummern, durch die Nutzung unterschiedlicher Internetzugänge im öffentlichen WLAN und nicht zuletzt durch das Verwenden von Codewörtern für bestimmte Transaktionen oder Waren.

Keine Marktnische ist zu absurd, als dass sie nicht Dienstleister anzieht. Das (mittlerweile nicht mehr existente) Unternehmen Encrochat hatte eine Plattform betrieben, über die Kriminelle angeblich sicher Informationen austauschen konnten – auf Basis von modifizierten Android-Handys des spanischen Anbieters BQ und einer darauf vorinstallierten proprietären Instant-Messaging-Software. Das Vertrauen der Kriminellen in die Sicherheit dieser Lösung war groß, die Jahresgebühr nicht unerheblich. Encrochat verkaufte die vermeintlich sicheren Endgeräte zu einem Preis von jeweils rund 1 000 Euro im internationalen Maßstab und bot Abonnements mit einer weltweiten Abdeckung zum Preis von 1 500 Euro für einen Zeitraum von jeweils sechs Monaten mit 24/7-Support an.[21]

Es kommt nicht häufig vor, dass Anbieter von IT-Diensten ihren Kunden empfehlen, das eigene Produkt sofort wegzuwerfen, aber genau das passierte am 13. Juni 2020 bei Encrochat: »Unsere Domain wurde illegal von Regierungseinheiten übernommen. Wir raten dazu, euer Gerät auszuschalten und physisch zu beseitigen.«[22] Zuvor war es Ermittlern gelungen, sich in die angeblich sichere Plattform zu hacken. Die Folge waren zahlreiche Verhaftungen. Beweise – wie etwa Fotos von Kokainpaketen – hatten die Beschuldigten selbst geliefert.[23]

Auch ohne Behördenhintertür war es französischen und niederländischen Behörden gelungen, sich direkt in die Kommunikation der Verbrecher einzuschalten, damit das System zu unterwandern und über mehrere Monate die gesamte Kommunikation zu belauschen. Die offizielle Europol-Meldung zeigt die Tragweite des Falls: »Die Untersuchung hat bisher zur Festnahme von mehr als 100 Verdächtigen, zur Beschlagnahme von Drogen (mehr als 8 000 Kilo Kokain und 1 200 Kilo Crystal Meth), zum Abbau von 19 Labors für synthetische Drogen und zur Beschlagnahme von Dutzenden von (automatischen) Feuerwaffen, teuren Uhren und 25 Autos, einschließlich Fahrzeugen mit versteckten Abteilen, und fast 20 Mio. EUR in bar geführt.« [24]

Das simple Fazit: Kommunikation von A nach B lässt sich mit Verschlüsselung und weiteren Sicherheitsmechanismen absichern. Absolute Sicherheit gibt es jedoch für nichts und niemanden und für kein Geld der Welt.

Was Sie beachten sollten

Wirksame Verschlüsselung ist im Wesentlichen ein technisches Problem. Wählen Sie notwendige Produkte nach vorhandenen qualitativen Verschlüsselungsmechanismen aus. Ihre IT hilft Ihnen dabei.

Smarte Geräte überall – intelligente Büroumgebung

Das Internet der Dinge (IoT) wird Sie in Sachen Cybersicherheit zukünftig einiges an Nerven kosten, denn vielfach werden Sicherheitslücken bereits ab Werk mitgeliefert. Diese sind aber längst nicht nur auf Computer, Netzwerkgeräte oder Smartphones beschränkt, sondern kommen als unerwünschte Nebenwirkung einer App-Installation oder als unerwartete Funktion von smarten Geräten. Anhand einiger aktueller Beispiele will ich Ihnen die Bandbreite der potenziellen Einfallstore für Cyberkriminelle aufzeigen, damit Sie in Ihrem Unternehmen bei der Auswahl neuer Anwendungen und Geräte die Weichen richtig stellen können.

> Das **Internet der Dinge** – die Abkürzung **IoT** steht für die englische Bezeichnung **Internet of Things** und meint alle vernetzten Geräte von der vernetzten Glühbirne bis hin zum »Connected Car«, dem vernetzten Auto.
> Daneben gibt es noch das **Industrial Internet of Things (IIot)**, unter das man vernetzte Systeme in Industrieanlagen und Kraftwerken fasst.

In einer Befragung zu IoT-Sicherheitspraktiken unter 1 350 IT-Entscheidungsträger in 14 Ländern in Asien, Europa, dem Nahen Osten und Nordamerika von 2018 heißt es:

> »Die meisten IT-Verantwortlichen (95 Prozent) geben an, sie seien zuversichtlich, dass sie alle IoT-Geräte in den Netzwerken ihrer Organisationen im Blick haben. (...) Die Verbreitung von IoT-Geräten ist ein wachsendes Problem. Die meisten IT-Entscheidungsträger (89 Prozent) gaben an, in den letzten 12 Monaten eine erhöhte Anzahl von IoT-Geräten in ihren Netzwerken gesehen zu haben, wobei mehr als ein Drittel (35 Prozent) einen deutlichen Anstieg meldete. Die Herausforderungen nehmen sowohl in Bezug auf das Volumen als auch auf die Vielfalt zu. Mehr Nicht-Business-Geräte kommen in die Netzwerke und damit mehr Risiken.«[25]

Rein die Anzahl ist dabei nicht das Problem: Laut dem 2020er »Unit 42 IoT Threat Report«[26] sind 57 Prozent der IoT-Geräte anfällig für Angriffe mittlerer oder hoher Schwere und 98 Prozent des gesamten IoT-Geräteverkehrs werden unverschlüsselt abgewickelt.«

> Die oben angesprochene Vermischung von Business und Nicht-Business-Geräten wird auch zu dem Trend zum Homeoffice begünstigt. Nicht selten bilden der heimische Router und andere nicht vom Unternehmen verwaltete Geräte den Endpunkt des Unternehmensnetzes. Bei einem Test von Routern kommt eines der Institute im Fraunhofer Forschungsverbund zu dem Schluss, dass von 117 untersuchten Internetroutern für den Privatgebrauch mehr als 100 aus Sicherheitssicht problematisch sind.[27] Selbst wenn die Hersteller dafür Updates und Patches bereitstellen, welcher Endverbraucher würde diese denn einspielen?

Kaum jemand macht sich ernsthaft darüber Gedanken, dass unsere Welt zunehmend softwarebasiert funktioniert und die einzelnen Module und Komponenten immer häufiger miteinander vernetzt werden. Die Kaffeemaschine, die sich aus dem Internet neue Rezepte holt, ist inzwischen genauso normal wie der Drucker, der selbstständig Tinte oder Toner nachbestellt. Aber was, wenn diese Funktion mit ungeahnten Nebenwirkungen und technischen Schwächen kommen? Fast jedes Gerät, das über mehr als rudimentäre Funktionen verfügt, hat heutzutage Softwarekomponenten. Der simple Grund: Es ist inzwischen schlicht günstiger, eine kleine Steuereinheit auf Basis eines gängigen Prozessors einzubauen und dafür eine Software zu schreiben, als eine eigene gerätespezifische Steuerung zu entwickeln. Diese Steuersoftware wiederum basiert auf Komponenten, die vielfach vor Jahrzehnten entwickelt wurden und sich in einer Vielzahl von IoT-Geräten unterschiedlichster Bauart wiederfinden. Eine Sicherheitslücke in einer dieser Komponenten kann dann im Extremfall auf unterschiedlichsten Geräten wieder auftauchen. Die nachfolgenden Beispiele zeigen die Bandbreite an Geräten im IoT auf.

Ladegerät mit Spannungsschwankungen

Selbst scheinbar so simple Dinge wie Ladegeräte und Netzteile für Smartphones, Tablets und Laptops können von Sicherheitsproblemen betroffen sein: Die Forschungsabteilung des chinesischen Internetkonzerns Tencent wurde 2020 auf eine im wahrsten Sinne brandheiße Lücke bei Ladegeräten aufmerksam.[28] Betroffen waren zahlreiche Schnellladegeräte, die via Software die Ladespannung anpassen können – etwa vom Standardwert von 5 Volt, den alle damit geladenen Endgeräte vertragen, auf 12, 20 oder noch mehr Volt. Es wurde nachgewiesen, dass ein manipuliertes Ladegerät angeschlossene Endgeräte beschädigen oder sogar vollständig zerstören konnte. Dies gelang bei immerhin 18 von 35 getesteten Ladegeräten. Um eine solche negative Kettenreaktion auszulösen, genügte ein präpariertes Smartphone. Einmal an ein manipulationsanfälliges Ladegerät angeschlossen, wurde dieses umprogrammiert und störte beziehungsweise zerstörte alle nachfolgend angeschlossenen Geräte. Noch ist ein solcher Angriff nur für Handyladegeräte bekannt. Man stelle sich vor, so etwas wäre an Ladesäulen für Elektrofahrzeuge auch möglich. Natürlich ist das bis dato mehr ein theoretisches Problem, aber stellen Sie sich eine Schadsoftware vor, die etwa öffentliche Ladepunkte für Smartphones, wie man sie häufig in Hotels, Flughäfen, aber auch Geschäften findet, befällt und in Folge für massive Probleme sorgt, indem sie entweder die neu angeschlossenen Geräte zerstört oder Schadsoftware auf diese verteilt.

Mit diesem bewusst simpel gewählten Beispiel »Ladegerät« drängt sich eine entscheidende Frage spätestens jetzt auf: Lässt sich alles hacken, was per Software funktioniert? Die Antwort: im Grunde genommen schon. Eine unentdeckte oder eingebaute Sicherheitslücke in einer Software oder ein unsicherer Wartungszugang an einem Gerät können ausreichen, um einem motivierten Angreifer Einlass in Ihr Unternehmensnetzwerk zu gewähren.

Netzwerkdrucker des Grauens

Ist Ihnen bewusst, dass jeder Netzwerkdrucker in Ihrem Unternehmen ein potenzielles Sicherheitsrisiko darstellt? Heutzutage steht ein solches Gerät entweder an jedem Arbeitsplatz oder es gibt ein großes Multifunktionsgerät pro Abteilung, das im Unternehmensnetz erreichbar ist und vielfach als Scanner und manchmal noch als Telefax fungiert. Diese Geräte bringen eine Reihe von Sicherheitsrisiken mit sich, über die Sie sich im Klaren sein sollten.

In der Regel besitzen sie eigene Datenspeicher, also Festplatten beziehungsweise SSD-Laufwerke, damit auszudruckende, gescannte oder zu faxende Dokumente zwischengespeichert werden können. Allerdings werden diese Daten nicht immer verschlüsselt. Damit könnte theoretisch jeder, der an diese Laufwerke herankommt, auf eine Vielzahl von – möglicherweise sogar geheimen – Dokumenten zugreifen. Jeder, der auf den richtigen Flur gelangt und weiß, welche Klappe er öffnen muss, und obendrein einen Schraubenzieher bedienen kann, kann dies bewerkstelligen. Der falsche oder auch echte, aber korrupte Wartungstechniker ist keineswegs eine Erfindung aus dem Agententhriller. Datenklau war nie einfacher! Die meisten Anbieter von Multifunktionsgeräten haben das Problem mittlerweile erkannt und bieten die Verschlüsselung der Datenträger und andere Sicherheitsmaßnahmen[29] an – eine einfache Schutzmaßnahme gegen solche Attacken, die allerdings häufig separat aktiviert und manchmal extra bezahlt werden muss.

Viele moderne Endgeräte verfügen darüber hinaus über eine Konfigurationsmöglichkeit über das Netzwerk, zumeist in Form eines Webservers. Die Idee dahinter ist klar: Der IT-Administrator soll im Unternehmensnetz ganz bequem vom Schreibtisch aus auf jedes einzelne Gerät zugreifen können, statt durch alle Stockwerke zu sausen. Falsch konfiguriert, kann unter Umständen jedoch auch aus dem Internet darauf zugegriffen werden. Sind nun Nutzername und Passwort noch identisch mit den Werkseinstellungen, ist dies geradezu eine Einladung für Cyberkriminelle, sich mal genauer umzuschauen, etwa um unbemerkt Druckdaten und damit Firmeninterna umzuleiten.

Laut einer Untersuchung der europäischen Netzwerksicherheitsagentur ENISA sind nur rund 2 Prozent der Netzwerkdrucker umfassend gegen Hackerangriffe geschützt.[30]

2017 machte ein Fall weltweit Schlagzeilen, bei dem ein Hacker mit dem Namen »Stackoverflowin« über ein automatisiertes Skript, das im Internet nach geeigneten erreichbaren Druckern Ausschau hielt, rund 150 000 Drucker verschiedenster Marken dazu brachte, folgende nicht ganz ernst gemeinte Nachricht auszudrucken:[31]

> »stackoverflowin the hacker god has returned, your printer is part of a flaming botnet, operating on putin's forehead utilising BTI's (break the internet) complex infrastructure.
> [ASCII ART HERE]
> For the love of God, please close this port, skid.
> -------
> Questions?
> Twitter: https://twitter.com/lmaostack«
> -------

Man sollte meinen, dass die Hersteller nach dem Bekanntwerden dieser Sicherheitslücke für Abhilfe gesorgt hätten. Ebenso sollte man meinen, dass Unternehmen mehr auf eine sichere Konfiguration von Netzwerkgeräten achten würden. Doch im Sommer 2020 gelang es Sicherheitsforschern, 28 000 ungesicherte und über das Internet erreichbare Drucker zu hacken.[32] Die Cybersecurity-Experten von Cybernews gingen dazu wie folgt vor: Sie nutzten eine Suchmaschine für das Internet der Dinge (Shodan), um nach erreichbaren Geräten zu fahnden, die gängige Druckerprotokolle unterstützen. Dies ergab rund 800 000 Geräte, von denen nach Schätzungen der Forscher rund 500 000 verwundbar waren. An eine Mustergruppe von 50 000 Geräten wurde per automatisiertem Skript ein PDF-Dokument mit dem Titel »This printer has been hacked. Here´s how to secure it« zum Ausdruck verschickt. In exakt 27 944 Fällen war das Drucken erfolgreich. Der Ausdruck wies also auf die Sicherheitslücke hin und lieferte freundlicherweise gleich eine Auflistung mit bewährten Gegenmaßnahmen:

1. Sichern Sie Ihre Druckeranschlüsse und beschränken Sie die drahtlosen Verbindungen Ihres Druckers zu Ihrem Router. Konfigurieren Sie Ihre Netzwerkeinstellungen so, dass Ihr Drucker nur Befehle beantwortet, die über bestimmte Anschlüsse Ihres Netzwerk-Routers kommen. Das Standardprotokoll für sicheres Drucken auf neuen Druckern ist das IPPS-Protokoll über SSL-Port 443.

2. Verwenden Sie eine Firewall. Dadurch werden nicht verwendete Protokolle geschützt, die Cyberkriminellen den Fernzugriff auf Ihren Drucker von außerhalb des Netzwerks ermöglichen können.
3. Aktualisieren Sie die Firmware Ihres Druckers auf die neueste Version. Druckerhersteller beheben regelmäßig bekannte Schwachstellen in der Firmware für die von ihnen hergestellten Geräte. Stellen Sie also sicher, dass Ihr Drucker sicherheitstechnisch immer auf dem neuesten Stand bleibt.
4. Ändern Sie das Standardkennwort. Die meisten Drucker haben standardmäßige Administrator-Benutzernamen und -Passwörter. Ändern Sie es in den Utility-Einstellungen Ihres Druckers in ein sicheres, eindeutiges Passwort und stellen Sie sicher, dass für die Druckfunktionen Anmeldedaten erforderlich sind.

Aber warum überhaupt noch drucken? Wer jetzt spontan an das oft herbeigesehnte papierlose Büro denkt, hat natürlich Recht: Das wäre eine Lösung für dieses Problem. Allerdings eine, die auf absehbare Zeit nicht wahrscheinlich ist. Schon alleine, weil es nach wie vor besser ist, Dokumente auf Papier statt auf dem Bildschirm zu lesen und auch zu annotieren, ist es nicht sehr wahrscheinlich, dass sich das auf absehbare Zeit tatsächlich durchsetzt. Diese selbst gemachte Erfahrung bestätigen auch verschiedene Studien unter anderem der europäischen Forschungsinitiative »Evolution of Reading in the Age of Digitisation« (E-READ).[33] In letzter Konsequenz bedeutet das: Wer nicht einen Verlust an Qualität riskieren will, der kommt auch in Zukunft nicht am Druck vorbei.

Kurzum: Es bleibt Ihnen kaum etwas anderes übrig, als das Thema ernst zu nehmen und in Ihre Cybersicherheitsstrategie zu integrieren.

Spülmaschine mit Webserver

2017 machte ein Sicherheitsvorfall Schlagzeilen, wonach angeblich ein Geschirrspüler durch einen fehlerhaft implementierten Webserver angreifbar war. »Wozu braucht ein Geschirrspüler einen Webserver?«, fragen Sie sich jetzt vielleicht. Tatsache ist: Ein Web-Frontend zur Steuerung eines Geräts ist nichts Ungewöhnliches, Ihr Internetrouter hat dergleichen ebenso wie vermutlich auch Ihr Drucker. Der eingebaute Webserver als zentrale Steuerungsinstanz ist der Beweis für den Siegeszug des World Wide Web als universelles Medium für den Informationsaustausch.

Bei der »Spülmaschine mit Sicherheitslücke« handelte es sich tatsächlich um ein Desinfektionsgerät für Laborutensilien in Krankenhäusern[34] – das Grundproblem aber bleibt. Als Normalnutzer erwartet man nicht, dass Software überhaupt eine nennenswerte Rolle in einem solchen Gerät spielt. Das eigentliche Problem mit diesen oder ähnlichen unsicheren IoT Geräten: Diese können Hackern eine Angriffsfläche bieten, um in das interne Netz einzudringen und darüber wiederum auf andere Ressourcen zuzugreifen. Darüber hinaus können Hacker Schindluder mit den Steuerungseinheiten selbst betreiben. Dies kann im Extremfall bis zur Zerstörung des Gerätes selbst führen.

Was Sie beachten sollten

Zusammenfassend lässt sich sagen, dass Schwächen in der Software eines vernetzten Produkts Gefahren für Leib und Leben bringen können, wie es der bekannte Sicherheitsexperte Bruce Schneier in seinem Buchtitel auch für das Internet formulierte: *Click here to kill everybody*. Gemeint hat er damit, dass insbesondere mit dem Internet der Dinge unsere ubiquitäre Informationstechnologie und Netzwerktechnik Rückwirkungen auf unsere reale Lebensumwelt haben kann. Mit potenziellen Folgen für Gesundheit, Leib und Leben jedes Einzelnen. Auf diese neuen Risiken müssen Sie sich einstellen – bei der Planung von Cybersicherheitskonzepten für Ihr Unternehmen ebenso wie bei der Frage nach der Verantwortung von Softwaresystemen.

Mobiles Arbeiten

Es ist irgendwie eine Ironie der Geschichte, dass einer der wesentlichen Wegbereiter für mobiles Arbeiten – Blackberry mit seinen gleichnamigen Geräten – aus dem kollektiven Bewusstsein beinahe vollständig verschwunden ist. Dabei war dessen Pionierleistung vor gut 20 Jahren der mobile Zugriff auf Firmen-E-Mails und Messaging-Systeme und damit ein Stück weit »Büro zum Mitnehmen«. Heute erledigt unser Smartphone diese Aufgaben ganz nebenbei und ist aus unserem Geschäftsalltag ebenso wenig wegzudenken wie aus unserem Privatleben.

Wie viele Ihrer Mitarbeiter haben ein Smartphone oder Tablet, das von Ihnen als Arbeitgeber gestellt wird? Es sind heutzutage vermutlich so einige – in Zeiten von Corona und Homeoffice mit steigender Tendenz. An und für sich ist das nichts Schlimmes, es gehört zu unserer modernen Businesswelt. Aber es gibt einige Sicherheitsrisiken auf verschiedenen Ebenen, die Ihnen bewusst sein sollten.

Restriktionen für App-Downloads

Die Nützlichkeit eines Smartphones hängt maßgeblich von den eingesetzten Apps ab. Dies trifft auch für Firmenhandys zu. Zwar sind die Zeiten, in denen ein Firmen-Smartphone bei Mitarbeitern als wertvolles Incentive galt, längst vorbei, aber auch bei einem rein beruflichen Einsatz steigt der Nutzen, wenn der Anwender Zugriff nicht nur auf Telefon, E-Mail und Webbrowser, sondern auch auf Reiseplanungs- und Buchungssoftware, Wetterdaten, Übersetzungsprogramme, Nachrichten- und Infodienste und weitere Apps hat. Immer wieder erscheinen Medienberichte, die vor einzelnen unverfänglich erscheinenden Apps warnen. So warnte etwa im Herbst 2020 die »Initiative sicher im Netz« gleich vor einer ganzen Liste von Apps im Google Playstore, die unerwünschte Nebenfunktionen mitbringen, darunter ein unscheinbares Scanprogramm, das im Hintergrund unerlaubt und unerwünscht kostenpflichtige Dienste zulasten des Nutzers aktivierte.[35]

Wie geht man damit um? Die Security-Branche wirbt für technische Lösungen. Sogenannte Mobile-Device-Managementsysteme (MDM) sollen dabei helfen, betriebseigene Smartphones zu verwalten. Diese können selbst erworben und betrieben oder als Dienstleistung bezogen werden. Speziell auf Geschäftskunden zugeschnittene Mobilfunktarife bieten oftmals MDM-Funktionen als Option.

Ein **Mobile-Device-Managementsystem (MDM)** hilft bei der Verwaltung von Firmenhandys. Zu den Verwaltungsfunktionen zählen unter anderem die mögliche Beschränkung der App-Installationen auf Positiv- beziehungsweise Negativlisten sowie die Bereitstellung eines betriebseigenen App Stores, der eine Vorauswahl von installierbaren Apps bereithält.

Das Unternehmen gibt im Idealfall eine überprüfte Liste von Apps frei, aus denen der Nutzer nach seinen Bedürfnissen eine Auswahl treffen kann.

Die Qual der Wahl

Im Juli 2020 waren fast 3 Millionen Apps im Google Playstore gemeldet, davon ist der Großteil kostenfrei erhältlich, nur rund 4 Prozent sind als Bezahl-Apps registriert.[36] Die meisten Apps finanzieren sich durch Werbung oder bieten neben kostenlosen Grundfunktionen Erweiterungen für bestimmte Funktionen zum Kauf an. Nicht ganz so viele Anwendungen gibt es im App Store für Apple-Geräte. Im Frühjahr 2020 waren es dort rund 1,85 Millionen.[37]

Selbst wenn die Anzahl der potenziell relevanten Apps für Ihr Unternehmen weitaus geringer ist, bleibt das Angebot unübersichtlich. Wie können Sie vor diesem Hintergrund eine Negativliste erstellen und dauerhaft pflegen oder eine sinnvolle Auswahl treffen, welche Apps genutzt werden dürfen? Erschwerend kommt hinzu: Selbst auf den ersten Blick unverdächtige Apps wie Filemanager oder Barcode- oder QR-Code-Scanner entpuppen sich als Träger von Schadsoftware und gelangen – allen Kontrollen der Anbieter zum Trotz – in die App Stores und somit auf die Endgeräte.

Wäre es eine Lösung, nur Apps bekannter Unternehmen zur Installation zuzulassen? Auch hier ist problematisches Verhalten weit verbreitet. So wurde 2020 bei mehreren Dutzend iOS-Apps von renommierten Firmen festgestellt, dass sie auf die Zwischenablage des Geräts zugriffen.[38] Dafür kann es gute und legitime Gründe geben. Die App des Logistikdienstleisters UPS nutzt diesen Zugriff etwa, um zu prüfen, ob eine Paket-Trackingnummer darin enthalten ist, und liefert dann die entsprechenden Informationen. Der Fotoeditor Pixelmator greift ebenfalls auf die Zwischenablage zu, aber nur wenn ein Bild darin enthalten ist – und bietet die Weiterverarbeitung an. Chrome, der Browser von Google, nutzt URLs darin, um direkt die Website aufzurufen. Wohlgemerkt sind dies lauter legitime Anwendungen. Ob jedoch die Nachrichten-Apps vom *Stern* oder der *New York Times*, Wetter-Apps wie Accuweather oder The Weather Network oder Buchungswebsites wie Hotels.com Zugriff ebenfalls auf die Zwischenablage Zugriff haben sollten, ist mehr als zweifelhaft.[39] Zweifelhaft ist damit auch, ob Unternehmen derartige Apps installieren sollten, denn die Zwischenablage kann auch Unternehmensinterna und Geschäftsgeheimnisse enthalten. Was diesen Fall im Apple-Ecosystem so bemerkenswert macht, ist, dass iOS prinzipiell geräteübergreifend funktioniert.[40] Damit kann eine datenstehlende Smartphone-App auch Zugriff auf Inhalte nehmen, die etwa auf einem Mac in der Zwischenablage sind (!).

Übrigens ist die Situation bei Android noch etwas komplizierter, da bis vor kurzem Apps auch aus dem Hintergrund heraus – das heißt, während sie für den Benutzer gar nicht sichtbar waren – auf Inhalte der Zwischenablage zugreifen konnten. Man muss kein Schwarzmaler sein, um sich die Risiken zu visualisieren. Und selbst wenn man den App-Entwicklern grundsätzlich traut, so stellt sich doch die Frage nach der Sicherheit der eingesetzten Softwarekomponenten. Ein Großteil aller App-Entwickler arbeitet mit vorgefertigten Funktionen aus Softwarebibliotheken und überblickt vielfach nicht, was er sich im Einzelnen ins Haus holt. Dass dies kein theoretisches Problem ist, zeigt ein

Forschungsdokument des IT-Sicherheitsanbieters Checkpoint, das bereit 2019 durch Datendiebstahl über Softwarekomponenten in Android-Apps warnte.[41]

Die Whitelist

Die gute Nachricht: Sie müssen sich nicht selbst durch Millionen von Apps und deren Beschreibungen wühlen – es geht viel pragmatischer! Fragen Sie Ihre Mitarbeiter einfach, welche Apps sie für sinnvoll und wichtig halten. Verlangen Sie eine Begründung, wenn Sie die App nicht kennen und der Name nicht erkennen lässt, warum sie im Betrieb eingesetzt werden sollte. Lassen Sie diese Liste von Ihrer IT-Abteilung oder einem externen Dienstleister prüfen. Apps, bei denen Probleme oder Sicherheitsmängel bekannt sind, werden in diesem Schritt gestrichen. Wenn alle Sicherheitsbedenken ausgeräumt sind, haben Sie die Whitelist für Ihr Unternehmen gefunden.

> **Whitelists** liefern eine Übersicht über jene Apps, deren Installation seitens der Mitarbeiter erlaubt ist. Der Abgleich zwischen installierten beziehungsweise installierbaren Apps und der Liste kann in einfachen Fällen manuell erfolgen, wird aber im Regelfall durch das MDM unterstützt. Die Herausforderung ist, das richtige Maß für die Freigabeliste zu finden.

Es ist sinnvoll, die Whitelist alle paar Jahre auf den Prüfstand zu stellen, und der IT-Verantwortliche sollte stets die Augen nach Berichten über neu entdeckte Sicherheitslücken offen halten.

Auf der Strecke geblieben

Inzwischen sollte sich herumgesprochen haben, dass unterwegs die automatische Sperre mobiler Geräte eingeschaltet sein sollte. Die Entsperrung erfolgt via Codeeingabe, Gesichtserkennung oder Fingerabdruck. Auf diese Weise sind die Inhalte vor fremden Augen verborgen, selbst wenn ein Mitarbeiter das Gerät unglücklicherweise verliert, liegen lässt oder er das Opfer eines Diebstahls wird. Doch nach wie vor verwenden viele Nutzer Codes, die einfach zu erraten oder durch Ausprobieren zu ermitteln sind.

Übrigens. Je nach Unternehmen und Einsatz der Mitarbeiter kann die Verlustrate bei Endgeräten enorm sein. Böse Zungen sagen, dass sich – immer wenn ein neues Smartphone-Modell ansteht – die Quote an Verlust und Fallschäden deutlich erhöht.

Dennoch: In den vergangenen Jahren hat sich einiges getan an Endgerätesicherheit. Insbesondere ist auch die Möglichkeit der Ortung und gegebenenfalls auch Fernlöschung hinzugekommen. Diese Funktionen findet man auch in gängigen MDM-Systemen. Das ist neben der bereits erwähnten Möglichkeit der gezielten Freigabe von Apps (»Whitelisting«) ein weiterer Grund für den Einsatz.

Immer geladen

Ist der Akkustand Ihrer mobilen Geräte auch chronisch zu niedrig? Wie praktisch, dass es an so vielen Stellen kostenlose Ladestationen gibt: im Wartebereich am Flughafen vor dem Boarding, in der Hotellobby oder im Konferenzzentrum. Noch praktischer und komfortabler, wenn dort auch schon ein passendes Kabel bereitliegt. Manchmal sind diese Stationen sogar in Form einer Schließfachanlage gebaut: Gerät einfach anstecken, abschließen und schon wird sicher der Akku geladen. Das Schließfach samt Schlüssel suggeriert Sicherheit.

Aber ist Ihnen bewusst, dass die Ladekabel aktueller Smartphones gleichzeitig Datenkabel sind? Dieser Umstand eröffnet Cyberkriminellen die Möglichkeit, unbemerkt auf Ihr Gerät zuzugreifen und Schadsoftware zu installieren oder Daten zu exfiltrieren. Schließlich ist es durchaus denkbar, dass Unbefugte die Ladestation manipulieren, um gezielt an Orten mit vielen Geschäftsleuten Daten abzugreifen. Dass dies mehr als eine theoretische Möglichkeit ist, davon war oben bereits kurz zu lesen. Eine Flughafenlounge oder die Lobby eines Business-Hotels bietet sich für eine Cyberattacke auf Smartphones geradezu an. Was über das Lade-/Datenkabel möglich ist, hängt davon ab, ob das Gerät entsperrt ist oder nicht und wie fortschrittlich die Software des Angreifers ist.

Dieses unter dem Begriff »Juice Jacking« bekannt gewordene Sicherheitsproblem ist übrigens nicht neu – bereits 2011 gab es auf der jährlich stattfindenden Sicherheitskonferenz Defcon eine Demonstration dieses Angriffsvektors.[42] Mit der Standardisierung der meisten Laptop-Ladegeräte auf USB-C sind Juice-Jacking-Attacken theoretisch auch hier möglich. Zwar ist hier noch kein Fall bekannt, aber das ist vermutlich nur eine Frage der Zeit.

Auf Nummer sicher gehen Sie, wenn Sie stets Ihre eigenen Ladegeräte nutzen und diese direkt an eine 220-Volt-Steckdose anschließen. Oder Sie nutzen eine Powerbank, um Ihr mobiles Gerät aufzutanken.

Es gibt übrigens noch eine Variante dieser Attacke, nämlich einen Datenzugriff über die USB-Schnittstelle Ihres Laptops. Es wurde schon von Vorfällen berichtet, in denen Smartphone-Besitzer mit USB-Kabel auf Konferenzen bei Laptop-Usern nachgefragt haben, ob sie – in Ermangelung anderer Ladeoptionen – mal eben den freien Laptop-USB-Port zum Laden »anzapfen« dürften. Wer würde da schon Nein sagen, ist doch nichts dabei, oder? Doch es ist Vorsicht geboten! Ein entsprechend präpariertes Smartphone kann automatisiert auf Ihre Daten auf dem Rechner zugreifen und diese unbemerkt stehlen.

Überall online

Vor einigen Jahren noch war es ein beliebter Sport von technikinteressierten Jugendlichen in öffentlichen WLANs, etwa in einem Café oder an einem öffentlichen Ort wie einem Flughafen oder Bahnhof andere auszuspähen. Bereits mit wenig Sachverstand konnte man E-Mail-Kommunikation bequem mitlesen, Passwörter von Websites einsammeln und auch sonst allerhand Unfug treiben – als absoluter Laie. Seitdem die meisten WLANs verschlüsselt sind, besuchte Websites eine Verschlüsselung erzwingen und auch die Anbieter von E-Mail-Diensten ähnliche Vorgaben machen, ist das einfache Mitlesen vorbei. Verschlüsselung – richtig eingesetzt – kann vor Mitlesern im öffentlichen WLAN schützen und beschützt damit die Guten. Dennoch ist damit die Sicherheitslage bei öffentlichen Netzzugängen nicht automatisch besser geworden. Sicherheitsforscher weisen immer wieder auf Angriffsmuster hin, die es sehr gezielt auf einzelne Personen oder bestimmte Personengruppen abgesehen haben. Der Cybersecurity-Anbieter Kaspersky beschreibt unter dem Begriff »DarkHotel« die Schadsoftware einer Hackergruppe, die es auf Führungskräfte abgesehen hat und dazu Hotel-WLANs manipuliert. 90 Prozent der beobachteten DarkHotel-Infektionen traten in Japan, Taiwan, China, Russland und Korea auf, aber auch in Deutschland, den USA, Indonesien, Indien und Irland. Die Angreifer haben es besonders auf Schwächen in den Produkten von Adobe und Microsoft abgesehen und installieren darüber Trojaner, die auf den Rechnern der ahnungslosen Hotelgäste Spionagewerkzeuge installieren.[43]

Am sichersten bewegen Sie sich im öffentlichen WLAN, indem Sie es nicht nutzen. Wenn Sie ein Firmenhandy mit hinreichend Mobilfunk-Datenvolumen haben, nutzen Sie Ihr Smartphone als Hotspot, mit dem Sie zum Beispiel Ihren Laptop verbinden.

Auch öffentlich zugängliche Computer, etwa Internetterminals in Hotels, an Flughäfen oder in Internetcafés, sollten Sie tunlichst meiden, denn die Durchseuchung mit Schadsoftware ist erheblich. Bereits 2014 warnte das Nationale

Büro für Cybersicherheit des US-amerikanischen Geheimdiensts vor Keyloggern in solchen Umgebungen:[44]

> »Die Keylogger-Malware zeichnete alle Tastenanschläge durch Hotelgäste in den Businesscentern auf. Daraufhin wurden die Informationen per E-Mail an die E-Mail-Konten der Täter gesandt. Die Verdächtigen erhielten große Datenmengen, unter anderem auch personenbezogene Informationen, Zugangsdaten zu Bank-, Renten- und persönlichen E-Mail-Konten. Auch andere sensible Daten gerieten in die Hände der Hacker.«[45]

Ein **Keylogger** ist eine Schadsoftware, die jede Art von Tastatureingaben und Bildschirminhalten mitschneiden und an Dritte weitergeben kann. Sie schiebt sich sozusagen zwischen Nutzer und System.

Wertvolle Metadaten

Im Jahr 2020 gab es einen Hackerangriff auf den Fuhrparkservice der Bundeswehr, der auch für den Fahrdienst des Bundestags zuständig ist.[46] Es gibt dazu keine detaillierte Stellungnahme, bekannt geworden ist nur, dass es in diesem Fall keine Ransomware-Attacke war. Man mag zunächst darüber schmunzeln, aber der zumindest potenzielle Verlust von Bewegungsdaten von Abgeordneten und hochrangigen Militärs ist ein Sicherheitsrisiko – für die Betroffenen selbst ebenso wie für Bundestag und Bundeswehr. Alleine die daraus ableitbaren Kenntnisse über Wohnadressen und gewöhnliche Aufenthaltsorte könnten Terroristen wie Geheimdiensten fremder Mächte wertvolle Informationen verschaffen. Es ist die alte Diskussion um den Wert der Metadaten, die hier wieder durchscheint. Einen Wert, den die meisten Unternehmer noch nicht erkannt haben, denn zumeist stehen – bei allen Bemühungen um Geheimhaltung – nur die Kommunikationsinhalte im Vordergrund. Vielfach haben jedoch die Informationen, wer mit wem wann kommuniziert oder sich wann wo aufhält, einen geschäftlichen Wert, unter Umständen sogar einen erheblichen.

Wenn etwa der Vorstand einer Brauerei auf einen Flug gebucht ist zu einem Provinzflughafen im Nirgendwo – sagen wir den Flughafen Paderborn/Lippstadt –, dann ist das eine banale Bytekombination in einer Buchungsmaschine und nach der Landung entstehen ein paar Datensätze bei seinem Mobilfunkprovider. Doch der Grund der Reise ist möglicherweise ein weitreichender geschäftlicher Vorgang, ist doch dieser Regionalflughafen unmittelbar in der Nähe des Sauerlandes und damit zahlreicher Brauereien. Dies kann auf mögliche Übernahmegespräche hindeuten, und das sind Informationen, die man zumindest in einem börsennotierten Unternehmen so lange wie möglich geheim halten möchte. Sollten die Metadaten ausgelesen werden und solche Rückschlüsse ermöglichen, wäre nicht nur die Geheimhaltung gefährdet, sondern womöglich das gesamte Vorhaben.

Welchen Wert Metadaten haben können, zeigt auch ein Blick in die Finanzbranche. Innovative Investoren suchen immer nach neuen Möglichkeiten, um Geld zu verdienen, und dabei ist Datenanalyse vielfach von Nutzen. Bewegungsdaten von Mobiltelefonen, Daten von Einkäufen, Besucherströmen einer Einkaufsstraße und Suchbegriffen auf Websites werden vielfach aggregiert und über eine Vielzahl von in der breiten Öffentlichkeit vollkommen unbekannten Firmen monetarisiert, das heißt, in anonymisierter Form an Interessierte verkauft. Unter den Käufern sind natürlich werbetreibende Unternehmen, aber eben auch Finanzinstitute, vor allem Hedgefonds, die ihre Investmentstrategien zunehmend auf zugekaufte Daten stützen.

Rund eine Milliarde US-Dollar soll der Verkauf der »Alternative Data« genannten Datensätze an die Finanzbranche bereits einbringen.[47] Mithin alles andere als Spielgeld, selbst in Wallstreet-Dimensionen. Die Website Alternativedate.org liefert auch für Neueinsteiger in die doch den meisten Unternehmen noch fremde Thematik der Datenanalyse eine Fülle an Angeboten und eine Übersicht über die wesentlichen Dienstleister. Anbieter wie Sentieo.com bieten zusätzlich Werkzeuge für die Aggregation und Auswertung der bezogenen Datenmengen. Derartige Informationen können auch für Sie als Unternehmer wertvoll sein, Sie müssen sie nur zu nutzen und zu finden wissen – oder zumindest erkennen können, welche Möglichkeiten etwa Ihr Wettbewerb hat.

Nach außen hin gibt man sich bei den Anbietern der Daten betont gesetzestreu und verweist kritische Autoren gerne auf umfangreiche Datenschutzerklärungen. Sicher werden die meisten Anbieter anonymisierte Daten haben. Das Problem: Die Dichte der Datenbestände und die Kombinationsmöglichkeiten sind so vielfältig, dass man – mathematisches Wissen und Kenntnis der Entstehung der Datenbestände vorausgesetzt – davon ausgehen muss, dass eine De-Anonymisierung erfolgen kann und bei einem interessierten Akteur auch erfolgen wird.

Dieses Buch lässt wenig Raum, um technische Fachfragen einer erfolgreichen (De-)Anonymisierung zu klären, daher sei nur so viel gesagt: Selbst komplexe kommerzielle Verfahren zur Anonymisierung wie »Diffix« lassen sich erfolgreich attackieren und damit die Datensätze schließlich einzelnen Personen zuordnen. Für technisch Interessierte sei das Research-Paper »When the signal is in the noise: Exploiting Diffix's Sticky Noise«[48] zur Lektüre empfohlen. Ein Beitrag auf dem 36C3-Kongress des Chaos Computer Clubs in Leipzig widerlegte die Annahme, dass Anonymisierung funktioniert:

»Wie falsch diese Annahme ist, demonstrierte Yves-Alexandre de Montjoye auf dem 36C3 in Leipzig. Sein Paradebeispiel: Ein anonymisierter Datensatz von 1,5 Millionen Autofahrern mit Bewegungsdaten, die über 15 Monate gesammelt wurden. Wie viele Datenpunkte (also das Wissen, ob jemand zu einer bestimmten Zeit an einem bestimmten Ort war) braucht es wohl, um einen Einzelnen daraus wiederzuerkennen? Es sind ganze vier Datenpunkte nötig: Wer also an vier Zeitpunkten weiß, wo eine bestimmte Person war, kann anhand der anonymisierten Datenbank ihr komplettes Bewegungsprofil rekonstruieren.«[49]

Ein eindrucksvoller Beweis für die Macht und die Möglichkeiten der Deanonymisierung.

Big Data für Wettbewerbsvorteile

Eine Reihe von Unternehmen tummelt sich in dem noch jungen Markt der Datenaggregation und Datenanalyse und bedient ganz offen ein Segment, das international »Competitive Intelligence« heißt, im deutschsprachigen Raum aber noch weitgehend unbekannt ist. Einzelne Anbieter wie Sentieo bieten Datensätze ganz offen für Competitive-Intelligence-Zwecke an und bedienen damit einen wachsenden Markt.

Competitive Intelligence ist laut Wikipedia (Stand 30.08.2020): »... die systematische, andauernde und legale Sammlung und Auswertung von Informationen über Konkurrenzunternehmen, Wettbewerbsprodukten, Marktentwicklungen, Branchen, neue Patente, neue Technologien und Kundenerwartungen.«[50]

Die Schlüsselwörter sind hierbei »systematisch, andauernd und legal«. Das Problem: Das, was legal möglich ist, ist mit der zunehmenden Vernetzung unserer Gesellschaft und dem darauf basierenden datengetriebenen Geschäftsmodellen vieler Unternehmen um ein Vielfaches besser und gleichzeitig kostengünstiger geworden. Wer früher Absatzzahlen eines Wettbewerbers einschätzen wollte, musste Beobachter losschicken, die im Extremfall mit Campingstuhl und Regenschirm vor der Einfahrt des Konkurrenzunternehmens ausharrten und Strichlisten über die Zahl der hinein- und hinausfahrenden Lastwagen führten. Heute sind diese Daten durch geschickte Aggregation unterschiedlicher Quellen öffentlich verfügbar und über das Alternative-Data-Universum nur einen Mausklick entfernt.

Wer Unternehmenssicherheit ernst nimmt, muss diese Zusammenhänge berücksichtigen und – mit Blick auf den Aufbau einer erfolgreichen Defensive – selbst über Competitive Intelligence nachdenken und eine eigene Abwehr formieren.

Vielleicht gehört die Zukunft Anbietern wie HYAS, die auf »nicht traditionelle Weise« (Eigenangabe) Daten sammeln und damit versprechen, Hacker zu identifizieren.[51] HYAS firmiert unter »Threat Intelligence« – deren Technologie der Datenauswertung kann aber auch traditionell gebraucht werden, um Informationen über Wettbewerber zu sammeln.

Was Sie beachten sollten

Wenn bisher Ihre Mitarbeiter alles auf ihren Smartphones und Laptops installieren durften, was sie für nötig oder interessant hielten, ist es an der Zeit, klare Regeln einzuführen, denn selbst scheinbar simple Apps können unnötige Datenspuren hinterlassen, die fortschrittlichen Gegnern Erkenntnisse liefern, die man lieber nicht preisgegeben hätte.

Im Homeoffice

Sie ist in vielen Unternehmen ein Kind der Corona-Pandemie – die breite Akzeptanz dessen, was man in schönstem Neudeutsch »Homeoffice« nennt. Schon haben verschiedene internationale Konzerne angekündigt, dass deren Mitarbeiter gar nicht mehr zurückkommen müssen, sondern dauerhaft von zu Hause arbeiten dürfen. So schnell kann es gehen mit der »neuen Normalität«.

In der Praxis werden die meisten Unternehmen zukünftig auf einen Mix aus Büroarbeit und Homeoffice setzen. Vermutlich gibt es dazu auch bei Ihnen Überlegungen oder Sie haben in Windeseile alles Mögliche getan, um Ihren Mitarbeitern die Arbeit von zu Hause aus zu ermöglichen und sie gut auszustatten. Bei der Einrichtung von Homeoffice-Arbeitsplätzen gibt es einige Sicherheitsrisiken, die Sie kennen und beherzigen sollten.

Das BYOD-Desaster

Eine klare Definition der Außengrenzen Ihres Unternehmens – Ihrer Burg – ist spätestens dann nicht mehr möglich, wenn Mitarbeiter private Endgeräte nutzen, um auf das Unternehmensnetz und darüber bereitgestellte Anwendungen zuzugreifen. In der Corona-Krise gelang es vielen Unternehmen in der Kürze der Zeit nicht, kurzfristig die benötigte Anzahl mobiler Endgeräte für ihre Mitarbeiter bereitzustellen. Daher wurde vielerorts ein altes Konzept wieder aufgewärmt, das von Sicherheitsexperten längst als untauglich identifiziert worden war: Bring your own device (BYOD).

> **Bring your own device (BYOD):** Mitarbeiter nutzen private Endgeräte, um auf das Firmennetz und darüber bereitgestellte Anwendungen zuzugreifen. Typischerweise nutzt er auch seinen eigenen Mobilfunkvertrag, was im Zeitalter universeller Flatrates im Grunde kein Problem ist, dies kann der Arbeitgeber entsprechend vergüten – für die steuerliche Behandlung fragen Sie bitte in Ihrem Steuerberaterbüro nach.

Sicherheitsrisiken sind durch dieses Konzept aus Expertensicht programmiert, denn erfahrungsgemäß sind viele private Endgeräte nicht auf dem aktuellen Stand und oftmals fehlt es an adäquater Sicherheitssoftware, vor allen Dingen aber an Sicherheitsbewusstsein. Solange der Rechner noch irgendwie läuft, schaut man nicht so genau hin. In der Praxis heißt das: Die Durchseuchung mit Schadsoftware ist erheblich. Nach Erhebungen der europäischen Statistikbehörde Eurostat waren – beim Zeitpunkt der letzten Erhebung 2015 – 13 Prozent aller Rechner mit Schadsoftware befallen.[52] Wer lässt so etwas freiwillig in sein Firmennetz?

Fairerweise sei angemerkt, dass es Software gibt, die auf diese Situation Rücksicht nimmt und die Bearbeitung von Firmendaten nur in engem Rahmen in kontrollierter Umgebung zulässt – auch und gerade auf privaten Endgeräten. Das Risiko, dass sich Schadsoftware von privaten Computern ins Firmennetzwerk fortpflanzt, ist also grundsätzlich beherrschbar. Nichtsdestotrotz könnten Ihre Mitarbeiter im Homeoffice ausgespäht werden, etwa durch Keylogger.

Die Akzeptanz bei den Mitarbeitern ist jedoch typischerweise hoch, können sich diese doch mit dem Gerät ihrer Wahl ausstatten, es auch oder besser gesagt überwiegend privat nutzen und erhalten zudem meist eine finanzielle Vergütung. Die Verlust- und Defektrate ist typischerweise geringer. Auf privates Eigentum achtet man wohl doch etwas besser. Verantwortliche in Unternehmen berichten von Zeit zu Zeit von ominösen Sturzserien bei unternehmenseigenen Endgeräten, nachdem die neue Generation von Smartphones oder Tablets vorgestellt wurde. Dieses Phänomen gibt es übrigens auch bei Kraftfahrzeugen, das kann Ihnen jeder Fuhrparkleiter bestätigen. Insbesondere sogenannte Pool-Fahrzeuge, die von mehreren Personen genutzt werden, haben eine höhere Schadensquote und teils enorme Verschleißkosten.

Abgesehen von der niedrigeren Schadensquote und einer höheren Nutzerzufriedenheit spricht ein weiterer Aspekt für das Bring-your-own-Device-Konzept: Die unternehmenseigene Verwaltung der Hardware entfällt. Mehrere Hundert mobile Geräte sind bei mittelständischen Unternehmen keine Seltenheit, das ist grob gerechnet fast eine Vollzeitstelle, die dafür benötigt würde.

Doch aus Sicherheitsgründen ist BYOD keinesfalls zu empfehlen. Anders als bei unternehmenseigenen Endgeräten können Sie Ihren Mitarbeitern kaum vorschreiben, was sie auf ihren Endgeräten installieren dürfen, und eine Fernlöschung im Verlustfall ist vermutlich ebenfalls kaum durchsetzbar. Auch aus datenschutzrechtlicher Perspektive ist es bedenklich, wenn auf privaten mobilen Geräten unternehmenseigene Daten gespeichert und verarbeitet werden. Anbieter wie (früher) Blackberry und Samsung sowie diverse Softwarehersteller versprechen zwar eine technische Separierung von Daten in private Bestände und Firmendaten. Damit das funktioniert, braucht es aber wieder Verwaltung durch Administratoren im Unternehmen – und damit entfiele dieser Vorzug von BYOD direkt wieder.

So manche Mitarbeiter haben ohnehin Vorbehalte und wollen ihr privates Endgerät nicht unter Firmenverwaltung sehen. Die Sorge, der Arbeitgeber könnte mitlesen, ist aus technischer Sicht vielfach gar nicht so unbegründet. International boomt der Markt für Überwachungsprodukte seit dem Run aufs Homeoffice. Anbieter wie Hubstaff und Timedoctor finden auch hierzulande Kunden, obwohl der Einsatz dieser und ähnlicher Tools grundsätzlich nicht DSGVO-konform ist. Hubstaff zeichnet unter anderem Mausbewegungen und Tastaturanschläge auf, überwacht und dokumentiert des Surfverhaltens im Internet und kann Mitarbeiter per GPS orten. Bei Timedoctor werden in regelmäßigen Abständen Videos vom Bildschirm eines Mitarbeiters aufgenommen. Alle zehn Minuten schießt die Webcam zudem ein Foto, um sicherzustellen, ob der Mitarbeiter an seinem Arbeitsplatz sitzt.[53] Man mag das für Auswüchse halten, aber die Überwachung kommt auch an anderer Stelle und sie kommt schleichend. So bietet das weiter verbreitete Office 365 von Microsoft seit 2019 mit dem »Productivity Score« integrierte Mitarbeiterüberwachung an. Aufgrund vielfacher Proteste hat man 2020 jedoch zurückgerudert und will keine Namen einzelner Nutzer mehr anzeigen.[54]

Die Herausforderung Remote-Access

Eine Herausforderung für Unternehmen aller Größen ist die Bereitstellung von Remote-Access-Technologien.

> **Remote-Access** bedeutet den Fernzugriff auf Firmensysteme von unterwegs oder zu Hause über öffentliche Netze.

Bei der Einrichtung eines Heimarbeitsplatzes gibt es einige Fragen zu klären:

- Wer darf von zu Hause beziehungsweise von unterwegs auf Firmenressourcen zugreifen?
- Auf welche Daten genau darf eine Person zugreifen?
- Welche Endgeräte dürfen zugreifen?
- Auf welchen Wegen darf der Zugriff erfolgen?
- Wie ist sichergestellt, dass nur berechtigte Nutzer zugreifen?

Wie ist sichergestellt, dass hinreichend viele Zugänge und Bandbreite zur Verfügung stehen, sodass auch, wenn zahlreiche Mitarbeiter im Homeoffice arbeiten, genügend Kapazitäten bereitstehen?

Während der ersten Corona-Welle wurden vielfach hektisch Lösungen, die Remote-Arbeit ermöglichen sollten, implementiert. Es war abzusehen, dass in der Eile nicht immer geeignete Technologien eingesetzt würden und vielfach die Konfiguration nach dem Motto erfolgte: »Hauptsache, es funktioniert!« Doch oft genug werden solche Provisorien zu Dauerlösungen – und das birgt enorme Langzeitrisiken für die Unternehmenssicherheit. Jede Zugangsoption von außen ist auch ein potenzieller Eintrittspunkt für Hacker. Überprüfen Sie daher bei ähnlichen Bedenken Ihre derzeitige Homeoffice-Lösung. Dies betrifft die Zugangssysteme selbst und die Aktualität der verwendeten Software, aber auch die für den Betrieb vergebenen Kennwörter und Zugangsregeln. Grundsätzlich empfiehlt sich eine Zwei-Faktor-Authentifizierung, bei der zusätzlich zu Nutzername und Passwort noch ein weiterer Sicherheitsmechanismus zur Verfügung steht, der Anwender etwa eine SMS mit einem Zahlencode, der für den Zugang benötigt wird, nach erfolgreicher Eingabe von Nutzername und Passwort auf sein Smartphone erhält und diesen dann zur Anmeldung hinzufügen muss.

Darüber hinaus sind noch weitere Sicherheitsmechanismen denkbar. Zusätzliche Sicherheit versprechen etwa regel- oder verhaltensbasierte Zugangskontrollsysteme. Hierzu wird etwa überprüft, woher und zu welcher Uhrzeit ein Zugriff erfolgt. Wenn also ein Nutzer sich typischerweise vormittags zwischen 7 und 9 Uhr immer aus demselben Ort (seinem vermuteten Homeoffice) einwählt und plötzlich mit der gleichen Nutzername/Passwort-Kombination ein Zugriffsversuch um 3 Uhr morgens erfolgt, der aus Hongkong kommt, sperrt das System das wegen fehlender Plausibilität. Klingt hilfreich, aber nur die wenigsten Unternehmen haben mehr als das absolute Mindestmaß an Zugangsschutz und werden damit zum attraktiven Ziel für Angreifer.

Denn selbst wenn alles richtig installiert und konfiguriert ist, bieten Remote-Access-Zugänge Angriffspunkte für Cyberkriminelle. Wie schon gesagt: Absolute Sicherheit gibt es nirgendwo. Es kommt nicht selten vor, dass Angreifer gezielt versuchen, RDP (Remote Desktop Protocol) und VPN-Einwahldaten auszuspähen, oder mit sogenannten Brute-Force-Attacken versuchen, diese durch automatisches Ausprobieren vieler Tausend Kombinationen herauszufinden, um in das Unternehmen einzudringen. Der Nutzername ist dabei einfach zu ermitteln, wenn man das Namensschema des Unternehmens einmal kennt, den Rest macht der Angreifer per Software. Brute Force heißt dabei, dass automatisch alle denkbaren Kombinationen ausprobiert werden, beginnend mit den plausibelsten, denn auch die Hacker kennen die Listen mit den meistbenutzten Passwörtern.

Zaungäste via Zoom-Bombing

Der Aufstieg von Videokonferenzsystemen und Webinaren wird seit Jahrzehnten prognostiziert. Trotz aller technologischen Weiterentwicklungen und Marketinganstrengungen der Anbieter waren Videokonferenzen dennoch zweite Wahl gegenüber einer persönlichen Begegnung. Auch dies hat sich mit der Corona-Pandemie geändert. Schlagartig waren Webinare und Videokonferenzen vielfach die einzige Möglichkeit einer »Kommunikation auf Sicht« mit Lieferanten, Kunden und Geschäftspartnern. Mit diesem Boom erlebten auch diverse Softwareanbieter einen Schub – allen voran Zoom, das vielfach wegen tatsächlicher wie vermeintlicher Sicherheitslücken in die Schlagzeilen geriet. Man muss zur Ehrenrettung des Unternehmens aber festhalten, dass Zoom immer sehr schnell auf Kritik reagiert hat und laufend Updates für mehr Sicherheit bereitstellt.

Ein ärgerliches und potenziell sicherheitsrelevantes Problem ist das Zoom-Bombing. Damit ist gemeint, dass ungebetene Zuschauer eine Konferenz besuchen und stören, indem sie Musik oder Töne einspielen, in manchen Fällen starten sie sogar Bildübertragungen mit unerwünschten Inhalten. Je nachdem, was Sie in einer virtuellen Konferenz besprechen, können ungebetene Gäste durchaus Firmeninterna oder andere sensible Informationen mitbekommen.

Grundsätzlich sind Videokonferenzsysteme darauf angelegt, dass sich jeder zu Wort melden kann. Weitreichende Einstellungsmöglichkeiten, die im Fall von Zoom immer wieder angepasst und weiterentwickelt worden sind, sollen solche Übergriffe verhindern. Bei anderen Videosystemanbietern wurden ähnliche Verbesserungen vorgenommen. Zoom ist jedoch der unbestrittene Marktführer für Videokonferenzsysteme und hat eine ähnlich starke Machtstellung wie Microsoft bei den Betriebssystemen und ist damit in gleicher Weise bevorzugtes Ziel von Attacken wie auch Gegenstand der Medienberichterstattung.

Ausgerechnet bei einer wichtigen Online-Anhörung via Zoom in einem Gerichtsverfahren in den USA im August 2020 zum sogenannten Twitter-Hack, bei dem unter anderem ein 17-Jähriger zu den Beschuldigten gehörte, gab es diverse Störungen – vom Einspielen lauter Musik bis hin zur zeitweisen Übertragung eines Pornovideos. Ganz offensichtlich musste der Richter selbst die technische Leitung der Konferenz übernehmen und war damit überfordert. Diese Schlussfolgerung zieht zumindest der Branchenblog KrebsOnSecurity.[55] Auch wenn man in diesem Fall nichts über die Störenfriede weiß, so darf man doch davon ausgehen, dass es Sympathisanten der Beschuldigten waren.

Ein Beispiel aus Europa sei noch ergänzt. Im November 2020 war es einem niederländischen Journalisten gelungen, sich in die Videokonferenz der EU-Verteidigungsminister einzuwählen. Er hatte in einem Twitter-Posting der niederländischen Verteidigungsministerin einen Teil der Zugangskennung erkennen und den Rest der Zugangsdaten erraten können. Die Konferenz wurde abgebrochen. In diesem Fall ist nicht bekannt, welche Kommunikationsplattform verwendet wurde, es sollte jedoch zu denken geben, dass diese so einfach aus dem öffentlichen Internet erreichbar war.

Diese und ähnliche Fälle wirken auf Außenstehende unterhaltsam, doch sie lenken den Blick weg von den eigentlichen Sicherheitsproblemen von Zoom und anderen Videokonferenzplattformen: Fast immer lassen sich die Zugangskontrollsysteme austricksen, die bloße Kenntnis eines Zugangslinks oder der Zugangskennung reicht zumeist aus, um an einer Konferenz teilzunehmen. Bei größeren Events ist es damit fast immer möglich, mit einem erfundenen Namen teilzunehmen und einfach zuzuhören. Industriespionage aus dem Homeoffice, wenn Sie so wollen. Dann nutzt übrigens auch die oft geforderte End-to-End-Verschlüsselung nichts, da der unerwünschte Gast Teil des Systems wird.

Die Empfehlung hier kann nur lauten: Nutzen Sie alle Möglichkeiten zur sicheren Konfiguration aktiv, auch wenn es etwas aufwendiger ist, präzise Zugangsregeln zu definieren und Teilnehmerlisten einzupflegen, als einfach einen Konferenzlink herumzuschicken. Ähnliches gilt auch auf der Teilnehmerseite, dort entfällt dann der einfache Zugangsweg per Link und der Nutzer muss zusätzliche Daten eingeben. Der entstehende Komfortverlust ist lästig, aber mit Blick auf die Sicherheit unvermeidbar.

Was Sie beachten sollten

Der goldene Mittelweg macht den Mehraufwand für sicherere Videokonferenzen erträglich: Sichern Sie bei wichtigen Besprechungen alles bestmöglich ab und bauen Sie dafür bei unwichtigen oder ohnehin öffentlichen Übertragungen keine unnötigen Hürden für die Teilnehmer auf. Achten Sie bereits bei der Auswahl Ihrer Videokonferenzplattform auf Datensicherheit und Datenschutz. Neben den großen internationalen Plattformen wie beispielsweise Zoom, Webex oder Teams existieren Anbieter wie Edudip oder BigBlueButton, die von Haus aus im europäischen Rechtsraum angesiedelt sind und mehr Datenschutz versprechen. Bei der Nutzung von internationalen Angeboten sollten Sie unbedingt die Konfigurationsoptionen entsprechend nutzen, um Ihren Systembetrieb in Europa sicherzustellen. Dies ist bei Zoom etwa eine Sache weniger Konfigurationsschritte.

Dauerbrenner Cloud-Computing

Cloud-Computing ist weltweit eines der Topthemen in der IT. Laut Prognosen sollen weltweit 2020 bereits rund 371 Milliarden US-Dollar in Cloud-Dienste investiert worden sein. Eine weitere Steigerung auf gut 830 Milliarden US-Dollar wird bis 2025 erwartet.[56] Insbesondere deutsche Unternehmenskunden sahen Cloud-Computing lange eher skeptisch. Die Akzeptanz kam in vielen Fällen durch die Hintertür, typischerweise auf dem Umweg über die Privatanwender, in die Unternehmen. Ob iCloud oder Google Cloud: Wer jemals sein Smartphone verloren oder durch einen Defekt unbenutzbar wähnte, weiß, wie komfortabel und sicher ein automatisches Cloud-Backup ist und wie hilfreich die Ortungsfunktionen der Dienstanbieter sind. Dieses im Privatleben erlernte Verhalten führte – vielfach auch gegen den erklärten Widerstand von IT-Abteilung und Chefetage – zu einem schleichenden Einzug von Cloud-Diensten in die Unternehmen.

Warum auf die Bereitstellungen von Diensten warten, wenn Sie aus der Cloud sofort etwas haben können, das mit dem Begriff Software as a Service (SaaS) bis vor einigen Jahren gut beschrieben war. Nun heißt alles irgendwie »Cloud«, aber die Idee ist dieselbe: Sie beziehen Dienste als Lösung aus dem Netz und können dafür – so das Versprechen der Anbieter – immer mit der neuesten Version arbeiten. Dass Ihre Daten dabei auf den Computern eines Dritten gespeichert sind und bleiben, muss Ihnen dabei aber stets bewusst sein.

> **Private Cloud** meint eine Cloud aus Rechnern in eigenen Rechenzentren von Unternehmen. So etwas haben große Firmen und Konzerne. **Public Cloud** umschreibt die Nutzung von Serviceangeboten Dritter, die sich »irgendwo im Internet« befinden.

»So etwas wie ›die Cloud‹ gibt es nicht. Es ist der Computer von jemand anderem.« Mit diesem Text ist ein viel zitiertes Internet-Meme versehen.[57] Es bringt ein grundlegendes Dilemma in Sachen Cybersicherheit auf den Punkt: Nur weil etwas in »der Cloud« ist, ist es noch lange nicht sicher. Argumente für wie gegen den Cloud-Einsatz gibt es reichlich, das wäre durchaus ein eigenes Buch. Hier nur die wichtigsten Aspekte: Für die meisten mittelständischen Anwenderunternehmen dürfte in jedem Fall die Betriebssicherheit und Verfügbarkeit besser sein als das, was man mit seiner eigenen kleinen Mannschaft auf die Beine stellen kann, insbesondere wenn es um gängige Anwendungen wie E-Mail, Messaging oder Customer-Relationship-Management geht. Für viele Kleinstunternehmen ist »die Cloud« zudem die Chance, bei den Produktivitätswerkzeugen mit den großen Unternehmen mithalten zu können. Eine eigene Videokonferenzplattform kann sich mit allen notwendigen finanziellen wie personellen Aufwendungen vielleicht ein Großunternehmen leisten, für den Mittelstand bleibt de facto nur eine Cloudlösung als sinnvolle Option.

Wichtig: Wann immer Sie sich für ein Cloudangebot entscheiden, achten Sie – mit Blick auf den Datenschutz – auf einen Betrieb in einem europäischen Rechenzentrum und darauf, dass der Anbieter DSGVO-konform agiert. Ziehen Sie dazu stets Ihren Datenschutzbeauftragten mit hinzu.

Löcher in den Datenwolken

Mit dem Trend zum Cloud-Computing kommen neue Sicherheitsprobleme, zum Beispiel Unternehmensdaten, die von nicht oder nur schlecht gesicherten Cloud-Systemen gestohlen werden können. Das Cybersicherheitsunternehmen Digital Shadows lieferte in einer 2019 unter dem vielsagenden Titel »Too much information« veröffentlichten Studie einige erschreckende Zahlen. Bei Untersuchungen hatten die Sicherheitsforscher 2,3 Milliarden Dateien gefunden, die auf unzureichend gesicherten Cloud-Systemen öffentlich zugänglich waren – im Vergleich zum Vorjahr eine Zunahme um 750 Millionen. Die Studie weist auch darauf hin, dass derart unzureichend gesicherte Dokumente natürlich Ziel von Cyberkriminellen werden und bereits rund 17 Millionen dieser Files von Ransomware verschlüsselt worden waren.[58]

Ein gutes Stück Motivation, das Thema Datensicherheit in der Cloud engagiert anzugehen, liefert die europäische Datenschutzgrundverordnung (DSGVO). Diese sieht nicht nur Meldepflichten für Verluste von Dateien mit personenbezogenen Daten vor, sondern stellt auch empfindliche Strafen für derartige Versäumnisse in den Raum.

Überforderung der Anwender

Experten gehen davon aus, dass ein erheblicher Teil aller Cybervorfälle in Verbindung mit der Cloud-Nutzung in Unternehmen auf Konfigurationsfehler zurückzuführen ist. 7 Prozent aller Cloud-Instanzen sind demnach völlig ungesichert im Netz. 35 Prozent nutzen nicht die eigentlich standardmäßig vorhandene Verschlüsselung.[59] Das Analystenunternehmen Gartner sieht bis 2022 sogar 95 Prozent der Probleme mit der Cloud in der Verantwortung von Unternehmen.[60]

Es könnte aber auch einfach daran liegen, dass es eine erhebliche Diskrepanz zwischen den Versprechungen der Cloud-Anbieter in Sachen Einfachheit und Bedienbarkeit ihrer Cloud-Lösungen und den Anwenderkenntnissen gibt. Die Ursache für Bedienfehler oder Fehlkonfigurationen, die in der Folge zu Problemen führen, ist womöglich in der Komplexität der Systeme zu suchen statt bei den Anwendern.

Ein Beispiel: Das Trainingsprogramm für Amazons Cloud-Angebot namens Amazon Web Services (AWS) empfiehlt für einen Anfänger 233 Onlinekurseinheiten (Stand Juli 2020). Zwar sind viele davon nur 20 bis 30 Minuten lang, doch selbst wenn man durchschnittlich von 30 Minuten pro Einheit ausginge, wären das 116 Stunden, die nicht nur angesehen, sondern auch verstanden und angewendet werden wollen. Womöglich werden AWS-kundige Nutzer einwenden, man brauche nur einen Bruchteil davon – dem Anfänger erschließt sich aber nicht, welchen. Die Alternative, eine von vielen Zertifizierungen zu erwerben, ist zeitlich nicht weniger aufwendig. Hohe Komplexität ist damit garantiert.

Dies gilt umso mehr, wenn mehr als ein Cloud-Computing-Anbieter genutzt wird. In Expertenkreisen spricht man von Multicloud. Die steigende Komplexität durch Multicloud-Nutzung führt zwangsläufig zu höheren Risiken. Eine triviale, aber dennoch wichtige Erkenntnis für die Bewertung Ihrer Sicherheitslage.

Doch an dieser Front gibt es erfreulicherweise auch mal gute Nachrichten. Zumindest in einigen Fällen haben die Anbieter erkannt, dass die Abwälzung der Verantwortung auf den Kunden potenziell geschäftsschädigend ist. Die 2018 bei AWS eingeführte Funktion »Block Public Access«[61] vereinfacht zum Beispiel die Absicherung gegen unbefugten Zugriff. Die Wirksamkeit dieser Maßnahme ist unbestritten und in der Digital-Shadows-Studie dokumentiert: Gegenüber dem Vorjahr sei nach Einführung dieses Features die Anzahl der versehentlich exponierten Dokumente in den »S3 buckets« genannten Cloud-Elementen massiv zurückgegangen – von 17 Millionen auf nur rund 2 000.[62]

AWS wird hier nur beispielhaft verwendet. Ähnliche Sicherheitsmechanismen haben natürlich auch andere Cloudanbieter im Programm.

Das Problem der unbeabsichtigten Veröffentlichung von Dokumenten ist also durchaus lösbar. Technische Maßnahmen sind dabei ebenso nötig wie entsprechend ausgebildete Mitarbeiter. Aufmerksamkeit ist dabei wichtig. Sie sollten Ihre Mitarbeiter unbedingt für die besonderen Gefahren der Cloud-Nutzung sensibilisieren und ihnen Zeit geben, um sich mit den Besonderheiten der verwendeten Cloud-Lösung vertraut zu machen, um sie sicher benutzen zu können. Dies gilt aber bei allen Fragen der Cybersicherheit, nicht nur in Sachen Cloud-Computing.

Cloudbasierter Service mit Nebenwirkungen

Ohne Internetbrowser kommt heutzutage wohl kein Unternehmen aus, und in Zeiten der Globalisierung müssen viele Menschen englischsprachige Texte verfassen. Vielleicht kennen Sie Grammarly. Diese Software gibt es als Plugin für Webbrowser (auch Browsererweiterung oder Browser-Extension genannt), als eigenständige Anwendung sowie als Erweiterung für Microsoft Office. Das 2009 in der Ukraine gegründete Unternehmen hat sich auf die automatische Erkennung von Rechtschreib- und Grammatikfehlern im Englischen fokussiert. Nach eigenen Bekundungen arbeitet es mit künstlicher Intelligenz und »Natural Language Processing« daran, Fehler nicht nur zu erkennen, sondern auch Verbesserungsvorschläge zu liefern.

Grammarly ist wie ein Großteil der neu entstehenden IT-Dienste ein cloudbasierter Service, also ein System, bei dem wesentliche Teile der Funktionalität aus der Cloud kommen. Der Vorteil für den Nutzer: Die Software ist ohne weiteres Zutun stets aktuell, lästige Updates entfallen. Im Idealfall wird die Lösung im laufenden Betrieb immer besser. Das bedeutet aber auch: Dinge, die der Nutzer im Browser eingibt, um beispielsweise ein LinkedIn-Posting zu erstellen, werden an die Server von Grammarly, die nach Unternehmensangaben Teil der Amazon Cloud in den Vereinigten Staaten sind, übermittelt, dort verarbeitet und das Ergebnis wird wieder zurückgeliefert. Die Frage, die sich bei diesem wie anderen Diensten stellt, ist: Ist dieser Anbieter vertrauenswürdig?

Der Google-Sicherheitsingenieur Tavis Ormandy entdeckte 2018 eine Sicherheitslücke im Grammarly: Vermutlich durch einen Programmierfehler konnten Daten an Dritte abfließen, wenn die Grammarly-Browsererweiterung installiert war. Konkret konnten andere vom Nutzer aufgerufene Webseiten die Session kapern und alle eingetippten Inhalte stehlen.[63] Es ist unklar, wie lange diese Sicherheitslücke bereits bestand und ob sie von Hackern ausgenutzt wurde. Bei weltweit rund 20 Millionen Nutzern – insbesondere in Unternehmen – dennoch kein unerhebliches Risiko.[64]

Browsererweiterungen wie Grammarly können in Sachen Cybersicherheit problematisch sein. Die Sicherheitsfirma Kaspersky widmet diesem Thema sogar einen ausführlichen Blogartikel[65] und führt darin aus, dass unter der Vielzahl der Angebotenen auch von Hause aus bösartige sind und selbst eine einmal installierte für gut und grundlegend sicher befundene Erweiterung im Laufe der Zeit wortwörtlich »unter die Räuber fallen« kann, etwa wenn bei einem Update dem Nutzer plötzlich schädliche Funktionen untergeschoben werden. Auch eine Vielzahl von anderen Programmen wird nur noch oder präferiert als Abo-Modell angeboten. Nicht immer laufen die Funktionen dabei direkt in der Cloud, dennoch sind vielfach Standard-Speicherorte die Cloud-Systeme der Anbieter. Kurz gesagt: An Cloud-Lösungen kommt kaum noch ein Unternehmen vorbei.

Was Sie beachten sollten

Denken Sie daran: Mit jedem installierten Cloud-Dienst erhöhen Sie die Angriffsoberfläche und damit Ihr Risiko. Prüfen Sie daher, welche Dienste Sie im Unternehmen wirklich brauchen, und erlassen Sie im Unternehmen Sicherheitsrichtlinien, welche die Installation und den Gebrauch auf das Notwendige beschränken. Wählen Sie die Cloud-Anbieter mit Bedacht aus und geben Sie Ihren Mitarbeitern Zeit für sichere Konfiguration und Inbetriebnahme.

Industrieanlagen und Logistik – lohnende Ziele

Spätestens seit unter dem Schlagwort Industrie 4.0 die Vernetzung von Maschinen und Anlagen über einzelne Standorte und Unternehmen hinweg nicht nur diskutiert, sondern geradezu gefordert wird, ist es an der Zeit, über die Sicherheit von Industrieanlagen und Logistiksystemen nachzudenken.

Ein Beispiel aus dem Jahresbericht des Bundesamts für Sicherheit in der Informationstechnik 2014 ist interessant, weil es alles hat, was eine komplexe Cybersicherheitsattacke ausmacht, und der angerichtete Schaden enorm war: »Bei dem gezielten Angriff auf ein Stahlwerk in Deutschland erlangten Angreifer zunächst Zugriff auf das Büronetz des Stahlwerks. Eingesetzt wurde sogenanntes Spear-Phishing – eine gezielte, auf einen einzelnen Nutzer individuell zugeschnittene Form von Phishing und ausgefeiltem Social Engineering.«[66] Von dort aus – so der Bericht weiter – arbeiteten die Angreifer (das BSI geht von einer konzertierten Aktion mehrerer Personen aus) sich sukzessive bis in die Produktionsnetze vor. In Folge kam es zu Ausfällen einzelner Steuerungskomponenten oder ganzer Anlagen. Diese Störungen führten wiederum dazu, dass ein Hochofen nicht geregelt heruntergefahren werden konnte und sich in einem undefinierten Zustand befand. Die Folge waren massive Beschädigungen der Anlage. Aus dem BSI-Bericht geht nicht hervor, um welches Stahlwerk es sich handelte. Dennoch ist dieser Fall ein Musterbeispiel für die Cybersicherheitsrisiken, die auf der Fabrikebene lauern: Angreifer schaffen es erst ins IT-Netz des Unternehmens und greifen darüber auf die Netzstruktur der Maschinen und Anlagensteuerung zu.

Fehlendes Bewusstsein für drohende Gefahr

Da in der Vergangenheit industrielle Steuerungssysteme zumeist strikt getrennt waren von den betrieblichen Netzen im Büro, fehlte es vielerorts an Gefahrenbewusstsein. Für die schleichende Vernetzung von Fabrikanlagen und den Office-Netzen existiert vielfach keine übergreifende Planung, in vielen Unternehmen sprechen IT- und OT-Verantwortliche. Unter OT (Operational Technology) versteht man den technischen Betrieb der eigentlichen Fabrik. Man hätte aber gewarnt sein können, denn es hatte bereits 2010 Meldungen wie »Siemens meldet Hackerangriff auf Industrieanlagen«[67] gegeben, wonach gleich mehrere Industrieanlagen in Deutschland das Ziel von Angreifern waren.

Beinahe zeitgleich wurde mit Stuxnet eine Schadsoftware entdeckt, die es ganz gezielt auf Steuerungssysteme von Industrieanlagen abgesehen hat.

Diese wurde von unbekannten Akteuren genutzt, um Anlagen des iranischen Atomwaffenprogramms durch gezielte Fehlsteuerungen zu beschädigen und im besten Fall zu zerstören. Es wurde vielfach gemutmaßt, dass aufgrund der hohen Komplexität nur ein staatlicher Akteur hinter den Angriffen stecken könne.

Stuxnet

»Stuxnet ist ein Computerwurm, der im Juni 2010 entdeckt (...) wurde. Das Schadprogramm wurde speziell entwickelt zum Angriff auf ein System zur Überwachung und Steuerung (SCADA-System) des Herstellers Siemens – die Simatic S7.«[68]

Stuxnet war der Weckruf, die Sicherheit von Industrieanlagen endlich ernst zu nehmen.

Seither kam es wiederholt zu Angriffen auf industrielle Anlagen, auch zivile Anlagen wurden sabotiert oder ausgespäht. Im Zuge der Ransomware-Welle 2017 durch WannaCry (siehe Kapitel 1) musste beispielsweise der Automobilhersteller Honda seine Produktion vorübergehend stilllegen.[69] Nur drei Jahre später war das Unternehmen erneut von einer Ransomware-Attacke betroffen, bei der verschiedene Werke außerhalb Japans temporäre Ausfälle erlitten.[70] Inzwischen entwickelt sich erfreulicherweise ein Bewusstsein für die Bedeutung der Sicherung von Industrieanlagen und Anbieter aus Automatisierungstechnik wie Cybersicherheit bieten zunehmend Lösungen, die eine sichere Abgrenzung der einzelnen Netzsegmente von IT und OT und eine Sicherung von notwendigen Fernwartungszugängen versprechen.

Eintritt über die Gebäudeautomation

Haben Sie schon mal über Ihre Gebäudesteuerung nachgedacht? Solange alles funktioniert, also sich Türen automatisch öffnen, wie sie sollen, die Räume angenehm klimatisiert sind und die Fahrstühle auf der gewünschten Etage halten, ist alles in bester Ordnung. Würde die Gebäudeautomation nicht mehr richtig funktionieren, würde Ihnen das schmerzlich auffallen. Aber hätten Sie gedacht, dass sich Cyberkriminelle auch auf diesem Weg Zugang zu Ihrem Unternehmen verschaffen könnten?

> Zur **Gebäudeautomation** zählen Maßnahmen, Prozesse, Software und Dienstleistungen, die für die Vernetzung der technischen Gebäudeausstattung eingesetzt werden, zum Beispiel Beschattungsanlagen, Zugangskontrollen und Notfallsteuerungen. Es fängt bei einem simplen Zugangskontrollsystem an: Statt mechanischen Schließsystemen gibt es heute vielfach elektronische Steuerungen samt Chipkarten, Funksteuerung oder biometrischer Identifikation, zum Beispiel per Fingerabdruck. In Summe liegt der Betrieb im Regelfall in der Verantwortung des Facility-Managements.

In vielen Unternehmen gibt es Abhängigkeiten zwischen Gebäudeautomation und Produktion. Manchmal ist die Gebäudesteuerung ein wichtiger Bestandteil der Produktion selbst, zum Beispiel bei Kühlhäusern, aber auch in Konzerthallen oder Sportstadien. Für Hacker, die es auf Sabotage abgesehen haben, sind das gute Nachrichten: Funktioniert beispielsweise eine Brandschutzanlage nicht korrekt, darf üblicherweise das Gebäude nicht betrieben werden.

Bisher gab es wenige Berichte von Hackerangriffen auf Unternehmensgebäude. Die bekannten Vorfälle betreffen überwiegend Steuerungen im Smart Home, also Privathaushalte. Zumeist treiben die Angreifer hier Unfug, etwa indem sie aus der Ferne das Licht oder die Musikanlage ein- und ausschalten, gerne zu nachtschlafender Zeit, aber auch Angriffe auf smarte Türschlösser sind dokumentiert.

An ausnutzbaren Sicherheitslücken fehlt es aber offenbar auch bei Bürogebäuden nicht. Bereits 2013 haben Sicherheitsforscher von IBM ein Gebäude von Google erfolgreich gehackt und das Building-Management-System übernommen.[71] Damit konnten sie nicht nur das Licht und die Klimatisierung nach Gutdünken regeln, sondern auch die Mitarbeiter aussperren. Je nach Aufbau des Systems ist unter Umständen darüber auch ein Zugriff auf das Unternehmensnetz möglich. Fachleute sprechen hier von einem »Lateral Movement« – der Angreifer bewegt sich »seitwärts« innerhalb der Infrastruktur und es besteht das Risiko, dass er diese vollständig mit allen denkbaren Folgen, bis hin zu Sabotage oder Ransomwareerpressung, übernehmen kann. Ein Jahr später berichtete der Sicherheitsberater Jesus Molina auf der US-Cybersicherheitskonferenz Black Hat, dass er während seines Aufenthalts im Hotel St. Regis in der chinesischen Stadt Shenzhen die volle Kontrolle über Beleuchtung, Temperatur und das Unterhaltungssystem von 200 Zimmern erlangt habe.[72] Bei einem erfolgreichen Cyberangriff auf die US-Handelskette Target, bei dem 40 Millionen Datensätze Kunden-Kreditkartendaten gestohlen wurden, wurde als Einfallstor eine über das Internet erreichbare Haustechniksteuerung identifiziert.[73]

Der bis dato kurioseste Fall eines Angriffs, bei dem Haustechnik eine Rolle spielte, ereignete sich 2018 in einem Spielcasino in den USA. Den Angreifern gelang es, die Aquariumsteuerung zu übernehmen und darüber auf die Datenbank der sogenannten High Roller, also Casinogäste, die viel und mit hohen Einsätzen spielen, zuzugreifen. Rund 10 Gigabyte an Daten wurden von den Angreifern exfiltriert und auf einen Server in Finnland transferiert.[74] Hintermänner sind nicht bekannt, es kamen weder Casinobesucher noch Fische direkt zu Schaden. Der Schaden durch den Datenverlust lässt sich jedoch nicht beziffern. Denkbar ist, dass die Kundenliste gezielt Anreize für Profieinbrecher liefern kann. Denn wer bereit ist, viel Geld im Spielcasino zu lassen, ist vermutlich auch sonst finanziell gut ausgestattet.

Auch die Sport- und Freizeitbranche ist nicht vor Cybersicherheitsproblemen im IoT gefeit. Das National Cyber Security Center (NCSC) der britischen Regierung warnte im Sommer vor Hackerangriffen auf Sportstätten und Fußballclubs. In der Auflistung der Vorfälle fällt neben den »üblichen« Vorkommnissen wie gehackte E-Mail-Postfächer, Ransomware und simpler Betrug vor allen Dingen ein Vorfall auf: Bei einem Spiel der britischen Premier League – vergleichbar mit der Bundesliga – gab es beinahe einen Spielabbruch. Hacker hatten die Drehtüren des Stadions, die sonst einen automatisierten Zugang erlauben, blockiert. Ob da auch Ransomware im Spiel war, ist nicht bekannt, aber dieser Vorfall sollte Grund genug sein, Sicherheit überall ernst zu nehmen, auch wenn man sich in Sport und Freizeit weit weg von aktuellen Cyberbedrohungen wähnt.[75]

Jedes Glied der Kette

Im Zuge der Digitalisierung ist die Logistik, vom Lagerhaus bis zum Fuhrpark, immer häufiger das Ziel von Cyberangriffen. Dies betrifft betriebseigene Logistik ebenso wie Logistikdienstleister.

Ein Trend zum Ausspähen von Logistikanbietern ist schon jetzt weltweit zu beobachten. So konnte die Forschungsabteilung des Sicherheitsanbieters Palo Alto Networks 2018 eine ganze Serie von Angriffen auf die Logistikbranche identifizieren.[76] Der Studie nach zuerst betroffen war ein Unternehmen mit Sitz in Kuwait. In diesem Fall ging es »nur« um das Ausspähen von Daten. Von Ausfällen infolge der Attacke ist nichts bekannt. Von der verheerenden Ransomware-Attacke auf den Containerlogistiker Maersk war bereits die Rede. Ein ähnliches Schicksal erlitten auch andere aus der Branche, darunter der weltweit tätige Paketlogistiker FedEx beziehungsweise dessen Tochtergesellschaft TNT Express.

Dort waren selbst einen Monat nach dem Vorfall noch Störungen zu beklagen: Auf »Unterbrechungen bei der Abholung, Lieferung und beim Zugriff auf das System zur Sendungsverfolgung« wurde dort hingewiesen.[77]

Selbst die Vorbereitung von Diebstählen kommt heute kaum noch ohne Cybercrime-Bezug aus. Wer weiß, unter welcher Tracking-Nummer eine bestimmte Sendung unterwegs ist, kann versuchen, diese umzuleiten. Hier kommt, neben etwas Technik, oftmals Social Engineering ins Spiel. Denn um eine Ablage an einem bestimmten Ort oder eine Ersatzzustellung bei Dritten zu veranlassen – beides beliebt für organisierten Diebstahl –, brauchen die Täter weitere Informationen, die im Grunde nur der Versender und/oder Empfänger kennen.

Aber längst nicht alle Angreifer haben es auf die transportierte oder umgeschlagene Ware abgesehen. Vor wenigen Jahren machte unter dem schönen Namen »Zombie Zero« eine Angriffsserie Schlagzeilen, bei der über manipulierte Software auf den in der Logistik weitverbreiteten Handscannern eines bestimmten Herstellers Daten aus dem internen Netzwerk der Zielunternehmen abflossen. Das Spannende daran: Die Software war offenbar bereits vorinstalliert auf einigen Geräten – Spionage ab Werk, wenn man so will.[78]

Die Firma, die es entdeckt hat – der Cybersicherheitsanbieter TrapX –, schreibt dazu in ihrem Blog:

> »Zombie Zero ist ein mutmaßlicher gezielter nationalstaatlich gesponserter Zero-Day-Angriff auf Logistik- und Schifffahrtsindustrien. (...) Von der chinesischen Fabrik, die für den Verkauf einer proprietären Hardware-/Software-Scanner-Anwendung verantwortlich ist, die in vielen Versand- und Logistikunternehmen auf der ganzen Welt eingesetzt wird, wurde Malware in Kundenumgebungen geliefert. Dasselbe Hardware-Produkt mit einer Variante dieser Malware wurde verkauft und an ein Produktionsunternehmen sowie an sieben weitere identifizierte Kunden geliefert. Die Malware war in eine Version von Windows XP eingebettet, die auf der Hardware am Standort des Herstellers in China installiert worden war. Die Malware befand sich auch weiterhin in der in Windows XP eingebetteten Version, die sich auf der in China gehosteten Support-Website des chinesischen Herstellers befand.«[79]

Man spricht von **Supply-Chain-Angriffen**, wenn die Cyberattacke irgendwo in der Lieferkette eines Unternehmens auftritt, indem zum Beispiel Update-Mechanismen missbraucht werden und auf diesem Weg die Cybersicherheit des Unternehmens und möglicherweise auch die seiner Kunden und Geschäftspartner in Mitleidenschaft gezogen wird.

Was läge näher, als systematisch die Lieferbeziehungen von Branchen, die Elektronikkomponenten einsetzen, zu unterwandern? Supply-Chain-Attacken sind bisher selten. Es steht jedoch zu erwarten, dass sie in Zukunft zunehmen.

Volle Fahrt voraus

Schiffe spielen zweifelsohne eine zentrale Rolle im weltweiten Warenverkehr und so verwundert es nicht, dass sie beliebte Angriffsziele sind, nicht nur von Piraten, die Handelsschiffe auf hoher See kapern, sondern mittlerweile auch von Hackern und Cyberkriminellen.

So hat ein Forschungsteam der University of Texas mittels eines selbst gebauten GPS-Störgeräts geschafft, eine Jacht vom Kurs abzubringen. Das nennt sich im Fachjargon GPS-Spoofing und meint eine Technik, bei der falsche GPS-Signale versendet werden, um Kontrolle über die GPS-Koordinaten zu erhalten, die auf dem Schiffsempfänger ankommen. Ziel war es, herauszufinden, ob und wie gut die Sensorik des Schiffs oder die Mannschaft die Manipulation erkennt.[80] Der Versuch war ein voller Erfolg oder ein totales Desaster – je nach Perspektive. Er zeigte eindrucksvoll, wie anfällig die moderne Schifffahrt selbst für eher simple Manipulationen ist.

Die britische, altehrwürdige Institution of Engineering and Technology hat mit Unterstützung des britischen Transport- und des Verteidigungsministeriums zum Themenkomplex Cybersecurity für Schiffe bereits 2017 Verhaltensregeln herausgegeben.[81] Dieses Papier sieht eine Vielzahl von Bedrohungen im Kontext von Cybersicherheit von simplem Vandalismus der IT-Infrastruktur der Reedereien über Unterbrechungen des Schiffsbetriebs durch Aktivisten bis hin zu Cyberspionage und dem Diebstahl von Fracht oder dem Schmuggel von Gütern und Menschen. Selbst die Möglichkeit von Terroristenattacken über manipulierte Schiffe wird diskutiert.

Was Sie beachten sollten

Egal ob Sie Fabriken, Lagerhäuser, Lkw-Flotten oder Schiffe betreiben: Mehr Digitalisierung bedeutet mehr Cyberrisiken auch und gerade da, wo man sie nicht vermutet.

Werden Sie sich der Abhängigkeit Ihres Betriebs von der Verfügbarkeit Ihrer Informationstechnologie und Netzwerkverbindungen bewusst. Schauen Sie deshalb genau hin, wenn Sie neue Technologien implementieren, und achten Sie von Anfang an auf ein durchgängiges Sicherheitskonzept.

Für Betreiber von Infrastrukturen und Fabrikanlagen gilt: Sorgen Sie zunächst für eine Trennung von IT und OT und definieren Sie dann die notwendigen Schnittstellen zwischen den Systemen und die Verantwortung für deren Implementierung und Betreuung.

Fahrzeugsicherheit – mit einer neuen Dimension

Eine grundsätzlich sicherheitsbewusste Herangehensweise hatten in der Vergangenheit Entwickler von Softwarekomponenten für Kraftfahrzeuge und Flugzeuge gewählt oder besser gesagt wählen müssen. Nachdem es auf der Hand liegt, dass substanzielle Fehler hier zu einer Gefahr für Leib und Leben werden können, hat man sich frühzeitig – auch mit regulatorischem Druck – auf hohe Standards für die Softwarequalität und das Testen verständigt und ist damit im wörtlichen wie im übertragenen Sinn gut gefahren. Zumindest bis vor Kurzem.

Automobil als Softwareprodukt

Durch Tesla wurde das Automobil zu einem Softwareprodukt und das sogenannte Over-the-Air-Update salonfähig. Andere Hersteller wie BMW und Volkswagen folgen diesem Paradigma und setzen gerade mit neu auf den Markt kommenden Fahrzeugen mit Elektroantrieb ebenfalls auf eine starke Softwareorientierung.

Elektroauto-Pionier Elon Musk sprach auf einer Veranstaltung im Sommer 2017 davon, dass das größte Sicherheitsrisiko bei autonomen Fahrzeugen ein flottenweit erfolgreicher Hackerangriff sei.[82] Noch sind wir von vollautonomen Fahrzeugflotten Jahre entfernt, aber Grund zur Sorge gibt es bei Tesla bereits heute, denn Hacker im Sicherheitslabor des chinesischen Internetkonzerns Tencent hatten wiederholt die Elektrofahrzeuge attackiert und konnten über einen manipulierten WLAN-Hotspot Zugriff auf interne Systeme erlangen.[83] Auch ein Angriff, der die gesamte Flotte tangierte, war bereits gelungen. Ein Tesla-Enthusiast und Techie hatte es durch eine geschickte Nutzung verschiedener Schwächen in der Software geschafft, nur mit Kenntnis der Fahrzeugkennziffer auf Grundfunktionen zuzugreifen und etwa die automatische Ausparkfunktion aus der Ferne auszulösen. Das heißt, das Fahrzeug bewegte sich ohne Zutun des

Fahrzeugbesitzers![84] Erfreulicherweise war es in diesem Fall kein bösartiger Akteur, sondern das, was man im Fachjargon einen Friendly Hack nennt.

> Unter einem **Friendly Hack** versteht man eine Sicherheitsüberprüfung ohne Schädigungsabsicht. Bekannter ist der Begriff des White Hat Hacker für die ausführende Person.

Außer Kontrolle

Stellen Sie sich vor, Sie sind mit Ihrem selbstfahrenden Geschäftswagen auf der Autobahn unterwegs. Plötzlich erscheint auf dem Fahrzeugdisplay eine Ransomware-Nachricht, die besagt, dass Ihr Fahrzeug in wenigen Minuten an einem Brückenpfeiler zerschellt, wenn Sie nicht eine bestimmte Geldsumme per Bitcoin an eine bestimmte Adresse zahlen.

Was anmutet wie Science-Fiction, ist in der Praxis nicht weit von der Realität entfernt. Die gerade neu vorgestellte Mercedes S-Klasse unterstützt laut Ankündigung des Herstellers bereits autonomes Fahren Level 3, das heißt, der Fahrer kann auf bestimmten Straßen dauerhaft die Hände vom Lenkrad nehmen, muss aber aufmerksam bleiben, um bei Bedarf das Steuer wieder zu übernehmen. Lenkung, Bremse und Gas steuert im autonomen Betrieb der Computer.[85]

Einen ähnlichen und in einigen Punkten weiter gehenden Funktionsumfang bietet Teslas Autopilot. Auch hier können bestimmte Fahrvorgänge an den Rechner delegiert werden. Den Fahrer plötzlich von der Bedienung auszuschließen und die Kontrolle zu übernehmen, ist grundsätzlich möglich, dies haben Experimente gezeigt.[86]

Bereits 2015 war es Sicherheitsforschern gelungen, einen fahrenden Jeep Cherokee über eine Sicherheitslücke im Infotainmentsystem aus mehreren Kilometern Entfernung zu hacken und verschiedene Funktionen auszulösen von eher harmlosen Streichen wie dem Verstellen der Lautstärke am Radio, der Neujustierung der Temperatur der Klimaanlage und dem Aktivieren der Scheibenwischer bis hin zu gefährlichen Eingriffen, etwa durch Wegnahme des Schubs und dem Deaktivieren der Bremsen.[87] Zusammen mit einem in das Experiment eingeweihten Journalisten des US-Magazins *Wired* führten die Hacker vor, wie sie die Kontrolle über die Steuerung übernehmen, und steuerten das Fahrzeug in den Graben. Die gefundene Schwachstelle führte zu einem Rückruf von rund 1,4 Millionen Fahrzeugen.[88]

Dass die Angreifer während des gesamten Versuchs Aufenthaltsort, Bewegungsrichtung und -geschwindigkeit des attackierten Fahrzeugs verfolgen konnten, ist dabei nur noch eine Randnotiz. Alles, was sie dazu brauchten, war die Fahrgestellnummer des Fahrzeugs, die bei bestimmten Modellen von außen sichtbar hinter der Windschutzscheibe im Armaturenträger eingeschlagen ist.[89] Man spricht im Automobilbau tatsächlich – nach der Tradition der Handwerkskunst – noch immer von einer »eingeschlagenen« Kennnummer, auch wenn heute überall längst der Automat die Markierung vollzieht.

Macken an Bord

Flugzeuge zählen mittlerweile zum Internet der Dinge, daher könnte eine Reihe von bekannten Cybersicherheitsproblemen früher oder später auch dort auftreten. Die US-Regierung sieht schon länger Handlungsbedarf. In einem Bericht von April 2015 heißt es unmissverständlich: »Moderne Flugzeuge sind zunehmend mit dem Internet verbunden. Diese Vernetzung kann potenziell einen nicht autorisierten Fernzugriff auf Avioniksysteme von Flugzeugen ermöglichen.«[90]

In der kommerziellen Luftfahrt war es lange Zeit Standard, zwei parallele Systeme für ein und dieselbe Aufgabe zu betreiben – ein Verfahren, das man so ähnlich auch von anspruchsvoller Unternehmens-IT kennt. Trotz der grundlegend sicherheitsorientierten Auslegung häufen sich inzwischen aber softwarebedingte Probleme auch bei Flugzeugen.

Dass der hohe Anspruch an die Softwarequalität in der Luftfahrtbranche nicht immer zu den gewünschten Ergebnissen führt, lässt sich an dem Drama um die Boeing 737 Max ablesen. Nach zwei Abstürzen mit zahlreichen Toten stellte sich heraus, dass es an der Sensorik lag, die standardmäßig nicht redundant ausgelegt war. Die US-amerikanische Luftfahrtbehörde stieß in Folge auf Probleme, die ein »fundamental software redesign« – eine grundlegende Überarbeitung der Software – für den Flugzeugtyp zur Folge hatten.[91] Bei der Aufarbeitung der Softwareprobleme bei dem Flugzeughersteller kam unter anderem zutage, dass wesentliche Teile der Zertifizierung des Flugzeugs von Boeing selbst durchgeführt und dass große Teile des Softwarecodes von Billigkräften von Offshore-Softwareentwicklungsfirmen erstellt worden waren. Mithin ein Desaster nicht nur für Boeing, sondern für das Vertrauen der Passagiere in die Airline-Branche.

Das ist nicht das einzige dokumentierte Softwarerisiko in der Luftfahrt. Zuvor war es Forschern bereits gelungen, in mindestens einem Fall durch einen Angriff auf das an den Passagiersitzen installierte In-Flight-Entertainment-System Zugriff auf Steuerungssysteme eines Flugzeugs zu erlangen.[92] Dabei sollten diese eigentlich strikt voneinander getrennt sein! Ruben Santamarta, ein White-Hat-Hacker, machte sich 2018 Schwächen in der Satellitenkommunikation zunutze, um vom Boden aus Passagiere via In-Flight-Entertainment-System zu bespitzeln.[93] Wenn Sie bei Ihrer nächsten Geschäftsreise auf Nummer sicher gehen wollen, kleben Sie die Kamera des In-Flight-Entertainment-Systems einfach ab – wie Sie das vielleicht jetzt schon bei der Webcam Ihres Laptops tun.

Bereits 2015 behauptete ein Sicherheitsforscher, Flugzeuge von Boeing und Airbus während des Flugs gehackt zu haben. Vom unter dem Sitz angebrachten Steuergerät des In-Flight-Entertainment-Systems, an das er seinen Laptop per Netzwerkkabel angeschlossen hatte, soll es ihm gelungen sein, auf flugrelevante Systeme zuzugreifen, etwa Flugdaten auszulesen, aber auch Steuerbefehle einzugeben. Ob und inwieweit diese Behauptungen stichhaltig waren beziehungsweise sind, musste der Täter mit dem FBI diskutieren.[94]

Security-Check der anderen Art

An Flughäfen wird Sicherheit großgeschrieben, wie Sie sicher aus Erfahrung bei Geschäftsreisen wissen, aber wie sieht es mit Cybersicherheit aus? Laut SITA, einem IT-Anbieter für die Luftfahrt, geben Flughafenbetreiber rund 12 Prozent ihres IT-Budgets für Cybersicherheit aus. Die Schwerpunkte sind die Sensibilisierung und Schulung der Mitarbeiter (76 Prozent), die Einhaltung von Vorschriften (73 Prozent) und das Identitäts- und Zugangsmanagement (63 Prozent).[95] Zudem habe für mehr als die Hälfte der Verantwortlichen von Fluggesellschaften und Flughäfen die Stabilität der operativen Prozesse und Systeme Priorität. Das ist nachvollziehbar, da selbst kleine Störungen große Auswirkungen auf den Flugbetrieb haben können. So reichte ein Ausfall einer Hardwarekomponente am Vormittag, um an Österreichs Hauptstadtflughafen Schwechat Anfang 2020 den Flugbetrieb bis nachmittags durcheinanderzubringen, und ein schiefgegangenes Update sorgte für eine zeitweise Schließung des gesamten Hamburger Flughafens im Januar 2017.[96] Einen groß angelegten Hackerangriff auf einen Flughafen mag man sich nicht wirklich vorstellen. Dabei sind die Chancen, dass so etwas in absehbarer Zeit passiert, durchaus gegeben, wie nachfolgende Studienergebnisse zeigen.

Der Sicherheitsanbieter Immuniweb untersuchte den Stand der Dinge in puncto Cybersicherheit an den 100 größten Flughäfen der Welt und kam zu folgenden Ergebnissen:[97]

- 97 Prozent der Websites enthalten veraltete Web-Software.
- 24 Prozent der Websites enthalten bekannte und ausnutzbare Schwachstellen.
- 76 Prozent der Websites sind nicht konform mit der DSGVO.

- 24 Prozent der Websites haben keine SSL-Verschlüsselung oder verwenden veraltetes SSLv3.
- Nur 55 Prozent der Websites sind durch eine Web-Application-Firewall geschützt.
- 100 Prozent der mobilen Anwendungen enthalten mindestens fünf externe Software-Frameworks.
- 100 Prozent der mobilen Anwendungen enthalten mindestens zwei Schwachstellen.
- Pro App werden durchschnittlich 15 Sicherheits- oder Datenschutzprobleme erkannt.
- Mehr als 33 Prozent des ausgehenden Datenverkehrs der mobilen Anwendungen haben keine Verschlüsselung.
- 66 Prozent der Flughäfen sind mit internen Daten im Darkweb exponiert.
- 87 Prozent der Flughäfen haben Datenlecks in öffentlichen Speicherorten für Programmcodes – wie etwa Github (503 von 3184 Lecks sind von kritischem oder hohem Risiko).
- 3 Prozent der Flughäfen haben eine ungeschützte öffentliche Cloud mit sensiblen Daten.

Anfällige Grenzkontrollen

In Argentinien stand Ende August 2020 aufgrund einer Cyberattacke auf Computer der Grenzbehörden der Verkehr an allen Grenzübergängen des Landes für vier Stunden still.[98] Ein weiterer Beweis dafür, wie sehr unsere moderne Welt von vernetzter Technologie abhängig und damit fehleranfällig ist.

Spinnt man den Gedanken weiter, so stößt man unweigerlich auf Verfahren wie Easypass, ein automatisiertes Grenzkontrollsystem der deutschen Bundespolizei an Flughäfen. Auf der Seite des Bundesbeauftragten für den Datenschutz und die Informationsfreiheit heißt es zu diesem technischen Verfahren für die automatische Einreise:

> »(...) Die oder der Reisende legt vor einer zunächst geschlossenen Sicherheitsschleuse den Reisepass oder (maschinenlesbaren) Personalausweis auf ein Lesegerät und betritt anschließend die Schleuse. Dort erfolgt zunächst eine elektronische Kontrolle, ob tatsächlich nur eine Person eingetreten ist. Gleichzeitig wird eine biometrische Frontalaufnahme der reisenden Person gefertigt, die elektronisch mit dem biometrischen Bild aus dem Reisedokument abgeglichen wird. (...) Zeitgleich erfolgt ein Abgleich der Passdaten mit polizeilichen Fahndungsdatenbanken, wie vom Schengener Grenzkodex vorgeschrieben.«[99]

Was wäre, wenn jemand von außen Kontrolle über den Abgleich mit den Fahndungsdatenbanken bekäme? Dann könnte der Angreifer gesuchte Verbrecherkollegen problemlos durchschleusen oder unliebsamen Personen die Reise erschweren, etwa durch das Auslösen eines (Fehl-)Alarms. Diese und andere Szenarien sind vermutlich längst erdacht. Und spätestens seit der spektakulären Flucht von Jan Marsalek – einem der Drahtzieher hinter dem Wirecard-Skandal – wissen wir, dass gefälschte Einreisedaten keine Science-Fiction mehr sind.[100] Auch an der Grenze gilt daher: Augen auf bei der Sicherheit.

Was Sie beachten sollten

Wie Sie sehen: Auch in Bezug auf vernetzte und autonome Fahrzeuge ist Cybersicherheit ein wichtiges Thema. Ebenso wie bei Fragen behördlicher Cybersicherheit sind Sie als Unternehmen, Unternehmer oder Führungskraft nur indirekt betroffen. Viel machen können Sie nicht.

Opfer überall – Cyberkriminelle ohne Skrupel

Wie Sie bereits an den Beispielen der autonomen Autos und der Grenzkontrollen gesehen haben, liegen nicht alle Bereiche, in denen Cybersicherheit wichtig ist, direkt in Ihrem Einfluss. Das heißt nicht, dass Sie nicht betroffen sein können, und ebenfalls nicht, dass Sie keinerlei Einfluss darauf haben. Vielleicht sind Sie als Laie in einer kirchlichen Einrichtung engagiert, dann wird Sie auch der nachfolgende Abschnitt interessieren, falls nicht, blättern Sie ruhig weiter und lesen Sie gerne direkt bei Medizintechnik weiter.

Cyberattacken auf kirchliche Institutionen und Vereine

Es ist offenbar nichts mehr heilig. Dieser Eindruck kann entstehen, wenn man von dem möglicherweise von chinesischen staatlichen Akteuren gestarteten Cyberangriff auf Einrichtungen des Vatikans liest: Das US-Sicherheitsunternehmen Recorded Future kommt zu diesem Schluss nach der Analyse eines Sicherheitsvorfalls, in dem eine kompromittierte E-Mail eine Rolle spielt. Hier ging es augenscheinlich darum, im Vorgriff von Verhandlungen über ein Abkommen, das die Stellung der katholischen Kirche in China betrifft, mehr über die Position der Gegenseite zu erfahren.[101]

Zugegebenermaßen zeigt dieses Beispiel keine Alltagssituation für Cybersicherheit, dennoch lohnt es sich, auf Cybersicherheit in kirchlichen Einrichtungen zu achten, etwa wenn Sie sich ehrenamtlich engagieren. Ein Ziel der Cyberkriminellen ist die Kollekte. Bargeld bedeutet, dass Verbrecher in jeder einzelnen Kirche zuschlagen müssten, um Beute zu machen. Bargeldlose Opferstöcke sind aus Skandinavien aber schon länger bekannt und wurden von der katholischen Kirche ebenfalls erprobt.[102] Der elektronische Klingelbeutel wurde 2018 von einer Landeskirche der Evangelischen Kirche in Deutschland in Berlin vorgestellt.[103] Das bedeutet, dass die gesamte Kollekte einer Landeskirche oder eines Bistums potenziell bedroht ist. Ein Schadenspotenzial, das ungleich höher ist, als der Aufbruch eines einzelnen Opferstocks es je sein kann. Ganz ausgeschlossen ist das heute schon nicht.

2016 wurde die Bristol and South Gloucestershire Methodist Circuit Opfer eines Ransomware-Angriffs. Der Angreifer hatte ganz klassisch über einen präparierten E-Mail-Anhang die Schadsoftware eingeschleust, die daraufhin den Zugriff auf alle Finanzdaten sperrte.[104] Ähnliche Fälle sind auch aus anderen Ländern bekannt.[105] Da kirchliche Einrichtungen keinen Veröffentlichungsverpflichtungen unterliegen wie etwa börsennotierte Unternehmen und Kapitalgesellschaften, darf man von einer erheblichen Dunkelziffer ausgehen.

Die wesentlichen Risiken im Bereich der IT-Sicherheit in kirchlichen Einrichtungen entstehen dort, wo sich Sicherheit und Datenschutz berühren, also bei personenbezogenen Daten. Gleiches gilt bei vielen Vereinen. Dort sind Laien tätig, die oft mit privater Hardware Vereinsaktivitäten koordinieren.

Die Empfehlungen für mehr Sicherheit lauten daher:

- Sensibilisieren und informieren Sie insbesondere freiwillige Helfer in Sachen Datensicherheit und Datenschutz.
- Machen Sie Backups und etablieren Sie dafür am besten einen automatisierten Prozess.
- Updaten Sie Ihre Software regelmäßig.
- Nutzen Sie ein aktuelles Virenschutzprogramm.
- Nutzen Sie Zugangsbeschränkungen, damit nicht jeder auf alles zugreifen kann, dies gilt insbesondere bei Fernzugängen.
- Engagieren Sie jemanden, der sich damit auskennt, mit der Betreuung der Systeme.
- Falls Sie ein WLAN anbieten – egal ob in der Kirche oder im Vereinsheim –, stellen Sie sicher, dass man aus dem öffentlichen Zugang oder Gästezugang nicht auf Interna zugreifen kann.

Für größere Organisationen im Rahmen der Kirche – etwa die kirchliche Verwaltung – gelten darüber hinaus im Prinzip dieselben Anforderungen und Gefahrenpotenziale wie für Unternehmen.

Manipulierbare Medizintechnik

Vielen Unternehmen sind die Probleme bewusst, die sie in ihren bestehenden Systemen herumschleppen. Probleme, die vielfach durch veraltete Betriebssysteme und schlecht gewartete Anwendungsprogramme entstehen und in bestimmten Branchen unvermeidlich scheinen. Beispielsweise werden sowohl Maschinen und Anlagen als auch medizintechnische Systeme durch IT-Systeme, die überwiegend auf Windows basieren, gesteuert. Sie sind aber vielfach nicht ohne Weiteres über Updates auf den aktuellen Stand der Technik zu bringen. Sind diese Geräte Teil der IT-Infrastruktur eines Unternehmens, sind nicht nur diese Geräte, sondern die ganze Firma gefährdet.

Cybersicherheit in Krankenhäusern und in der Medizintechnik lässt ebenfalls zu wünschen übrig. 2019 veröffentlichte der IT-Branchendienst ZDNet ein von Sicherheitsforschern entdecktes Problem mit der Software zweier Anlagen zur Anästhesie:[106] Angreifer könnten Kommandos über das Internet schicken und wesentliche Geräteeinstellungen verändern, zum Beispiel ob und in welcher Menge ein Betäubungsmittel verabreicht wird. Die lapidare Empfehlung des Herstellers dazu lautete: »Verbinden Sie die Geräte nicht mit dem Krankenhausnetz.«[107]

Es stimmt schon: Solange keine Netzwerkverbindung besteht, droht keine Gefahr durch Hackerattacken aus der Ferne. Doch viele Prozesse im Krankenhaus setzen auf Datenübermittlung und Datenaustausch, also müssen sie ans interne Netz angeschlossen sein. Ein Röntgengerät wird man in einem Krankenhaus verständlicherweise mit dem Computer des behandelnden Arztes verbinden wollen, damit dieser ohne Umwege auf die Bilder seiner Patienten zugreifen kann. Das Problem: Dieses Tor ist dann in beide Richtungen offen.

In Krankenhäusern stehen oft Geräte mit veralteter Hardware und Software. Das Microsoft-Betriebssystem Windows XP, dessen Support längst eingestellt wurde, ist dort keine Seltenheit, vereinzelt findet man sogar noch Geräte, die mit Windows 95 oder NT arbeiten. Updates zumeist Fehlanzeige. Die Folgen sind zahlreiche Sicherheitslücken. Die *Ärztezeitung* berichtete etwa von einer US-Studie mit folgenden ernüchternden Befunden: »Er fand zahlreiche medizinische Geräte, die über unzureichend geschützte Schnittstellen von außen erreichbar und in zentralen Funktionen manipulierbar waren, wie etwa Röntgengeräte oder Infusionspumpen, deren Dosierung sich per Fernsteuerung verändern ließ. Ebenso war es beispielsweise möglich, das Kühlsystem für Blutkonserven mitsamt Alarmsystem abzuschalten.« [108]

Das eigentliche Problem: Medizinprodukte dürfen nicht einfach durch Updates, Upgrades oder zum Beispiel den Einsatz eines Virenscanners verändert werden, denn Sicherheits-Patches »zum Verhindern von Tod oder schwerwiegender Verschlechterung des Gesundheitszustands durch IT-Sicherheitslücken sind meldepflichtige korrektive Maßnahmen gemäß der MPSV«[109] (Verordnung über die Erfassung, Bewertung und Abwehr von Risiken bei Medizinprodukten), aber auch gegenüber dem Bundesministerium der Justiz und für den Verbraucherschutz, und das bedeutet in jedem Fall erheblichen Aufwand für den Hersteller. Eine einfache Lösung ist nicht in Sicht.

Ein weiteres Problem außerhalb des Krankenhauses: Moderne Insulinpumpen, Herzschrittmacher und Defibrillatoren sind vielfach aus der Ferne ansprechbar und könnten theoretisch attackiert werden. In einer Episode der US-Fernsehserie *Homeland* findet auf diese Weise ein Attentat auf den Vizepräsidenten statt. Daraufhin brach international eine Debatte in den Medien aus, ob das überhaupt plausibel sei.[110] Ein Blick in ein Forschungspapier aus dem Jahr 2008 hätte geholfen. Demnach war es Forschern der University of Washington, der University of Massachusetts Amherst und der Harvard Medical School gelungen, die drahtlose Datenübertragung zu einem implantierten Defibrillator zu analysieren und daraus verschiedene Angriffe zu entwickeln, die die Gesundheit des betroffenen Patienten massiv gefährden.[111]

2016 wurde eine Sicherheitslücke in Produkten des Unternehmens St. Jude (heute Abbott) aufgedeckt, wobei rund 450 000 Herzschrittmacher und 350 000 Defibrillatoren betroffen waren. Der Hersteller reagierte mit einem Update. Ob Patienten verstarben, ist nicht bekannt. Der Nachweis, dass es am manipulierten Herzschrittmacher lag, dürfte auch schwerlich gelingen, schon allein deswegen, weil wohl kein Arzt oder Pathologe in der Lage wäre, einen Herzschrittmacher auf Manipulationen zu prüfen.

Bislang hätten solche Attacken nur in der Nähe der Zielperson durchgeführt werden können, was durchaus einem Schutzmechanismus gleicht. Doch gängige Herzschrittmacher setzen bei der Steuerung bereits auf Smartphone-Apps, wie zum Beispiel Mycarelink Heart des Medizintechnikherstellers Medtronic. Auch dieser Anbieter hatte in der Vergangenheit Probleme mit der Sicherheit seiner Geräte, mit der Folge, dass das US Department of Homeland Security sich zu einer öffentlichen Warnung genötigt sah.[112]

Was Sie beachten sollten

Mit neuen Technologien kommen neue Bedrohungen. Als Patient im Krankenhaus oder Passagier im Flugzeug können Sie wenig Einfluss nehmen auf die Cybersicherheit der eingesetzten Technologien und müssen darauf vertrauen, dass der Anbieter schon dafür sorgen wird. In vielen anderen Bereichen – vom Homeoffice bis zum Herzschrittmacher – können Sie durch kluge Auswahl von Anbietern Ihren Sicherheitslevel deutlich erhöhen. Bei eigenen Produkten und Diensten mit IT-Bezug sollten Sie stets darauf achten, Cybersicherheit von Anfang an in Konzeption wie Umsetzung mit einzuplanen.

3 UNGLEICHGEWICHT ZWISCHEN ANGRIFF UND VERTEIDIGUNG

»Ich bin schon hier!«, rief der Igel dem erschöpften Hasen nach dem Wettlauf zu. In der vielfach überlieferten und auch in den Werken der Gebrüder Grimm dokumentierten Fabel *Der Hase und der Igel* endet die List des Igels, der seine identisch aussehende Frau am Ende des Ackers platziert hatte, tragisch für den Hasen: Meister Lampe hetzt sich buchstäblich zu Tode und scheitert fatal an seiner Überheblichkeit und seiner Unfähigkeit, die List des Igels rechtzeitig zu durchschauen. Einen ähnlichen Wettlauf gibt es bei Unternehmen und Cyberkriminellen – und Sie müssen zusehen, dass Ihre Firma nicht so endet wie der Hase. Jeden Tag aufs Neue stürzen Sie und Ihre IT-Verantwortlichen sich in einen Abwehrkampf, der im Grunde nicht zu gewinnen ist. Wenn es gut läuft, halten Sie die Angreifer heute fern, aber was ist morgen, nächste Woche, nächsten Monat?

Aus diesem Ungleichgewicht zwischen Angriff und Verteidigung, aus diesem ganz besonderen Dilemma, gibt es kein leichtes Entkommen. Die Geschichte der Cybersicherheit ist voll von trivialen Problemen und unbeabsichtigten Ergebnissen. Es tun sich immer wieder neue Sicherheitslücken auf, teils an ungeahnten Stellen. Sie kämpfen zudem nicht nur gegen einen einzelnen Feind; Ihr Unternehmen wird von vielen Seiten bedroht – und nicht gegen alle können Sie sich effektiv zur Wehr setzen. Aber über potenzielle Angriffsflächen Bescheid wissen, das sollten Sie unbedingt!

Die Verantwortung für einen Cybersicherheitsvorfall allein einem Mitarbeiter in die Schuhe zu schieben, ist leicht. Er hat schließlich ohne Nachzudenken auf den Link geklickt oder einen Anhang geöffnet oder seinen Computer entgegen aller Anweisungen der IT im Administratormodus betrieben. Er ist aus Unwissen, Naivität oder Sorglosigkeit auf einen Betrüger hereingefallen, der ihn angerufen und sich als Mitarbeiter der IT-Abteilung ausgegeben hat. Oder es war ganz sicher der ITler schuld, der den Router oder das Antivirusprogramm nicht upgedatet und einfach seinen Job nicht richtig gemacht hat! Doch bei genauerem Hinsehen ist die Sache oft nicht ganz so simpel. Denn viele Bedrohungen sind schwer zu entdecken – und es gibt nicht nur den einen Feind.

Eine Lücke reicht – das Grundproblem der Cybersicherheit

»Eine Lücke reicht.« Technisch versierte Angreifer müssen nur eine einzige ausnutzbare Lücke oder eine passende Kombination von Lücken in den Verteidigungslinien Ihres Unternehmens finden und hinreichend Energie aufbringen, um diese aktiv auszunutzen. Als Verteidiger hingegen müssen Sie eine Vielzahl von unterschiedlichen Technologien implementieren und zudem bei der Integration der Komponenten alles richtig machen. Ein einziger Fehler reicht aus, damit eine Attacke Erfolg hat – und das kann gravierende Auswirkungen haben. Zum Beispiel:

- Durch einen Konfigurationsfehler werden alle Unternehmensdaten in der Cloud versehentlich öffentlich zugänglich gemacht, statt sie in einem geschützten Verzeichnis zu speichern.
- Ein Implementierungsfehler bei einem VPN-Zugang (VPN = Virtuelles Privates Network) für Mitarbeiter, die im Homeoffice tätig sind, macht die Tür weit auf für alle, die sich gerne mal hinter der Firewall umsehen wollen.
- Oder auch ein Fehler, der schlicht im Weiterbetrieb der »falschen« Technologie besteht, für die es keine Updates mehr gibt, aber bei der eine kritische Sicherheitslücke entdeckt wird, um die sich der Lieferant nicht mehr kümmert.

Dies sind nur drei Beispiele, die allesamt stellvertretend stehen für die Vielzahl von Dingen, die schiefgehen können, sodass es zumeist nur einer kleinen List bedarf, um einen Angreifer zum Ziele kommen zu lassen.

Kennen Sie Ihre Feinde? Einige Typen und Motive

Bei Loveletter (siehe Kapitel 1) kam beinahe prototypisch zusammen, was viele Sicherheitsvorfälle ausmacht: ein relativ banales Motiv – sein Kommentar »I hate school« lässt auf Langeweile schließen –, eine ausnutzbare Sicherheitslücke und die notwendigen technischen Kenntnisse. Geld, Macht und Ego sind zweifellos ebenfalls wesentliche Motive, wenn es um Hackeraktivitäten geht. Versuche, unterschiedliche Hackertypen zu definieren, gibt es reichlich.

Eine kleine Hacker-Typologie

Mal ist von White-Hat-Hackern, mal von Black-Hat-Hackern die Rede und daneben werden weitere Typen aufgrund ihrer Methoden und Beweggründe benannt. Eine recht weitgehende Aufstellung hat Robert Siciliano von der Cybersicherheitsfirma McAfee zusammengestellt, diese sei hier in wesentlichen Auszügen wiedergegeben: [1]

> »Black-Hat-Hacker: Dies sind die schwarzen Schafe, die in der Regel einfach als ›Hacker‹ bezeichnet werden. Die Bezeichnung wird meist spezifisch für Hacker verwendet, die in Netzwerke oder Computer eindringen oder Computerviren entwickeln (...).«
> »Scriptkiddies: Dies ist ein abwertender Begriff für Black-Hat-Hacker, die aus dem Internet heruntergeladene Programme verwenden, um Netzwerke anzugreifen und Schaden auf Websites anzurichten.« Das sind die Trittbrettfahrer der Cybersicherheit mit vielfach nur mäßigen Fachkenntnissen, aber auch nur geringen Skrupel, »auf den Knopf zu drücken« und damit Schaden anzurichten.
> »White-Hat-Hacker: Das sind ›die Guten‹ – Computersicherheitsexperten, die sich auf Penetrationstests und andere Methoden zur Gewährleistung der IT-Sicherheit eines Unternehmens spezialisiert haben. (...)« und keine Gefahr für Ihr Business.
> »Grey-Hat-Hacker: Dies sind Hacker, die ihre Fähigkeiten nicht zu ihrem persönlichen Vorteil einsetzen, aber auch nicht mit voller Integrität tätig sind. Zum Beispiel ein Hacker, der in das IT-System eines Unternehmens eindringt, um eine Schwachstelle aufzudecken (...), aber dann unter Umständen Geld für sein Stillschweigen verlangt.«

Auch die undurchschaubare Welt der Hacker ist nicht schwarz oder weiß. Ein Beispiel wäre ein Cyberkrimineller, der sich gleichzeitig um die technische Sicherheit einer Onlineplattform für die Vermittlung von Tierheimtieren kümmert.

Als Hacktivisten bezeichnet man Aktivisten, denen es um das Erreichen von gesellschaftlichen Veränderungen geht. Sie nutzen ihre technischen Fähigkeiten, um etwa die Website einer verhassten Organisation zu attackieren und lahmzulegen oder deren Inhalt mutwillig zu verändern. In dem Fall spricht man auch von Defacement, manche Wissenschaftler sogar von elektronischer Graffiti.

Eine weitere, aus Unternehmenssicht eher indirekt relevante Gruppe sind Cyberterroristen. Diese handeln meist aus religiösen oder politischen Motiven und versuchen, Angst und Chaos zu verbreiten, indem sie wichtige Infrastrukturen lahmlegen.

Ein Angriff auf die Steuerungssysteme des Atomkraftwerks Mühleberg in der Schweiz könnte ein neues Tschernobyl auslösen. 2015 waren Pläne bekannt geworden, die gesamte Technik aus Bern fernzusteuern.[2] Der Betreiber des

Kraftwerks – die BKW Energie AG – dementierte den Medienbericht, der auf Mitarbeiter des Unternehmens zurückging, aber das geschilderte Szenario lässt sich durchaus übertragen. Fernwartung als Fernaktivierung für Terroranschläge werden wir vermutlich in dem ein oder anderen Vorfall noch erleben, wenn es nicht bereits geschehen ist.

Staatlich gesponserte Hacker: Dieser sehr heterogenen Gruppe wird alles Mögliche zugeschrieben, von der Beeinflussung von Wahlen bis zum Ausspähen von Technologieinnovationen und – im Fall von Nordkorea – sogar der Staatsauftrag zur Beschaffung von Devisen per Cybercrime. Vielfach gehören sie Geheimdiensten an oder haben als Mitglieder des Militärs den Auftrag, Strategien für den sogenannten Cyberwar, also die Kriegsführung im Cyberraum, zu entwickeln und zu testen. Ihnen stehen tendenziell die größten finanziellen Mittel zur Verfügung, sodass sie zielgerichteter agieren können und erfolgreicher sind. Sie können Informationen über Sicherheitslücken für viel Geld – manchmal viele Hunderttausend bis Millionen Euro oder Dollar – kaufen und systematisch ausnutzen. Ein weiterer Grund ist auch, dass staatlich sanktionierte Aktionen in vielen Ländern auch Unternehmen zur Mitarbeit zwingen können. Kurz gesagt: Es handelt sich hier um einen Sonderstatus.

Spionage kann eine Teilaufgabe eines staatlichen Hackerteams sein, aber es gibt auch Spionage-Hacker, die ihre Dienste jedem zahlungswilligen Kunden anbieten. Unternehmen beauftragen solche Hacker damit, sich in die Systeme von Konkurrenzfirmen einzuhacken und Geschäftsgeheimnisse zu stehlen. Hat man wenig Zugang zu dieser Szene, ist man geneigt, Hacker-for-Hire-Unternehmen als urbane Legenden abzutun, doch es gibt konkrete und sogar brandaktuelle Fälle.

Die Professionalisierung einer zwielichtigen Branche

Der einsame Hacker – bleich, picklig und stets umgeben von leeren Pizzakartons –, der es aus seinem Jugendzimmer im Haus seiner Eltern mit den Großunternehmen der Welt aufnimmt. Er ist nicht mehr als ein Klischee, auch weil die fachlichen Fähigkeiten, um erfolgreiche Attacken fahren zu können, nur selten in einzelnen Personen zu finden sind. Es bedarf der Zusammenarbeit. Wie so viele stark wachsende Branchen hat sich auch Cybercrime in den vergangenen Jahren professionalisiert.

- Ransomware wird im Darkweb als fix und fertiges Toolkit mit »Funktionsgarantie« angeboten. Die Bezahlung erfolgt vielfach im Revenue-Sharing-Modell, das bedeutet, 30 bis 40 Prozent der »Erlöse« gehen an die Hintermänner.

In Anlehnung an Software as a Service spricht man hier auch von Ransomware as a Service (RaaS).
- Botnetze für DDoS-Attacken lassen sich auf Stunden- oder Tagesbasis mieten. Wegen des starken Wettbewerbs in dem Sektor sind die Preise in letzter Zeit deutlich gesunken. Eine Studie, die von Forschern des iDefense Intelligence Operations Team von VeriSign durchgeführt wurde und 25 verschiedene Rent-a-Botnet-Angebote aus dem Darkweb umfasste, kam zu dem Schluss, dass der Durchschnittspreis für das Mieten eines Botnets 67 US-Dollar für 24 Stunden und 9 US-Dollar für den stundenbasierten Zugang beträgt.[3]

Wenn Sie nun denken, die Gelegenheit wäre günstig, der Konkurrenz eins auszuwischen, tun Sie das besser nicht, es sei denn, Sie sind schon in Cybercrime-Kreisen etabliert. Denn hier wie anderswo gehört es dazu, dass Sie einen Bürgen aus der Szene mitbringen, denn woher soll der Botnet-Betreiber wissen, dass man Ihnen trauen kann?

Shitstorm on Demand

Die Debatten rund um die US-amerikanischen Präsidentschaftswahlen brachten es an den Tag. Stimmung wurde vielfach per Social Media gemacht. Tausende von Twitterbots sendeten Wahlbotschaften, retweeteten Meldungen und sorgten für eine Verbreitung von dem, was wir »Desinformation« nennen. Aber nicht nur die politische Auseinandersetzung hat damit eine neue »Qualität« erreicht. In der Auseinandersetzung um die Märkte der Zukunft tauchen die bezahlten Claqueure und deren Bot-Armeen immer häufiger auf.

Seit es Bewertungsportale im Internet gibt, wurden diese missbraucht – zur Absatzförderung der eigenen Produkte, aber auch schon mal, um einen Konkurrenten »runterzuschreiben«. Das Hotel- und Gaststättengewerbe kann ein Lied davon singen. Es ist absehbar, dass die neuen Meinungsarchitekten aus der Politik bald die Wirtschaft für sich entdecken und dort ihre Kampagnen fahren.

Ich persönlich erwarte eine Verschmelzung von Influencer-Marketing mit automatisierten Bot-Kampagnen und natürlich auch den »Shitstorm on Demand« als eine Art DDoS-Angriff in der »Meinungswelt«.

Hacker for Hire

Während die gerade genannten Beispiele eindeutig im Dunkelfeld zu verorten sind, geht es auch scheinbar legal über ganz offizielle, im öffentlichen Internet abrufbare Angebote. Auch wenn niemand einen Überblick über die Angebote hat, geben einzelne bekannt werdende Fälle schlaglichtartig Einblick in das, was in diesen Graubereich fällt. Die US-amerikanische Nichtregierungsorganisation Electronic Frontier Foundation (EFF) hat 2020 zusammen mit dem Citizen Lab der Universität Toronto eine der bis dato größten Hacker-for-Hire-Firmen geoutet.[4]

Unter dem Namen BellTrox bot das Unternehmen über längere Zeit unter anderem via LinkedIn seine Dienste an. Auf seiner mittlerweile abgeschalteten Website waren überwiegend Allgemeinplätze zu lesen wie »Unsere Mitarbeiter sind unser größtes Kapital«, aber es fanden sich auch Hinweise auf »Cyber Forensics« und »Cyber Intelligence« als Leistungsangebot, die vermutlich absichtlich schwammig formuliert wurden.

Es gilt als erwiesen, dass diese eher unscheinbare IT-Firma ihren Kunden über Jahre hinweg dabei half, auf mehr als 10 000 E-Mail-Konten illegal Zugriff zu nehmen. Unter den Opfern der Attacken waren Regierungsmitarbeiter aus Europa ebenso wie Spielbankenbetreiber auf den Bahamas oder Mitarbeiter bekannter Investmentfirmen aus den Vereinigten Staaten.[5]

Die Masche war dabei immer die gleiche: Gezielte Phishing-Attacken durch Nachrichten, die angeblich von Kollegen oder Verwandten kamen, oder als Hinweis, man hätte sich auf einer Pornografie-Website angemeldet. All diese Nachrichten stammten aus einem kleinen Büro in einem Einkaufszentrum in Delhi, dem Büro von BellTrox.[6] Zwar gaben einige Detekteien an, Dienstangebote des Unternehmens erhalten zu haben, doch niemand räumte ein, BellTrox tatsächlich beauftragt zu haben. Das heißt, die Auftraggeber und Motive bleiben weiterhin im Dunkeln.

Was aus diesen und ähnlichen Fällen bleibt, ist eine neue Vokabel im Wortschatz der Cybersicherheitsexperten: Business E-Mail Compromise (BEC). Die kompromittierte geschäftliche E-Mail-Adresse dient typischerweise als Einfallstor für die bereits beschriebenen CXO-Fraud-Kampagnen.

Industriespionage im Mittelstand: Von wegen klein und unbedeutend!

Bereits 2011 wurde Clearaudio, ein mittelständischer Hersteller von Highend-Plattenspielern aus Erlangen, Opfer von Industriespionageaktivitäten. Das bemerkte zunächst niemand. Erst als eine patentierte Entwicklung des Unternehmens für ein hochwertiges Lager eines Plattentellers beinahe zeitgleich von einem chinesischen Unternehmen auf einer Messe vorgestellt wurde,[7] wurde schlagartig klar, dass da etwas nicht stimmte. Das Unternehmen hatte zum Zeitpunkt des Vorfalls keine 50 Mitarbeiter.

Wirtschaftsspionage: Wenn der Geheimdienst mitliest

Weniger gut zu erfassen ist die Gefahr durch Geheimdienstaktivitäten. Im Unterschied zu Industriespionage, bei der es die Wettbewerber sind, die die Spionage betreiben oder zumindest veranlassen, spricht man bei den Aktivitäten von ausländischen Geheimdiensten, die ein Ausspähen eines Unternehmens zum Ziel haben, von Wirtschaftsspionage. Die Begrifflichkeiten machen einen Unterschied, denn strenggenommen ist – zumindest in Deutschland – der Verfassungsschutz im jeweiligen Bundesland des betroffenen Unternehmens für die Verfolgung beziehungsweise Abwehr staatlich gelenkter Spionage der richtige Ansprechpartner, die Polizei in Fällen von Spionage durch Wettbewerber.[8]

Das Problem: Wie soll ein Unternehmen, das einen Abfluss von Informationen oder die Anwesenheit einer Schadsoftware im Unternehmensnetz bemerkt, den Unterschied zwischen staatlichen Angreifern und Industriespionen erkennen, wenn selbst Fachleuten die Zuordnung vielfach schwerfällt? Dies gilt übrigens auch für die Frage, aus welchem Land ein Angriff kommt und ob es sich eher um Einzeltäter oder Gruppen handelt.

Dies festzustellen, ist die Aufgabe der sogenannten Forensiker, die Angriffsmuster interpretieren, um aus einer Vielzahl einzelner Indizien – angefangen von der IP-Adresse des Angreifers (die meist gefälscht ist), der verwendeten Systemsprache bis hin zur Zeitzone – versuchen, eine Zuordnung vorzunehmen. Dies gelingt nicht immer, da Angreifer oft auch gezielt falsche Spuren legen.

Sonderfall Whistleblower: Wer viel weiß, kann viel erzählen

Whistleblower sind nicht zwangsläufig Hacker. Sie arbeiten in Organisationen und nutzen ihren Zugriff auf die Systeme, um Informationen zu leaken, weil sie der Überzeugung sind, dass sie öffentlich gemacht oder weitergegeben werden sollen. Die tatsächliche Motivlage ist nicht immer vollständig klar und vielfach auch eine Frage der Deutungshoheit.

Im Fall Edward Snowden, der im Jahr 2013 die weitreichenden Überwachungsmaßnahmen des US-Geheimdienstes öffentlich gemacht hat, dauerte es sieben Jahre, bis ein US-Bundesgericht urteilte, dass diese Überwachung illegal ist: »Das heimliche Sammeln der Telefondaten von Millionen Amerikanern ohne Befugnis sei ein Verstoß gegen das Gesetz zur Überwachung der Auslandsaufklärung und Spionageabwehr, urteilte das Gericht. Womöglich sei es verfassungswidrig gewesen. Es befand zugleich, dass die Spitzen der Geheimdienste, die das Programm öffentlich gegen Kritik verteidigten, gelogen hätten.« Im Zuge dieser nun gerichtlich als illegal anerkannten Überwachungsmaßnahmen war unter anderem das Handy der Bundeskanzlerin Angela Merkel überwacht worden. Dies berichtete die Tagesschau.[9] Für Snowden ist dies eine späte Rechtfertigung seiner Aktivitäten.

Komplizierte Lage: Es gibt nicht nur den einen Feind

Das Kasseler Marktforschungsunternehmen Crisp Research ging 2017 der Frage nach: »Was sind aus Ihrer Sicht der Unternehmen größte Risikofaktoren für die Sicherheit im Unternehmen?« Befragt wurden Unternehmensverantwortliche und die Ergebnisse waren so vielfältig wie überraschend (Mehrfachnennungen waren möglich):[10]

- Mitarbeiter: 39,3 Prozent,
- Industriespionage: 38,3 Prozent,
- Steigender Digitalisierungsgrad: 33,6 Prozent,
- IT-Architektur: 30,8 Prozent,
- Lieferanten & Partner: 15,0 Prozent,
- Geheimdienste: 8,4 Prozent,
- M&A-Aktivitäten: 7,5 Prozent.

Als größtes Sicherheitsrisiko werden demnach die eigenen Mitarbeiter gesehen. An zweiter Stelle steht Industriespionage. Die Angst vor dem Diebstahl wettbewerbsrelevanter Informationen hat über alle Branchen stark zugenommen. Die Einstellung vieler Mittelständler, sie seien zu klein, als dass sich niemand für sie interessieren könnte, ist jedoch wie gesagt nach wie vor verbreitet und erleichtert Cyberkriminellen das schmutzige Geschäft.

Ob Ihr Unternehmen Opfer von böswilligen Insidern wird, dürfte im Wesentlichen mit Ihrem Betriebsklima zusammenhängen. Hacktivisten nehmen hingegen das Image Ihres Unternehmens zum Anlass, um Sie zu attackieren. Es macht also durchaus einen Unterschied, ob Sie als Großschlachterei Negativschlagzeilen machen oder sich eher um nachhaltige, klimafreundliche Unternehmensführung und faire Bezahlung der Basisproduzenten bemühen und dies auch entsprechend kommunizieren. Ansonsten gilt leider: Dem Großteil der Cyberkriminellen ist völlig egal, was Sie machen. Die meisten sehen die Schwächen in Ihrer IT-Infrastruktur und Ihrer Cyberabwehr als eine willkommene Gelegenheit, um Geld zu verdienen. Und das werden sie tun, auf die eine oder andere Weise.

Erwarten Sie zu keinem Zeitpunkt Gnade oder Verständnis für widrige Umstände. Zwar gab es beispielsweise zu Beginn der Corona-Krise öffentlich verbreitete und in der Presse vielfach wiedergegebene Ankündigungen von Hackergruppen, Krankenhäuser und medizinischen Dienst mit Cyberattacken zu verschonen.[11] Es gibt aber auch genügend Gegenbeispiele, wie etwa das durch Ransomware weitgehend lahmgelegte Universitätskrankenhaus im tschechischen Brünn.[12]

Ebenso wenig schützt Sie eine bereits erfolgte Attacke vor weiteren Angriffen, wie zahlreiche Opfer von Ransomware schmerzlich erfahren mussten: Nach der Zahlung des Lösegelds erhielten sie keinen funktionierenden Schlüssel oder in kurzem Abstand erfolgte eine weitere Attacke.[13]

Worauf Sie achten sollten

Die Gemengelage an Interessen der Angreifer ist – vorsichtig gesagt – unübersichtlich. Sie sollten sich in jedem Fall klar darüber sein, dass Sie auch als kleines Unternehmen auf der Ziellliste von Angreifern stehen können. Investieren Sie daher in grundlegende Cyberabwehr und in die Kompetenz Ihrer Mitarbeiter, auch wenn diese manchmal Teil des Problems sein können.

Die Gefahr von innen – Bedrohungen durch Mitarbeiter

Zahlreiche Studien sehen Insiderbedrohungen als den am meisten unterschätzten Bereich der IT-Sicherheit an. Seit Jahrzehnten wird in der Fachwelt darüber debattiert. Einige Zahlen zu Insiderbedrohungen aus aktuellen Studien (allesamt aus 2020) verdeutlichen die Dimension dieser Art von Bedrohung:

- Weltweit sind jedes Jahr mehr als 34 Prozent der Unternehmen von Bedrohungen durch Insider betroffen.[14]
- Insiderbedrohungen haben innerhalb von zwei Jahren um 47 Prozent zugenommen, 60 Prozent der betroffenen Organisationen erleben mehr als 30 Insiderattacken jährlich.[15]
- Mehr als zwei Drittel der Insiderbedrohungen beruhen auf schlichter Nachlässigkeit, vielfach von besonders in ihren Zugriffsrechten privilegierten Nutzern.[16]

Insider sind im Sinne dieser Betrachtung Mitarbeiter, Dienstleister oder andere Partner, die Zugang zur Infrastruktur eines Unternehmens haben. Diese Nutzer lassen sich grob in drei Gruppen einteilen: Ahnungslose, Nachlässige und Bösartige.

- **Ahnungslose** werden Opfer von Cyberattacken und verbreiten die Schadsoftware unwissentlich weiter.
- **Nachlässige** sind diejenigen, die interne Sicherheitsrichtlinien des Unternehmens missachten, also zum Beispiel Passwörter auf Haftnotizzettel schreiben und an ihren Bildschirm kleben, Systeme nicht wie vorgesehen gegen unbefugten Zugriff schützen oder Dritte auf sensible Datenbestände zugreifen lassen.
- **Bösartige** sind diejenigen, die einen gültigen Zugang zu IT-Ressourcen haben und damit Schindluder treiben. Ob aus eigener Motivation heraus, weil sie sich etwa von einem Vorgesetzen oder vom Unternehmen ungerecht behandelt fühlen, oder durch Einflussnahme von Dritten, wie etwa 2020 bei Tesla (siehe Kapitel 2), wird dabei nicht unterschieden.

Versehentliche Sabotage durch Fehler

Nicht immer ist Bösartigkeit im Spiel, ein simpler Konfigurationsfehler kann ähnliche Folgen haben wie eine geplante Sabotageaktion. Ein anschauliches Beispiel liefert hier KPMG, eine der großen international tätigen Wirtschaftsprüfungsgesellschaften. Für die interne Kommunikation mit rund 200 000 Mitarbeitern weltweit nutzt das Unternehmen Microsoft Teams. Durch einen groben Fehler in der IT-Administration wurde nicht – wie eigentlich geplant – ein einzelner Account und dessen Chatverlauf gelöscht, sondern die Chatverläufe von 145 000 Nutzern auf einmal. Laut KPMG und Microsoft ist dieser Vorgang nicht rückgängig zu machen.[17] Es sind ja nur »Chats«, mögen Sie jetzt denken. In dem Maße aber, wie moderne Organisationen auf derartige Werkzeuge setzen, bedeutet dies dennoch einen substanziellen Informationsverlust – und das ganz ohne Hackerangriff.

Man kann natürlich trefflich drüber streiten, ob der Administrator überfordert oder die Teams-Administration zu kompliziert ist, festzuhalten ist: Selbst in großen Firmen, in denen man ein fein ausdifferenziertes Skillset in der IT-Administration erwarten sollte, passieren Fehler und nicht wenige davon haben damit zu tun, dass man den Versprechungen der Softwareanbieter und Plattformbetreiber glaubt, es wäre alles ganz einfach. Die Tücke steckt eben doch im Detail. Geben Sie Ihren Mitarbeitern daher Gelegenheit, sich in Ruhe mit allen Einzelheiten der Konfiguration vertraut zu machen. Damit tragen Sie wesentlich dazu bei, dass sich solch gravierende Fehler nicht bei Ihnen im Unternehmen ereignen.

Ex-Mitarbeiter als Sicherheitsrisiko

Natürlich gibt es auch Fälle von ehemaligen Mitarbeitern, die mit oder nach ihrem Weggehen erheblichen Schaden stiften. Man ist leicht geneigt, die Geschichten von dem IT-Administrator, der eines Tages nicht mehr da war und der in der Folge das Unternehmen ins Verderben gerissen hat, weil niemand mehr Zugriff auf die IT-Systeme bekam, als urbane Legende abzutun, dabei gibt es wohl mehr ähnlich gelagerte Fälle, als man denkt.

Dokumentiert ist etwa der Fall in 2017, bei dem der ehemalige technische Leiter des Outdoor-Ausstatters Columbia Sportswear nach seinem Weggang noch rund 700-mal Zugriff auf die IT-Systeme nahm – mit dem Ziel, mit den dort gefundenen Informationen seinem neuen Arbeitgeber zu helfen[18].

Um ein solches Verhalten bei einem Mitarbeiter auszulösen, reicht es manchmal, wenn einem Mitarbeiter gekündigt wurde und dieser sich ungerecht behandelt fühlt.

Von diesen Fällen erfährt man in den Medien meistens nichts, denn alle Beteiligten haben natürlich ein starkes Interesse daran, derartige Vorkommnisse unter der Decke zu halten. Aufschlussreich sind da meist erst Gerichtsverfahren und damit an die Öffentlichkeit gelangende Vorgänge, wie hier auch im Fall des Sportbekleidungsanbieters.

Vor einiger Zeit machte ein Fall in den USA Schlagzeilen: Ein Administrator des Gesundheitskonzerns Medco Health Solutions hatte nach seiner Kündigung im Jahr 2003 eine sogenannte logische Bombe in die IT-Systeme seines Arbeitgebers implantiert. Diese sollte just zu seinem Geburtstag am 23. April 2004 – lange nach seinem Ausscheiden – »hochgehen« und auf rund 70 Servern des Unternehmens alle Daten löschen, darunter Gesundheitsdaten aus Medikamententests. Nach Medienberichten bemerkte das Unternehmen den Sabotageversuch aber rechtzeitig und konnte den Schadensfall verhindern.[19] Der Täter wurde gefasst und vor Gericht gestellt. Gesetzt den Fall, der finstere Plan hätte funktioniert, wäre es jedoch praktisch unmöglich gewesen festzustellen, wer dafür die Verantwortung trägt, denn die »logische Bombe« hätte die Beweise gleich mit vernichtet. Ein beinahe perfektes Verbrechen.

Ebenfalls wenig Glück mit seinem scheinbar perfekten Plan, den eigenen Arbeitgeber nachträglich zu schädigen, hatte ein Ingenieur des US-Netzausrüsters Cisco Systems, der nach Medienberichten fünf Monate nach seinem Weggang per Programmbefehl rund 16 000 Webex-Kundensites und rund 450 virtuelle Server einfach löschte. Webex ist der Videokonferenzdienst der Firma Cisco. Diese Kundensysteme waren von Cisco auf dem Cloud-Angebot von Amazon Web Services (AWS) gehostet worden. Zwei Wochen Downtime und rund 2,4 Millionen US-Dollar Schadenersatz von Cisco an seine Kunden später war der Betrieb einigermaßen normalisiert[20]. Eine mehrjährige Gefängnisstrafe ist zu erwarten. Der Schaden bleibt beim ehemaligen Arbeitgeber und natürlich bei dessen Kunden.

Insbesondere wenn es um den Wechsel hochrangiger Führungskräfte und Experten von einem zum anderen Unternehmen geht, sollte man genau hinsehen. Massive Schlagzeilen machte zuletzt der Wechsel von Anthony Levandowski von Waymo zu Uber. Zwischenzeitlich wurde der Ingenieur und Chefentwickler für selbstfahrende Fahrzeuge zu 18 Monaten Gefängnis verurteilt. Er hatte bei seinem Ausstieg bei Waymo interne Dokumente mitgenommen, damit eine eigene Firma für selbstfahrende Lkw gegründet und diese dann wenige Monate später von dem Fahrdienstleister Uber aufkaufen lassen.[21]

Sicher ist dies ein Extremfall, aber nur solche schaffen es in die Medien und damit ins öffentliche Interesse. So wie Jahrzehnte zuvor der Fall General Motors gegen Volkswagen. Damals war es kein Entwickler, sondern ein Einkaufsleiter – Ignacio Lopez –, der von General Motors zu Volkswagen gewechselt war und, wie damals in den Medien kolportiert wurde, »kistenweise Material«[22] mitgenommen haben soll. In der Jahre später erzielten Einigung zahlte Volkswagen 100 Millionen US-Dollar an General Motors (ohne Anerkennung eines Verschuldens) und verpflichtete sich zum Kauf von Fahrzeugteilen in einem finanziellen Volumen von mindestens 1 Milliarde US-Dollar.[23]

Kistenweise Materialien schleppt heutzutage niemand mehr aus der Firma, ein externer Datenträger oder Speicherplatz in der Cloud genügt und ist auch viel unauffälliger. Dies sollten Sie bei Ihrer Risikobewertung stets berücksichtigen.

Worauf Sie achten sollten

Insiderbedrohungen abzuwehren ist Cybersicherheit für Fortgeschrittene. Das Problem: Viele Unternehmen haben an Schlüsselpositionen – etwa für die Verwaltung wichtiger IT-Systeme – nur einen einzigen Mitarbeiter. In diesem Fall brauchen Sie einen Administrator, dem Sie hundertprozentig vertrauen können. Das ist leichter gesagt als getan, denn selbst wenn die Person bei der Einstellung diverse Backgroundchecks durchlaufen hat, heißt das nicht, dass heute – Jahre später – etwa aufgrund Veränderungen im persönlichen Umfeld, keine Versuchung besteht, einem Dritten gegen finanzielle Gefälligkeiten auszuhelfen oder aufgrund vermeintlich oder tatsächlich erlebter Ungerechtigkeiten dem Arbeitgeber schaden zu wollen. Ich will nicht den Teufel an die Wand malen, aber derartige Fälle kommen immer wieder vor – sie werden meist geräuschlos erledigt. Sie können Derartiges für Ihr Unternehmen natürlich von sich weisen, aber dennoch sollten Sie die Möglichkeit nicht ignorieren.

Für den Fall, dass diese Schlüsselperson etwa durch Krankheit oder Unfall ausfällt, benötigen Sie eine Dokumentation über Ihre IT-Systeme und Passwörter an einem sicheren, aber jederzeit für Sie und Ihr Kernteam zugänglichen Ort.

Große Unternehmen können und sollten administrative Aufgaben stets splitten. Für wichtige Aufgaben und in kritischen Bereichen sollten Sie das Vier-Augen-Prinzip einführen und so Ihren Sicherheitslevel gegen Insiderbedrohungen und Personalausfall erhöhen. Das bedeutet, dass Mitarbeiter nie alleine an wichtigen Themen arbeiten, sondern stets mindestens eine zweite Person in die Vorgänge einbezogen ist. Das kann dabei helfen, Ihr Unternehmen besser zu sichern, denn Mitarbeiter sind Ihre erste und wichtigste Verteidigungslinie.

Woran Sie böswillige Akteure erkennen können

Doch selbst wenn Datenzugriffe und Zugangsoptionen streng reglementiert sind, sind Insiderbedrohungen nicht auszuschließen und im Regelfall schwer zu erkennen. Sofern sich die Saboteure nicht aus Versehen verraten, lassen sie sich lediglich an Verhaltensauffälligkeiten erkennen. Und dies kann in einer Kultur des Vertrauens lange unbemerkt bleiben.

Zu den typischen Verhaltensindikatoren für Insiderbedrohungen zählen:

- Versuche, Sicherheitsmaßnahmen zu umgehen,
- häufige Bürobesuche außerhalb der normalen Bürozeiten,
- Hinwegsetzung über Firmenvorschriften,
- Anzeichen von Frustration gegenüber Kollegen,
- Gespräche mit Kollegen über möglichen Stellenwechsel.

Diese Verhaltensweisen für sich genommen müssen erst einmal gar nichts bedeuten, können aber Indizien sein, die von Kollegen oder Vorgesetzten wahrgenommen werden.

Folgende Indizien finden sich unter Umständen bei der Analyse des Verhaltens der verdächtigen Personen am Rechner. Dazu zählen etwa:

- Download besonders großer Datenmengen,
- unbefugte Zugriffsversuche auf unternehmenskritische Daten,
- wiederholter Zugriff auf Daten, die nichts mit dem eigenen Aufgabenbereich zu tun haben,
- Nutzung von nicht autorisierten Speichermedien, etwa externen Festplatten oder USB-Sticks,
- Suche im Unternehmensnetz nach sensiblen Daten,
- Sammeln und Kopieren von Dateien aus Verzeichnissen mit sensiblem Inhalt.

Festgestellt werden diese Vorgänge meist per Zufall, Anomalien im Datenverkehr lassen sich auch durch geeignete Überwachungssoftware erkennen. Dazu weiter unten mehr.

In der Praxis lässt sich vieles am besten prophylaktisch über fein gesteuerte Zugriffsrechte regeln, die aber Aufwand bedeuten, weil einerseits schützenswerte Informationen in fein abgestuften Zugriffsmechanismen separiert werden müssen, andererseits aber sichergestellt sein muss, dass alle Mitarbeiter Zugriff auf die Informationen bekommen, die sie zur Erfüllung ihrer Aufgaben benötigen. Keine leichte Aufgabe!

Mit Software gegen Insider

Darüber hinaus kann es sinnvoll sein, Software einzusetzen, um Insiderbedrohungen zumindest einzugrenzen. Dem Einsatz von mitarbeiterzentrierten Überwachungswerkzeugen setzt der Gesetzgeber (und manchmal auch der Betriebsrat) enge Grenzen.[24]

Wichtige Voraussetzung: Sie sollten private PC- und Internetnutzung unbedingt arbeitsvertraglich verbieten. Sie nehmen sich sonst Möglichkeiten, selbst im Verdachtsfall konkrete Überwachungsmaßnahmen einleiten zu können. Da sowohl arbeits- als auch datenschutzrechtliche Themen berührt sein können, ziehen Sie im Zweifel unbedingt einen Spezialisten hinzu, bevor Sie konkrete Maßnahmen planen.

Anwendungen, die einen Technikfokus haben, wie etwa Data Loss Prevention (DLP), lassen sich meist ohne Datenschutzbedenken einsetzen. Diese können helfen zu verhindern, dass sensible Daten via E-Mail das Unternehmen verlassen, indem sie etwa am E-Mail-Gateway Dateianlagen filtern. Data-

Discovery-Werkzeuge helfen, lokal gespeicherte unternehmenskritische Informationen zu entdecken. Nach Art einer Suchmaschine durchkämmen sie dabei das interne Netz und klassifizieren Dokumente nach potenzieller Wichtigkeit.

Security Information and Event Management Software, kurz SIEM-Software, hilft dabei, den Datenfluss im Netzwerk zu überwachen und verdächtige Kommunikationsströme zwischen internen und externen IP-Adressen zu identifizieren. Diese liefern Indizien für bereits laufende Hackerangriffe oder von Insidern veranlasste Datenabflüsse.

Bei allen genannten Softwarebeispielen gilt: Die Software ist nur ein Teil des Aufwands, Sie müssen mit teils erheblichem zeitlichen Aufwand für die Installation und in vielen Fällen auch für die Datenklassifikation rechnen. Klassifikation bedeutet ganz konkret, dass Sie identifizieren, welche Daten für Ihr Business besonders schützenswert sind. Das können Konstruktionsdaten ebenso sein wie Kalkulationsmethoden, es kommt sehr auf das Unternehmen, den Zielmarkt und das Geschäftsmodell an.

Schlamperei – kaum Anreize für Sorgfalt

Die Informationstechnologie ist die einzige Branche, die sich weitgehend aus der Haftung für ihre Produkte stehlen konnte. Ein Flugzeug mit Problemen, ein Auto, das nicht bremst – das sorgt für Rückrufe und unter Umständen für kostspielige Nachbesserungsarbeiten. In der Welt von Software und Internet sind die Konsequenzen nicht so klar. Ein Anreiz, besonders sichere Geräte für das Internet der Dinge oder Software herzustellen, besteht in der Regel nicht. Für den Anbieter reicht es zumeist aus, wenn es bei Auslieferung irgendwie funktioniert: »Sell and Forget« ist die heimliche Devise der Branche.

Grundsätzlich bieten Software und mit dem Internet verbundene Geräte die Möglichkeit, Updates einzuspielen. Das funktioniert jedoch vielfach nur in der Theorie oder wenn der öffentliche Druck so groß ist, dass sich Unternehmen genötigt fühlen, ein Update bereitzustellen. Das ist aber die Ausnahme. Sicherheitslücken bleiben vielfach bestehen, weil Updates nicht bereitgestellt oder vom Kunden nicht eingespielt werden. Die Konsequenz: Fehlerhafte smarte Geräte mit ausnutzbaren Sicherheitslücken sind zu Milliarden in Betrieb – in Unternehmen wie in Privathaushalten. Potenzielle Zeitbomben, von denen niemand weiß, ob und wann sie »hochgehen«, und für die niemand die Verantwortung übernehmen will.

Sollten Sie also beim Kauf besser Wert auf Qualität legen und Markenware kaufen? Das löst das zugrunde liegende Problem leider nicht, denn auch namhafte Hersteller setzen Hardware- und Softwarekomponenten von Drittherstellern ein. Kostendruck wie Innovationsgeschwindigkeit machen es nötig, dass längst nicht nur Schrauben, Gehäuse und Displays beim günstigsten Lieferanten bestellt werden, sondern eben auch Softwarekomponenten. So kommt es, dass in unterschiedlichsten Geräten die gleiche Technik steckt und sich eine mögliche ausnutzbare Schwäche einer Basiskomponente in verschiedenen Gerätegattungen wiederfindet.

Ein schönes Beispiel für die potenzielle Reichweite eines derartigen Sicherheitsproblems ist eine unter dem Namen »Ripple20« bekannt gewordene Sicherheitslücke in einem Stück Betriebssoftware für das Internet der Dinge. Dieses Stück Software, das Ende der 1990er-Jahre entwickelt wurde, findet sich in Netzwerkdruckern ebenso wie in Medizintechnikgeräten, Routern für die Vernetzung von Produktionsanlagen und Steuereinheiten für Stromnetze und anderen Geräten, die unterschiedlichste Funktionen erfüllen. Unter den Unternehmen, die die Software einsetzen, sind jede Menge bekannte Namen wie: ABB, B. Braun, Brother, Cisco DELL, Miele, Ricoh, Schneider Electric und Xerox.[25] Zur Ehrenrettung der genannten Anbieter sei gesagt, dass die meisten zügig reagiert und entsprechende Patches bereitgestellt haben. Das ist nicht immer so.

Nachlässigkeit auf Herstellerseite

»Sicherheit ist ein häufiges Problem für die gesamte Menschheit. Da die führenden Unternehmen der Branche dies erlebt haben, hat Xiongmai keine Angst davor, es einmal zu erleben.« Mit diesem Satz endete eine Meldung des Herstellers von IP-Kamera-Modulen am 24. Oktober 2016.[26] Betroffen von der eher widerwillig zugegebenen Sicherheitslücke waren Kameramodule, die unter anderem zur Überwachung in Produktionsanlagen eingesetzt werden. Diese Module können Sie sich wie kleine Rechnereinheiten vorstellen, mit jeder Menge Software und erschreckend oft auch mit fest eingestellten Kombinationen aus Nutzername und Passwort und einem offenen Zugang zur Steuerung per Telnet.

Im Fall Xiongmai diente es als Einfallstor für Hacker, die die Kameramodule des Unternehmens und andere Geräte aus dem Internet der Dinge benutzten, um damit gemeinsam Angriffe auf andere Internetdienste zu starten. Medienberichten zufolge waren rund eine halbe Million aus dem Internet erreichbare Geräte weltweit von dem Fehler betroffen, der von der Schadsoftware »Mirai« ausgenutzt werden konnte.[27] Etliche davon wurden Teil eines großen IoT-Botnets.

> **Mirai** ist eine Linux-Schadsoftware, mit deren Hilfe Botnetze aufgebaut werden können. Damit können beispielsweise gezielte Attacken durch absichtliche Überlastungen von Netzen durch andere Systeme organisiert werden.[28]

Die – vorsichtig gesagt – missmutige und ablehnende Reaktion des Herstellers zeigt sehr schön, woran es in der Technologiebranche krankt: Es fehlt an Verantwortlichkeit für das eigene Produkt. Xiongmai ist hier nur ein Beispiel von vielen. Das Problem ist weitverbreitet und es fängt bei einfachen Dingen an.

Die eingebaute Hintertür

Es kann gute Gründe dafür geben, dass technische Systeme eine »Backdoor«, also ein eingebautes Hintertürchen haben. Der Kaffeevollautomat in Ihrem Büro hat vermutlich auch eine, dennoch gibt es keinen Grund, nervös zu werden. Das Ganze nennt sich »Servicemenü«, und über eine bestimmte Tastenkombination oder auch die Eingabe eines Steuercodes bekommt der Servicetechniker Zugriff auf Systeminformationen und Fehlermeldungen und kann weitere Einstellungen vornehmen.

Ähnliche fest verdrahtete Sonderfunktionen gibt es bei einer Vielzahl von technischen Geräten bis hin zu den Maschinen in Ihrer Fabrikhalle. Eine Vielzahl industrieller Steuerungssysteme hatte fest eingestellte und auf jedem System gleiche Kombinationen aus Nutzername und Passwort für den Zugriff auf alle Funktionen. Auch hier waren die vereinfachten Zugangsoptionen für den Servicetechniker der wesentliche Grund für die Implementierung. Sicherheitstechnisch war das auch nie ein Problem, solange die Systeme nicht über das Internet erreichbar waren. Mit zunehmender Vernetzung wurden aber vielfach nicht nur Computer und Serversysteme, sondern eben auch maschinelle Steuerungssysteme in bestehende Netzwerkinfrastrukturen eingebunden. Eine Untersuchung von Kaspersky hat bereits 2016 mehr als 20 000 aus dem Internet erreichbare Steuerungen alleine in Deutschland aufgespürt.[29] Die Dunkelziffer dürfte enorm sein. In Verbindung mit den weitverbreiteten fest eingestellten Passwörtern gibt dies eine gefährliche Kombination

Auch in vielen Netzwerkkomponenten wurden in den vergangenen Jahren wiederholt fest eingestellte Passwörter gefunden. Der Firewall-Anbieter Juniper erhielt 2015 jede Menge schlechte Presse, nachdem die niederländische Firma Fox-IT in deren Betriebssystem für die Firewalls ein Passwort zu einem geheimen Zugang entdeckt hatte, mit dem ein Angreifer den verschlüsselten Datenverkehr im VPN im Klartext hätte mitlesen können.[30] Kein Einzelfall – auch andere Hersteller von Netzwerkkomponenten waren beziehungsweise sind betroffen, darunter der US-Technologiekonzern Cisco, der alleine zwischen März und November 2017 sieben Backdoors in seinen Produkten per Systemupdate oder Patch schließen musste.[31] Ein weiteres Beispiel ist das chinesische Unternehmen C-Data, das Endgeräte für Glasfaseranschlüsse produziert. Nach Ansicht von Sicherheitsforschern weisen gleich 29 Gerätemodelle des Herstellers gravierende Sicherheitslücken auf. Über einen Telnet-Zugang, der aus dem Internet erreichbar war, konnten Angreifer volle Benutzerrechte bekommen.[32]

Ein **Teletype Network (Telnet)** ist ein weitverbreitetes Netzwerkprotokoll, das einen zeichenorientierten Datenaustausch erlaubt. Es wird oft zur Steuerung von Geräten und Anlagen eingesetzt.

Es ist unerheblich, ob Backdoors aus betriebsinternen Gründen oder auf Druck von Behörden beziehungsweise Geheimdiensten eingebaut werden oder ob sie ein aus Unachtsamkeit vergessenes Überbleibsel aus der Softwareentwicklung sind: Jede Backdoor schwächt die Sicherheit des Gesamtsystems, da Cyberkriminelle diese Sicherheitslücken früher oder später finden und nutzen können.

Zugang via Werkseinstellung

Viele Geräte im IoT, ob es nun IP-Kameras, digitale Videorecorder, Internetrouter oder Steuerungen für Industrieanlagen sind, setzen auf fest voreingestellte Kombinationen aus Nutzername und Passwort bei der Auslieferung. Diese sind manchmal von ergreifender Schlichtheit. Der auf Github veröffentlichte Quellcode der Mirai-Schadsoftware listet rund 60 Kombinationen aus Nutzername und Passwort auf, die das Programm durchprobiert. Einige der schönsten Werkseinstellungen hier als Auszug:[33]

Nutzername	Passwort
root	admin
admin	admin
support	support
root	password
admin	12345
admin	123456
admin	pass
tech	tech
mother	fucker
root	user

Konfrontiert man die Hersteller mit dieser Tatsache, so ist oftmals von vergesslichen Nutzern und Komfortgründen die Rede, und es folgt zudem der Hinweis: Solange die Geräte nur lokal und nicht aus dem Internet erreichbar sind, sei doch alles in bester Ordnung.

Und ja, solange die Kombinationen überhaupt änderbar sind, ist es natürlich Aufgabe des Anwenders, diese Einstellung vorzunehmen. Meiner Ansicht nach ist es aber Aufgabe des Herstellers, darauf hinzuweisen, dass dies notwendig ist.

Chips mit Macken

Von einigen wenigen Exotengeräten abgesehen, verteilt sich der Anteil der Betriebssysteme von Smartphones auf iOS – mit der Sonderstellung, dass es diese Geräte nur bei Apple gibt – und Android, das praktisch alle anderen nennenswerten Hersteller weltweit zur Basis ihrer Smartphones machen. Alle, das sind erheblich mehr, als Ihnen vermutlich spontan einfallen. Die Vergleichswebsite Droidchart.com nennt (Stand September 2020) 236 Marken.[34] Schätzungen zufolge gibt es alleine in China rund 500 bis 600 Hersteller von Smartphones. Aber auch in anderen Ländern gibt es teils erst vor wenigen Jahren gegründete Hersteller. In Indien etwa mit Itel, Lava oder Karbonn Marken, die außerhalb des Subkontinents völlig unbekannt sind.

Ein besonderes Problem des Android-Universums ist die enorme Fragmentierung. Anders als bei iOS, bei dem es nur einen Hersteller, eine kleine Zahl von

Gerätevarianten und häufige Updates gibt, herrscht bei Android-Geräten enormer Wildwuchs. Zahlreiche Hersteller buhlen mit einer Vielzahl von Gerätevarianten um die Käufergunst. Das Hauptproblem in puncto Cybersicherheit ist der nachlässige Umgang mit Sicherheitsupdates: Viele Geräte erhalten keinerlei oder nur verzögert einzelne Updates. Lediglich Google – bei dessen Unternehmensgruppe auch die Entwicklungshoheit über Android liegt – ist bei den Updates vorbildlich und liefert mit Android One einen Standard für Endgeräte-Updates, dem sich verschiedene Hersteller angeschlossen haben. Die Google-eigenen »Pixel«-Geräte werden ohnehin bei der Updatebereitstellung und -auslieferung bevorzugt behandelt.

Bei aller Geräte- und Markenvielfalt: Ein Großteil des Innenlebens kommt nur von einigen wenigen Zulieferern. Einer davon ist der Chiphersteller Qualcomm, dessen Snapdragon-Produktfamilie 2019 in 36 Prozent aller verkauften Smartphones eingebaut war, unter anderem bei Google, Samsung, LG, Xiaomi und OnePlus. Als System on a Chip (SoC) ist ein solcher Prozessor das Herz eines Smartphones und enthält unter anderem einen digitalen Signalprozessor (DSP), der die Verarbeitung von Audio- und Videodateien auf dem Gerät übernimmt. Dieser ist – das haben Sicherheitsforscher von Checkpoint herausgefunden – fehlerhaft. Das wäre nichts Besonderes, denn praktisch kein technisches Gerät ist fehlerlos, das ist schlicht der Komplexität geschuldet. In ihrem Untersuchungsbericht mit dem schönen Namen »Achilles« führten die Experten von CheckPoint jedoch mehr als 400 (!) angreifbare Stücke Programmcode an, die dazu führen können, dass Angreifer:[35]

- alle Arten von Daten aus dem Telefon extrahieren können, etwa Fotos, Videos oder Ortsdaten,
- in Echtzeit Zugriff auf das Mikrofon haben,
- das Telefon so attackieren können, dass der Nutzer keinen Zugriff mehr auf Daten und Funktionen hat,
- Schadsoftware aufspielen können, die nicht vom Anwender entdeckt werden kann und ebenfalls nicht entfernt werden kann.

Kurz gesagt: eine Sicherheitslücke von potenziell enormer Tragweite. Zwar stellte Qualcomm ein Update der Steuersoftware für den DSP bereit, doch die Auslieferung müssen die Smartphone-Hersteller übernehmen – und hier sind Zweifel angebracht, dass dies auch weitreichend erfolgt, denn bereits gewöhnliche Sicherheitsupdates von Android werden vielfach verschleppt, nur für kurze Zeit nach Verkauf bereitgestellt oder gar nicht angeboten.

Eine ähnliche Sicherheitslücke wurde beinahe zeitgleich bei SoCs der Huawei-Tochter HiSilicon entdeckt. Dieser Chip kommt in Geräten verschiedener

Hersteller zum Einsatz, die Videoübertragungen über das Internet ermöglichen, etwa wenn es um das Streaming von Veranstaltungen oder Videokonferenzen geht. Der Sicherheitsforscher Alexei Kojenov entdeckte mehrere signifikante Schwächen samt einer Backdoor mit einem fest verdrahteten Passwort.[36] Die Schwächen waren in allen getesteten Geräten mit diesem SoC vorhanden.

Unausgereifte Software

Komplexe technische Systeme sind fehleranfällig, die genannten Beispiele zeigen dies deutlich. Will man den Dingen auf den Grund gehen, empfiehlt sich ein Blick hinter die Kulissen und etwas Mathematik. Jede kommerzielle Software besteht aus unzähligen Programmzeilen, hier einige Beispiele:[37]

- durchschnittliche Smartphone-App: 40 000 Zeilen,
- Firefox Webbrowser: 9,7 Millionen Zeilen,
- Linux-Betriebssystem: 15 Millionen Zeilen,
- Microsoft Office 2013: 45 Millionen Zeilen,
- modernes Fahrzeug: 100 Millionen Zeilen.

Mal eben durchlesen und nach Fehlern suchen, ist schon bei einer durchschnittlichen Smartphone-App ein schwieriges Unterfangen. Dabei würde sich das in jedem Fall lohnen, denn die Fehlerquote bei kommerzieller Software ist erheblich. Sie liegt typischerweise bei 15 bis 50 Fehlern pro 1 000 Programmzeilen.[38]

Vor diesem Hintergrund drängt sich die Erkenntnis geradezu auf, dass wir es immer und überall, wo Software wirkt, mit Fehlern zu tun bekommen, und dass es so etwas wie »fehlerfreie Software« nicht gibt. Da hilft selbst konsequentes Testen nicht. Sobald eine Software in den Realbetrieb geht, tauchen irgendwann Fehler auf. Die meisten davon fallen kaum auf und sind bestenfalls ärgerlich. Ein kleiner Teil kann aber ein potenzielles Sicherheitsrisiko darstellen und alleine oder in Kombination mit anderen Fehlern durch einen Exploit von böswilligen Angreifern ausgenutzt werden.

Wenn es noch so etwas wie ein Qualitätsparadigma in der Softwareentwicklung gab – spätestens seit der sogenannten New Economy hat sich die Branche davon verabschiedet. Seit jener Phase vor dem Jahr 2000 gilt »Ship it now – fix it later« als inoffizielles Motto weiter Teile der IT- und Internetbranche: Im Zweifel liefert man halbgare Software aus und liefert dann unbedingt notwendige Korrekturen per Update nach. »Hauptsache, die Update-Funktion funktioniert zuverlässig.« Mit dieser Aussage verdeutlichte einst der Entwickler in einem Logistiksoftware-Start-up mir gegenüber seinen Anspruch an das Produkt und verband dies mit der Rechtfertigung, dass die relevanten Fehler ohnehin erst im wahren Leben, also während der Anwendung im realen Setting, festgestellt werden könnten.

Die Folge dieser Denkweise: Was man früher bestenfalls als Betatest mit verschiedenen Caveats auf den Markt brachte, ist heute vielfach schon »Version 1«. Wenn in Ihrem Umfeld jemand von »Bananensoftware« spricht, wissen Sie nun, was gemeint ist: Sie »reift« gewissermaßen beim Kunden, aber eben nur bis zu einem gewissen Punkt. Sollten tatsächlich Sicherheitslücken auftauchen, kann dies auch noch Jahre nach der Veröffentlichung sein. Die Bereitschaft, hier notwendige Sicherheitsupdates nachzuliefern, ist – wie wir oben gesehen haben – nicht überall gut ausgeprägt

Worauf Sie achten sollten

Investieren Sie in die Kompetenz Ihrer Mitarbeiter. Das gilt praktisch durchgehend für die gesamte Belegschaft. Zufriedene und gut behandelte Mitarbeiter sind weniger anfällig für die Verlockungen »der dunklen Seite«.

Erwerben Sie Software und Geräte mit Softwarekomponenten nach Möglichkeit bei Anbietern, die »einen Ruf zu verlieren« haben. Das ist keine Garantie, dass es keine Sicherheitslücken gibt, aber eine gute Indikation. Wenn Sie Individualsoftware einsetzen, sichern Sie sich eine langfristige Updateversorgung, ebenso wie wenn Sie selbst Produkte und Dienstleistungen mit Softwarebezug anbieten oder anbieten wollen.

Etablieren Sie außerdem einen Prozess, der das Patchen wichtiger Systeme in Ihrem Hause planbar macht, und sorgen Sie dafür, dass Sie die Herstellerupdates zu den eingesetzten Produkten proaktiv abfragen und bei Bedarf einspielen.

Die Sache mit der Anonymität – ohne klare Identität im Internet

»Im Internet weiß niemand, dass du ein Hund bist.« Diese Erkenntnis brachte ein 1993 in der Zeitschrift *New Yorker* erschienener Cartoon auf den Punkt, der zwei Hunde an einem Computer zeigt.[39] Diese Feststellung zu Beginn des Internetzeitalters unterstreicht ein grundlegendes Merkmal des Internets: Es gibt keine zweifelsfreie Identitätsfeststellung, also eindeutige Zurechenbarkeit. Zwar ist man – anders als viele Leute glauben – nicht total anonym online unterwegs, da jede Internetnutzung Spuren hinterlässt, aber Cyberkriminellen gelingt es immer wieder, die Spuren zu verwischen. Grundlegend kann in Interaktionen jeder behaupten, jemand Bestimmtes zu sein, ohne dass sich das nachprüfen ließe, egal ob als Privatperson oder als Unternehmen.

Fake Accounts in sozialen Medien

Alle großen sozialen Netzwerke kämpfen mit gefälschten Profilen und nutzen aufwendige Mechanismen und Meldesysteme, um sogenannte Fake Accounts aufzuspüren und abzuschalten. Auch große Unternehmen nutzen Suchprogramme, um etwa gefälschte Onlineshops aufzuspüren und deren Betrieb zu unterbinden. Nichtsdestotrotz werden immer wieder Websites und ganze Shops von skrupellosen Betrügern gefälscht.

Wenn man von derartigen Fällen liest, geht es meist um Endverbraucher und Lifestyle-Artikel, die verdächtig günstig angeboten werden und sich als Fälschung herausstellen oder gar nicht erst geliefert werden. Von derartigen Betrügereien im Geschäft mit Unternehmen oder öffentlichen Auftraggebern liest man jedoch nur selten. Umso spannender ist ein Fall, von dem die BBC berichtete:[40] Nachdem die Landesregierung von Nordrhein-Westfalen im Zuge der Corona-Pandemie eine Bestellung für Schutzausrüstung bei einer niederländischen Firma aufgegeben hatte, nach der Bezahlung aber nichts geliefert wurde, hatte ein Regierungsvertreter die Firma aufgesucht und erfahren, dass diese weder einen Auftrag noch Geld erhalten hatte. Cyberkriminelle hatten offenbar die Website der niederländischen IBN Holdings BV perfekt nachgebaut und die staatlichen Einkäufer getäuscht. Die niederländische Polizei verfolgte die Spuren bis nach Nigeria, wo zwei mutmaßliche Täter festgenommen wurden. Ein Einzelfall? Vielleicht, aber dennoch eine deutliche Warnung, nicht zu gutgläubig zu sein.

Vorspiegelung falscher Tatsachen

Für Experten war es absehbar, viele Firmen überrascht es womöglich: Die aufgrund der Corona-Krise vielfach hektisch aufgesetzten Homeoffice-Lösungen bringen vielfältige Sicherheitsprobleme mit sich. Klare Sache, denn unter Zeitdruck geschehen Flüchtigkeitsfehler. Das ist wie ein offenes Kellerfenster, an das Sie nicht mehr gedacht haben, bevor Sie aufgrund eines Notfalls schnell wegfahren mussten.

Für die Einrichtung eines Homeoffice-Arbeitsplatzes nutzen Unternehmen für gewöhnlich sogenannte VPN-Dienste. Doch bei der Auswahl der Anbieter ist, wie in so vielen Fällen, Vorsicht geboten.

> Das Kürzel **VPN** steht für »virtuelles privates Netzwerk«, damit ist ein eigener, verschlüsselter Kanal im öffentlichen Internet gemeint, der – im Fall des Homeoffice – das Endgerät des Mitarbeiters mit dem Unternehmen verbindet.

Im Zuge der Corona-Pandemie tauchte ein Anbieter auf, der auf den ersten Blick nicht zu unterscheiden war von dem seit Jahren als seriös bekannten Anbieter NordVPN. Unter NordFreeVPN.com war eine – inzwischen nicht mehr existierende – Website zu finden, die einen Gratistest des VPN versprach. Doch Huckepack mit der ausgelieferten Software kam eine Schadsoftware namens Grand Stealer mit. Der Name ist Programm: Sie stiehlt im großen Stil. Im Blog des IT-Sicherheitsexperten Felix Bauer, der den Fall analysiert hat, heißt es dazu:

> »Die Malware kann zahlreiche Daten abgreifen: Browser-Profile (Anmeldedaten, Cookies, Kreditkarten, Auto-Fill), Gecko-Anmeldeinformationen, FTP-Zugangsdaten, RDP-Zugangsdaten, Telegramm-Sitzungen, Kryptowährungen, Desktop-Dateien und Screenshots. Des Weiteren kann die Malware weitere Schadprogramme nachladen und so zum Beispiel Dateien löschen/verschlüsseln oder Tastaturanschläge mitprotokollieren.«[41]

Kein Einzelfall, unter ähnlichen Adressen gab es ebenfalls das Versprechen auf kostenlose VPN-Zugänge mit ähnlichen unerwünschten Nebenwirkungen. In der Testumgebung des Security-Bloggers Felix Bauer wurde der Banking-Trojaner NukeBot heruntergeladen.[42]

> **Infostealer** kapern zahlreiche sensible Informationen: gespeicherte Passwörter, Browser-Anmeldedaten, Browserverläufe, Cookies, Chat-Sitzungen, Kryptowährungen, FTP-Zugangsdaten, Screenshots und Desktopdateien.
> Ein **Remote-Access-Trojaner (RAT)** kann das infizierte System durchforsten, den Zugriff auf andere Ressourcen ausbauen, die höhere Privilegien voraussetzen, und sogar weitere Schadprogramme herunterladen.
> **NukeBot** ist ein sogenannter **Banking-Trojaner**, der es auf Zugangsdaten von Onlinebanking abgesehen hat. Genauer gesagt ist NukeBot eine ganze Familie von ähnlichen Programmen, die in vielen unterschiedlichen Varianten existieren und

die nur zum Teil tatsächlich gefährlich sind.[43] »Das Geld ist nicht weg, es hat nur jemand anders«, lautet ein populärer Aphorismus unter Investoren. Er stimmt aber auch in Sachen Cybersicherheit: Nach Attacken auf Banken mit dem Ziel der Manipulation von Zahlungsströmen gibt es hinreichend Indizien dafür, dass Cybergangster längst nicht mehr nur Schwächen im Homebanking von Kleinsparern im Visier haben. In dem Maße, in dem alternative Zahlungsmittel wie Kryptowährungen als Tausch- oder Wertaufbewahrungsmittel verwendet werden, werden diese auch durch Cybergangster bedroht. »Sicher« sind hier nur die Versprechungen der Bitcoin-Propheten. Was diese gerne verschweigen: Alleine im Zeitraum Januar 2017 bis September 2018 sind bei 14 dokumentierten Angriffen auf sogenannte Exchanges – die Bitcoin-Transaktionsclearingstellen – Bitcoins im Wert von gut 800 Millionen Dollar entwendet worden,[44] de facto ohne Aussicht für die Geschädigten, ihre Kryptowerte wiederzuerlangen.

Datenabfluss ohne Zutun

Dass Apps Daten weitergeben, ist kein Einzelfall. Begründet wird das Ganze gerne mit Marktforschung: Der Anbieter wolle seine Kunden besser verstehen und sammle daher – selbstverständlich anonymisierte – Nutzerdaten. Da eine derartige Anonymisierung schnell rückgängig gemacht ist, besteht hier erhebliche Gefahr für Unternehmen, da nicht selten unternehmenskritische Daten auf Smartphones empfangen, gespeichert und verarbeitet werden.

Cloud-Systeme stehen ebenso wie Smartphone-Apps immer wieder im Verdacht, Datenabflüsse zu begünstigen. In Indien wurden, wie lokale Medien berichteten, Unternehmen aus Geheimdienstkreisen gewarnt, dass insbesondere Server des chinesischen Alibaba-Konzerns Daten chinesischer Nutzer nach China abfließen lassen. Angeblich werden Unternehmen mit kostenlosen Testzeiträumen gelockt und deren Daten systematisch nach China weitergegeben.[45] Es gibt genügend Beispiele von Geräten, die »nach Hause telefonieren«, also Daten ohne Zutun und ohne Einverständnis des Nutzers übertragen.

Ausspioniert durch die eigene Überwachungsdrohne

Drohnen werden vielfach eingesetzt, um Industrieanlagen zu überwachen. Der eine oder andere Automobilhersteller nutzt sie, um sein Testgelände gegen unbefugtes Betreten oder auf der Lauer liegende Erlkönig-Fotografen abzusichern. Moderne, IP-basierte Überwachungskameras funktionieren ohne eine Cloud-

Anbindung ebenso wenig wie Drohnen. In beiden Bereichen dominieren chinesische Hersteller den Weltmarkt, Alternativen sind rar und teuer.

Aber was, wenn die Drohne selbst zum Spion mutiert? Im Jahr 2018 wurde ein Fall bekannt, der die Kontroll-App für Drohnen des chinesischen Herstellers DJI betraf, ein Anbieter mit weltweit extrem starker Marktstellung. Während der Nutzung leitete die Drohne Daten an die von dem in Shenzhen ansässigen Unternehmen kontrollierte Cloud-Server von Amazon und Alibaba weiter.[46] Dies führte in der Folge zu einem Sicherheitsaudit und schließlich zu einem Verbot des Einsatzes dieser Drohnen für behördliche und militärische Zwecke in den USA. Wichtig ist es dabei festzuhalten, dass im Audit kein Abfluss von Bildmaterial nachgewiesen werden konnte, Metadaten in Form von »Flightlogs« – also die Dokumentation von Start- und Landeort, Flugstrecke, Flughöhe et cetera – wurden jedoch zumindest zeitweise übertragen.

Inzwischen hat das Unternehmen in Reaktion auf die US-Sanktionen einen »Local Data Mode« angekündigt, bei dem keine Daten ins Netz übertragen werden und die Kommunikation zwischen Steuerung und Drohne lokal verbleibt.[47] Übrigens: Auch wenn die neuen Funktionen bereitgestellt und von einer Sicherheitsfirma auditiert worden sind: Bereits mit dem nächsten Update könnte die Funktionalität durch den Anbieter ohne Wissen und Zutun des Anwenders verändert werden.

Neugierige Smartphones

Xiaomi ist einer der Shootingstars der chinesischen Smartphone-Branche. Mit preiswerter, aber hochwertiger Hardware hat sich das Unternehmen binnen weniger Jahre zum viertgrößten Hersteller gemausert, hinter den Schwergewichten Apple, Samsung und Huawei. Dennoch steht das Unternehmen in der Kritik. So stellte der Sicherheitsforscher Gabriel Cirlig fest, dass der Standard-Internetbrowser seines Xiaomi-Smartphones alle besuchten Websites aufzeichnete, einschließlich der Suchmaschinenanfragen, ob mit Google oder dem datenschutzfreundlichen DuckDuckGo, und jeden Artikel, der in einer Nachrichten-Feed-Funktion der Xiaomi-Software angesehen wurde. Diese Verfolgung schien selbst dann zu erfolgen, wenn er den angeblich privaten Inkognito-Modus benutzte. Das Gerät zeichnete zudem auf, welche Ordner er öffnete und auf welche Bildschirme er wechselte, einschließlich der Statusleiste und der Einstellungsseite.

Alle Daten wurden komprimiert und an entfernte Server in Singapur und Russland geschickt, obwohl die dort gehosteten Web-Domains in Peking registriert waren, also unter chinesischer Kontrolle standen. Ebenso wurden Daten über App-Aufrufe weitergegeben. »Es ist eine Backdoor mit Telefonfunktionalität«, zitierte das US-Magazin *Forbes* den Sicherheitsforscher. Das Unternehmen stritt die übergriffige Datensammlung zunächst ab, veröffentlichte jedoch kurz darauf ein Update für den Browser mit Änderungen für die Privatsphäreeinstellungen.[48]

Das ist aber nicht das einzige Problem, das Smartphones haben. Android-Smartphones, die Google-Dienste benutzen, übertragen im Ruhezustand – also ohne Eingriff des Benutzers – rund 260 Megabyte pro Monat über Mobilfunk. Dies behauptet zumindest ein Kläger in einem Gerichtsverfahren in den USA, der Google den unautorisierten Verbrauch des Datenvolumens seines Mobilfunkvertrags vorwirft.[49] Was genau übertragen wird, ist nicht bekannt, aber die Menge an sogenannten Telemetriedaten ist schon enorm. Übrigens: Auch iOS, das Betriebssystem für Smartphones und Tablets von Apple, überträgt Daten im Ruhezustand ebenso wie praktisch alle gängige Software wie Windows und Office.

Dafür kann es gute Gründe geben, die Heimlichtuerei der Anbieter weckt jedoch kein Vertrauen.

Worauf Sie achten sollten

Ganz ohne Datenabfluss geht es nicht mehr in der modernen Welt. Daher sollten Sie – wenn Sie die Wahl haben – Systeme bevorzugen, die ein (relatives) Mehr an Datensicherheit und Datenschutz versprechen. Bei Smartphones ist dies möglich, bei vielen anderen Produkten und Diensten ist dies jedoch nicht ohne Weiteres feststellbar.

Allein auf weiter Flur – der Chief Information Security Officer

Angesichts der vielen Fallbeispiele über Sicherheitslecks und erfolgreiche Cyberattacken klingt das Tätigkeitsfeld eines Cybersicherheits-Verantwortlichen nicht nur nach Stress, es ist auch stressig. Hinzu kommt das Ringen um Budgets vor dem Hintergrund der schwierigen Bemessungsgrundlage für den Erfolg einer einzelnen Sicherheitsinvestition. In diesem Umfeld steht der Chief Information Security Officer (CISO) – wenn es denn eine Person mit diesem Titel gibt und diese Aufgabe nicht von jemand anderem miterledigt werden muss – oft auf verlorenem Posten.

Erfolgsdruck und ein daraus resultierender hoher Stresspegel sind die Regel bei CISOs. Nur rund 26 Monate blieben sie nach einer Umfrage der US-Technologiefirma Nominet unter 800 CISOs in den USA und Großbritannien im gleichen Unternehmen.[50] Für Deutschland gibt es zwar keine entsprechenden Studien, aber auch hier gilt: Jede erfolgreiche Cyberattacke eines Angreifers kann ein Grund sein, sich vom CISO zu trennen. Selbst wenn er alle Regularien befolgt, alle Patches eingespielt und alle Konfigurationen richtig veranlasst hat, kann eine Zero-Day-Attacke, also ein Angriff, der auf einer noch nicht öffentlich bekannt gewordenen Sicherheitslücke beruht, das Ende seiner Karriere bedeuten – zumindest in dieser Firma.

Der Druck, unter dem die Sicherheitsverantwortlichen stehen, ist enorm:[51]

- 88 Prozent der CISOs geben an, in ihrem Beruf mäßig oder stark gestresst zu sein.
- 48 Prozent finden, dass Arbeitsstress negative Auswirkungen auf ihre geistige Gesundheit hat.
- 40 Prozent sagen, dass der Stress negative Auswirkungen auf ihre Beziehungen zu Partnern und Kindern hat.
- 32 Prozent sehen negative Auswirkungen auf ihre Ehe oder romantischen Beziehungen.
- 32 Prozent sehen auch Effekte für ihre Freundschaften im Privatleben.
- 23 Prozent geben zu, bereits zu Medikamenten oder Alkohol gegriffen zu haben, um mit dem Stress klarzukommen.

Erschreckende Zahlen, finden Sie nicht? Vergleichsdaten für Deutschland sind zwar nicht bekannt, ich kenne jedoch einige CISOs und Führungskräfte in Positionen mit vergleichbarem Verantwortungsspektrum, und nicht selten berichten diese in vertraulichen Gesprächen von stressbedingten Problemen.

Qualifikation für den Posten als CISO

Eine formale Ausbildung zum CISO wird in Deutschland nicht angeboten, es gibt zwar ein Studienangebot an IT-Sicherheitsstudiengängen inklusive IT-Sicherheitsmanagement, aber dies sind überwiegend Angebote, die erst in den vergangenen Jahren entwickelt worden sind. Quereinsteiger sind in diesem Berufsbild daher die Regel und Fortbildungen üblich, in den USA sind es gut zwei Drittel.[52] Beim Fortbildungsprogramm des TÜV Nord bedarf es nur zweier einwöchiger Kurse und zweier Prüfungen, damit das angestrebte Zertifikat in greifbare Nähe rückt. Die Herausforderung dort – wie bei ähnlichen Programmen: Das Ganze geht weitgehend ohne praktische Erfahrungen ab.

Inwieweit sich ein Kandidat für eine Stelle als Verantwortlicher für IT-Sicherheit mit technischen Details auskennen muss, ist umstritten. Aus meiner persönlichen Sicht ist gegen ein fachfremdes Studium nichts einzuwenden, sofern auch praktische Erfahrungen mit Computer-Networking vorhanden sind: Das Verständnis dafür, wie und auf welchem Weg Datenpakete übertragen werden, ist essenziell für alle weiteren darauf aufbauenden Fähigkeiten und Fertigkeiten. Die reine Kenntnis der Formalien – wie in den meisten Fortbildungskursen – ist für sich alleine betrachtet spätestens im Störfall ein Problem.

2017 machte die Cyberattacke auf den Dienstleister Equifax weltweit Schlagzeilen. Das US-amerikanische Unternehmen nimmt, ähnlich wie die Schufa, Kreditwürdigkeitsprüfungen vor. Durch den Hackerangriff landeten Millionen von sensiblen Kundendaten im Internet. Die als Chief Security Officer (CSO, hierzulande ist eher das Kürzel CISO für Chief Information Security Officer gängig) verantwortliche Susan Mauldin sowie der Chief Information Officer (CIO) Dave Webb legten infolge des Vorfalls ihre Ämter nieder[53]. Beide hatten für ihren Beruf keine relevante fachliche Ausbildung vorzuweisen. Mauldin hat Musik studiert, Webb einen Bachelor in Russisch und einen MBA – also eine klassische angloamerikanische Managementausbildung ohne großen technischen Bezug.[54]

Durch ein Gerichtsverfahren zu dem Hackerangriff wurden 2019 haarsträubende Details über die Sicherheitsmängel bei Equifax bekannt. Unter anderem wurde ein Onlineportal, in dem Kreditdispute gemanagt wurden, mit der Kombination aus Nutzername »admin« und dem Passwort »admin« abgesichert.[55]

Es ist zwar nicht die Aufgabe eines CISO, Passwörter zu vergeben, aber die Definition der Anforderungen an Sicherheitsprozesse und die Auswahl der mit kritischen Aufgaben betrauten Mitarbeiter sehr wohl – ebenso wie die Verabschiedung einer Passwort-Policy, die klare Regeln für die Vergabe von sicheren Passwörtern für das gesamte Unternehmen vorschreibt.

Diskrepanz zwischen Anforderungen und Fähigkeiten

Der Blog »KrebsOnSecurity« liefert – unter Bezug auf eine Studie des US-amerikanischen The Sans Institute, das auf Cybersicherheitstrainings spezialisiert ist – Hinweise für ein dramatisches Auseinanderlaufen der Anforderungen von Arbeitgebern und den Kenntnissen, die Bewerber in diesem Sektor mitbringen.[56]

Fachkenntnisse	Anteil der Kandidaten, die nicht in der Lage waren, auch nur grundlegende Aufgaben in dem Bereich auszuführen	Anteil der Kandidaten, die erstklassige Hands-on-Leistungen in dem Bereich zeigen konnten
Kenntnis gängiger Sicherheitslücken	66 %	4,5 %
Verständnis von Rechnerarchitekturen	47 %	12,5 %
Netzwerktechnologie	46 %	4 %
Linux	32 %	14 %
Programmierung	32 %	11,5 %
Kryptografie	30 %	2 %

Die Angaben sind zwar nur für die USA erhoben und deutsche Zahlen fehlen, es gibt jedoch keinen Grund anzunehmen, die Herausforderungen wären im deutschen Sprachraum nicht vergleichbar und die am Markt auffindbaren Kompetenzen nicht ähnlich gelagert. Aus der Arbeit mit verschiedenen Unternehmen im Cybersicherheitsumfeld weiß ich: Im gesamten deutschsprachigen Raum herrscht ein Defizit an Fach- und Führungskräften. Insbesondere Dienstleister suchen händeringend nach qualifizierten Experten.

Aufgaben und Verantwortungsbereiche des CISO

Der CISO (Chief Information Security Officer) hat üblicherweise die Cybersicherheitsaufgabe im Unternehmen, die am höchsten in der Hierarchie angesiedelt ist. Vielfach berichtet der CISO direkt an die Geschäftsleitung. Die Verantwortlichkeiten von CISOs variieren je nach Branche und Unternehmensgröße. In großen Unternehmen leitet der CISO typischerweise ein Team von IT-Sicherheitsexperten, die für das Unternehmen arbeiten. Bei kleineren Unternehmen koordiniert der CISO – so es eine dedizierte Rolle gibt – vielfach externe Dienstleister. CISOs sind typischerweise sowohl für den laufenden sicheren IT-Betrieb als auch strategische Themen bis hin zur Risikobewertung neuer Produkte und Dienste verantwortlich.

Es sei an dieser Stelle daran erinnert, dass auch andere Funktionen in der IT nicht überall einheitlich gelebt werden. Wenn man sich nur auf die Rolle des Chief Information Officer (CIO) fokussiert, findet man in diesem Rollenbild zwar einerseits erfahrene ITler, die von einer Stelle als Systemadministrator kommend Karriere gemacht haben, andererseits aber auch klassische Manager, die wenig fachlichen Bezug mitbringen. Wer im Einzelfall die Position besser ausfüllt, ist nicht immer eindeutig vorher absehbar. Was gemeinhin mit Problemlösungskompetenz beschrieben wird, ist ebenso eine Voraussetzung wie das Gespür für das, was machbar ist.

Vollends kompliziert wird die Sachlage dann, wenn man zwischen dem CIO als »internem Dienstleister« und dem CIO als »Innovationstreiber« differenziert. Hier haben Unternehmenskultur und Positionierung der Rolle in der Managementhierarchie erheblichen Einfluss auf die Anforderung der Stelle. Anders gesagt: Wo CIO draufsteht, muss noch lang nicht CIO drin sein. Ein IT-Verantwortlicher, der einem Finanzvorstand zuarbeitet, wird fast immer von dessen traditioneller Sicht auf die IT geprägt sein. »Dienstleister für alle« ist hier die Prämisse, Kosten pro Nutzer beziehungsweise pro Anwendungsfall die dominierenden Stellgrößen. Anders bei einem CIO, der sich auch als »Member of the board« (CIO im eigentlichen Sinne) sehen kann. Hier steht häufig auch die Innovationskomponente im Anforderungsprofil, so diese nicht an einen Chief Digital Officer (CDO) delegiert ist.

Ob daneben ein Chief Information Security Officer (CISO) als Führungskraft existiert oder der CIO dessen Aufgaben im Rahmen seiner Tätigkeit miterledigen muss, hängt überwiegend von der Unternehmensgröße ab. Viele Maßnahmen, die eine dauerhaft erfolgreiche Cybersicherheitsstrategie ausmachen, funktionieren zudem nur, wenn das Fachpersonal rund um die Uhr zur Verfügung steht, und das ist in allen kleinen und den meisten mittelständischen Unternehmen schlicht nicht zu leisten, es sei denn, man kann auf externe Dienstleister zugreifen.

Suche nach versiertem IT-Personal

Das Problem: Die Verfügbarkeit geeigneter, das heißt qualifizierter und motivierter Mitarbeiter ist gering, aber der Bedarf ist hoch. In manchen Untersuchungen ist davon die Rede, dass weltweit sogar mehrere Millionen Mitarbeiter mit Cybersicherheitskenntnissen fehlen. Die Bandbreite der Angaben ist enorm. Die extremste Einschätzung kommt von der in Nordamerika und Europa tätigen Herjavec Group, einem Anbieter von Dienstleistungen für Cybersicherheit: 3,5 Millionen offene Cybersecurity-Positionen weltweit, davon rund 400 000 in Europa.[57]

Ohne klaren Qualifikationsweg fehlt der Nachschub an Fachkräften. Die Folge: Der Kampf um die wenigen geeigneten Mitarbeiter treibt seltsame Blüten, insbesondere in den USA. So berichtet die *Los Angeles Times* über Spitzen im Gehaltsniveau für Cybersicherheitsexperten und bezieht sich dabei auf einzelne Führungskräfte. Bis zu 2,5 Millionen US-Dollar Jahresgehalt bekommen demnach Cybersicherheitschefs in Großunternehmen.[58] Das hohe Gehaltsniveau führt dazu, dass viele Unternehmen beim Kampf um geeignetes Personal nicht mehr mithalten können, und befördert damit den Trend zum Outsourcing. Das sind gute Nachrichten für Dienstleister in diesem Umfeld, aber auch diese leiden unter einem Mangel an qualifiziertem Personal.

Worauf Sie achten sollten

»Everybody has a plan, until they get punched in the face.« Dieser Spruch wird dem Boxer Mike Tyson zugeschrieben, bringt aber auch deutlich die Erfahrungen vieler Unternehmen auf den Punkt. Im Ernstfall, also bei einer Cyberattacke, stellen sie fest, dass sie nicht die richtigen Leute auf der richtigen Position haben.

Ich persönlich bin sehr skeptisch, was die Besetzung von Nicht-Fachleuten für Cybersecurity-Führungsaufgaben angeht. Im besten Fall bekommen Sie eine Person für die Aufgabe, die Richtlinien beachten und Normen umsetzen kann. Seien Sie auf der Hut vor einer rein Compliance-based-Security, die nur auf Formalien und Planungen setzt, und sorgen Sie für praktische Kompetenz im Haus, wenn schon nicht in der Position des IT-Sicherheitsverantwortlichen, dann wenigstens in dessen Einflussbereich.

Meine Empfehlung für Sie als Geschäftsführer oder Manager: Nehmen Sie sich etwas Zeit und beschäftigen Sie sich mit den grundlegenden Problemen der Cybersicherheit. Viele Basics erfahren Sie bereits durch die Lektüre dieses Buchs. Sie müssen nicht selbst zum Hacker werden, aber Sie sollten verstehen, was bei Cyberattacken passiert, was auf dem Spiel steht, damit Sie mit Ihren Fachleuten und Dienstleistern auf Augenhöhe sprechen und adäquate Lösungen für Ihr Unternehmen finden können.

Achten Sie bei der Suche nach Cybersecurity-Personal auf mehr als nur Formalqualifikation, sondern suchen Sie nach Menschen mit nachweisbarer Erfahrung und öffnen Sie dieser Person Perspektiven. Warum sollte sie gerade bei Ihnen arbeiten?

Was den Rest Ihrer Belegschaft angeht, ist die Schaffung von Awareness die wichtigste Sicherheitsmaßnahme. Diese sollte idealerweise immer wieder aufgefrischt werden. Zahlreiche Unternehmen bieten Dienstleistungen (Schulungen, Selbstlernsysteme et cetera) in diesem Bereich an. Wichtig ist, dass die Geschäftsleitung dahintersteht und die Mitarbeiterinformation nicht als lästige Pflicht, sondern als Chance sieht, aktiv etwas für mehr Sicherheit zu tun. Wichtig ist, dass Sie Cybersicherheit als Marathon sehen und nicht als Sprint.

Ein wesentliches Risiko für die Zukunft, das Sie im Auge behalten sollten, ist die sogenannte Breach-Fatigue, also die Müdigkeit, die die Verteidiger überfällt. Zermürbt vom ewigen Abwehrkampf werden aus kleinen Risiken dann plötzlich große, weil die Verantwortlichen nach dem hundertsten kleinen Sicherheitsvorfall nicht mehr so genau hinsehen. Wie können Sie das verhindern? Als Geschäftsführer oder Führungskraft haben Sie es in der Hand, das richtige Mindset vorzuleben, und können motivierend wirken. Teamgeist ist selten so wertvoll wie im Bereich IT und Cybersicherheit.

Mit im Boot – Sensibilisierung der Mitarbeiter

Wechselnde betriebliche Anforderungen und immer neue Aufgabenfelder durch den digitalen Wandel sorgen dafür, dass Aus- und Weiterbildung im Betrieb vor neuen Herausforderungen stehen. Streitthema ist dabei – wie auch bei Schulen und Universitäten – die Digitalisierung. Nicht zuletzt durch die Corona-Pandemie mussten aufgrund des Lockdowns schnell Lösungen zum E-Learning geschaffen werden. Die favorisierte Lösung ist nicht selten ein Onlinekurs am heimischen Computer oder Tablet. Vorbild sind die Massive Open Online Courses, die zuerst von US-amerikanischen Hochschulen und dann von diversen Learning-Start-ups implementiert wurden. Im Idealfall wird ein Lerninhalt einmal professionell produziert und dann vielfach abgerufen.

Wie sinnvoll sind betriebliche Online-Weiterbildungsmaßnahmen, wie etwa für Security-Awareness-Trainings, die Ihre Mitarbeiter für die Herausforderungen im Bereich Cybersicherheit sensibilisieren sollen? Das Problem: In vielen digitalen Lernanwendungen und -plattformen stecken Sicherheitsrisiken, teilweise vergleichbar mit jenen bei Videokonferenzen und Webinaren:

- Wie geht die Anwendung oder Plattform mit den sensiblen Daten der Teilnehmer um?
- Nutzt sie die Webcam und/oder das Mikrofon?
- Wie werden die Daten zwischen Lernplattform und Unternehmen übertragen, und wie und wo werden diese gespeichert?

Eine Aufgabe für den betrieblichen Datenschützer, aber auch eine Datensicherheitsfrage, da jede Implementierung einer komplexen Software Sekundärrisiken mit sich bringen kann. Zu Sicherheitsfragen beim E-Learning gibt es eine Vielzahl von Untersuchungen. Das Fazit der meisten Studien: Cybersicherheit hat noch keinen sonderlich hohen Stellenwert bei der Gestaltung der Produkte.[59]

Eine zusätzliche Schwierigkeit in vielen Firmen: Weiterbildungen werden meist von der zuständigen Fachabteilung direkt beauftragt. Das bedeutet, die Verantwortlichen für IT-Sicherheit und Datenschutz wissen von nichts. Sie werden vorab selten um eine Beurteilung oder Einschätzung verschiedener Angebote gebeten. Doch sie werden hektisch zu Rate gezogen, wenn etwas nicht so funktioniert wie erwartet. Ein weiteres klassisches Beispiel für die potenziellen Gefahren der Schatten-IT.

Worauf Sie achten sollten

Nehmen Sie Awareness-Maßnahmen für Cybersicherheit ernst und nutzen Sie nach Möglichkeit einen erfahrenen Trainer und keinen Onlinekurs. Lassen Sie im Rahmen Ihrer internen Schulungen auch die Experten in Ihrem Hause zu Wort kommen. Dies stärkt den Zusammenhalt und senkt die Hemmschwelle für jeden einzelnen Mitarbeiter, im Verdachtsfall rechtzeitig Alarm zu schlagen. Das kann mitunter entscheidend dafür sein, ob ein Angriff rechtzeitig erkannt wird und damit abgewehrt werden kann, bevor Schaden entsteht.

Ihre Verteidigungslinien – mehr Cybersicherheit in Ihrem Unternehmen

Es gibt einige wichtige Aspekte, die Sie bei Ihrer Sicherheitsstrategie berücksichtigen sollten, um den Weg zu einem cybersicheren Unternehmen zu ebnen. Ich gebe hier ganz bewusst keine Empfehlungen für einzelne Produkte ab. Wichtiger ist mir, dass Sie verstehen, worauf es ankommt, um selbst die Weichen richtig zu stellen. Die Aufgabe, ein konkretes Produkt auszuwählen, sollten Sie im Zweifel mit jemandem angehen, der Sie neutral und mit Fachkenntnis beraten kann. Denn es gibt kein One-Size-Fits-All-Produkt für Cybersicherheit. Eine Lösung, die für eine Branche oder Unternehmensgröße taugt, ist vielleicht für andere Ausgangssituationen falsch dimensioniert oder aufgrund der Komplexität womöglich nicht beherrschbar.

Einfallstore und Ziele der Cyberkriminellen und wie Sie damit umgehen

Cyberkriminelle versuchen mit allen zur Verfügung stehenden Mitteln, die Schutzwälle, Mauern und Wächter Ihrer Unternehmensburg zu überwinden. Die Motive sind unterschiedlich, aber fast immer von der Aussicht auf »das schnelle Geld« getrieben, ganz egal ob es nun um die Erpressung durch die Verschlüsselung Ihrer Dateien (Ransomware), die Einflussnahme auf Ihre Überweisungen (CEO-Fraud) oder Industriespionage geht, um nur die wichtigsten konkreten Bedrohungen für mittelständische Unternehmen und andere Organisationen zu nennen. Ein Großteil der Bedrohungen geht dabei von hochprofessionellen arbeitsteiligen Banden aus, die sich typischerweise auf einzelne Zielsegmente spezialisieren. Zunehmend werden dabei – nach allem, was man darüber weiß – Opfer gezielt ausgewählt, manchmal sogar einzelne Personen in Unternehmen gezielt attackiert. Die Erkenntnis hilft, wenn auch nur bedingt, da man sich auf Angriffsmuster in Ihrer Branche einstellen kann. Jeder Fall in Ihrer Branche sollte Sie hellhörig werden lassen und Sie sollten genau versuchen zu verstehen, was passiert ist, um nicht in die gleiche Falle zu tappen. In jedem Fall sollten Sie aber Ihr Haus in Ordnung bringen und anhand der nachfolgenden Punkte überlegen, wo möglicherweise Defizite sind, um diese dann direkt zu adressieren.

Daten klassifizieren und die wirklich wichtigen separieren

Die möglicherweise wichtigste Aufgabe, wenn es um die Abmilderung der Folgen einer möglichen Cyberattacke geht, ist die Datenklassifikation. Oben wurde bereits die unterschiedliche Bedeutung der Datenbestände diskutiert. Spätestens jetzt müssen Sie vom theoretischen Verständnis zur praktischen Anwendung kommen und Ihre Daten dem Schutzbedarf entsprechend klassifizieren. Die Fragen dahinter sind eigentlich ganz einfach: Welche Informationen/Dokumente/Systeme dürfen Sie auf keinen Fall verlieren beziehungsweise dürfen unter keinen Umständen in falsche Hände gelangen? Je nach Unternehmen, Geschäftsmodell und Branche können dies ganz unterschiedliche Elemente sein von Konstruktionsplänen bis zu Kalkulationsverfahren. Identifizieren und separieren Sie diese auch vom Rest der internen Infrastruktur. Im Extremfall kann es sogar geboten sein, bestimmte Dokumente oder Verfahren nur auf Rechnern zu halten, die keine physische Verbindung zu einem Netzwerk haben. Ein sogenannter »Air Gap« ist immer noch die sicherste mögliche, wenn auch reichlich unkomfortable Lösung zur Sicherung Ihrer Kronjuwelen vor unbefugtem Zugriff. Dies ist aber nur der erste Schritt.

Für Netzwerksicherheit sorgen

Wie Sie wissen, hat das Modell der Perimeter-Security massive Lücken. Dennoch geht es nicht ohne Firewall und Co. Denken Sie auch an die richtige Konfiguration der Firewall-Regeln und ziehen Sie dafür in jedem Fall kompetente Fachleute hinzu. Die nun definierten Zugangsregeln sollten nicht nur Ihren aktuellen Anforderungen entsprechen, sondern auch zukünftig anpassbar sein. Diese müssen exakt auf Ihre Anforderungen passen und sollten so sicher wie möglich und so durchlässig wie absolut nötig konfiguriert sein.

Schutzsoftware gegen Schadsoftware installieren

Früher hieß das mal Virenschutz, aber heute sind die Begrifflichkeiten nicht mehr so eindeutig. Bezeichnungen hin oder her, Sie brauchen in jedem Fall eine unternehmensweite Malware-Lösung, die sich automatisch anhand der aktuellen Bedrohungslage aktualisiert.

Viele aus kleinen Umfängen stark gewachsene Unternehmen haben einen ganzen Zoo von Virenschutzlösungen, die meist nur auf einzelne Rechner bezogen sind. Vereinheitlichen Sie das unbedingt auf eine zentral gemanagte und upgedatete Lösung von einem etablierten Anbieter.

Daten sichern

Ich kann es nicht genug betonen: Datensicherung ist das A und O, um nach einem simplen Ausfall, aber auch nach einem erfolgreichen Cyberangriff einen Arbeitsstand wiederherstellen zu können, der so aktuell wie möglich ist.

Wenn ich als Experte bei einem Vorfall zu Hilfe gerufen werde, erlebe ich jedoch zu oft, dass ein Backup nur »theoretisch« existiert, sei es, dass es zwar einmal eingerichtet wurde, aber eben in letzter Zeit nicht funktioniert hat, oder sich nie jemand die Frage gestellt hat, wie es wäre, alles wieder zurückzuspielen. Anders gesagt: Wer Backup sagt, muss auch an Desaster-Recovery – also an Wiederherstellung der Systeme – denken und einen Notfallplan haben.

Ebenfalls wichtig ist es, mehr als ein Backup zu haben. Bei zyklischen – im Idealfall täglichen – Backups sollten Sie nicht nur die jeweils letzten Backups haben, denn auch diese könnten bereits mit Schadsoftware verseucht sein, sondern möglichst mehrere Versionsstände, sodass Sie auch einen früheren Stand wiederherstellen können.

Es versteht sich von selbst, dass Backups »Offline« gelagert werden sollten, sodass etwa eine sich im Unternehmensnetz ausbreitende Ransomware keine Chance hat, das Backup mit zu verschlüsseln.

Mitarbeiter auf aktuellem Wissensstand halten

Von »Awareness« war bereits die Rede. Das ist keine einmalige Aktion. Halten Sie Ihre Mitarbeiter, Kollegen und gegebenenfalls auch Vorgesetzten auf möglichst aktuellem Stand in Sachen Cybersicherheit. Ihre Leute sollten durchaus wissen, wie es um die aktuelle Bedrohungslage bestellt ist. Trifft es einen Wettbewerber aus Ihrer Branche, so sollten Sie das zum Anlass nehmen, Awareness aufzufrischen. Je konkreter, desto besser!

Dies kann durch gelegentliche Schulungsmaßnahmen geschehen, vielfach kann man diese mit Datenschutzschulungen kombinieren. Onlineschulungen und E-Learning sind grundsätzlich möglich, können aber vielfach die Aufmerksamkeit der Nutzer nicht dauerhaft fesseln. Wenn von der Sicherheitsschulung nur hängen bleibt: »Wir haben da so einen Comic-Hund und der erklärt etwas«, wie es mir von den verpflichtenden Schulungen in einem großen Telekommunikationsunternehmen übermittelt wurde, ist das Klassenziel klar verfehlt. Unter Umständen kann es sich lohnen, mithilfe eines externen Dienstleisters einen Test durchzuführen. In diesem Fall werden dann – ohne dass die Mitarbeiter es wissen – Phishing-Mails versendet oder USB-Sticks bewusst auf dem Parkplatz deponiert, als hätte sie jemand verloren. Dann wird anonym ausgewertet: Wie viele Mitarbeiter haben auf die E-Mail-Anlage geklickt? Wie viele sind skeptisch geworden und haben ihren Vorgesetzten informiert? Wie viele haben den USB-Stick an ihren Rechner gesteckt, um zu sehen, wem er vielleicht gehört? Und wie viele haben ihn stattdessen bei der IT-Abteilung abgegeben?

Bei allen Awareness-Maßnahmen gilt: Wiederholen, wiederholen, wiederholen! Auch wenn Sie im Grunde überzeugt sind, dass Ihr Team weiß, dass man keine zweifelhaften Links in E-Mails anklickt oder fremde USB-Sticks nicht ungeprüft in Betrieb nimmt – in der Praxis reicht ein Mitarbeiter, der in der Hektik des Alltags nicht daran denkt.

Für eine sichere Konfiguration sorgen

Eigentlich ein triviales Thema, möchte man meinen, dennoch scheitern in der Praxis viele Unternehmen genau an diesem Punkt: der richtigen Konfiguration vorhandener IT-Systeme. Dieses Problem ist universell, denn es betrifft Firewalls und Malwareschutz ebenso wie Cloud-Anwendungen, Betriebssysteme und gängige betriebliche Anwendungen.

Viele Firmen, die es eigentlich gut meinen und in den Schutz ihrer Systeme investieren und entsprechende Hardware und Software erwerben, scheitern an diesem Punkt. Grundsätzlich gilt: Schnell konfiguriert ist fast immer falsch konfiguriert. Anders ausgedrückt: Die Tatsache, dass ein System funktioniert, bedeutet noch lange nicht, dass alles korrekt implementiert ist.

Oben wurde dies bereits anhand von Cloud-Anwendungen thematisiert. Ein erheblicher Teil aller Datenlecks im Bereich des Cloud-Computing kommt daher, weil der Administrator nicht alles bedacht hat oder schlicht mit der Vielfalt der Einstellungen überfordert war. Doch die Schuld pauschal auf die IT-Abteilung zu schieben, greift vielfach zu kurz. Zum einen werden viele Anwendungen an der IT-Abteilung vorbei beauftragt, installiert und betrieben, zum anderen ist die Vielfalt an Anwendungen und Technologien so enorm, dass der einsame Administrator im Mittelstand oder das kleine IT-Team vielfach damit überfordert ist.

Dies gilt zum Beispiel auch für die richtige Konfiguration eines Firewall-Systems. Die Grundeinstellungen – damit alles erst mal läuft – sind schnell gemacht. Um die Möglichkeiten des Systems in Sachen Sicherheit auszureizen, muss man jedoch meist aufwendige Regelsysteme definieren und vor allen Dingen auch pflegen. Stattdessen passiert oft das Gegenteil, denn viele Wünsche aus der Fachabteilung à la »wir brauchen mal kurz Zugriff auf xy« werden mal eben umgesetzt, selten dokumentiert und geraten in Vergessenheit. In der Folge wird eine solche Firewall – auch wenn sie grundsätzlich richtig konfiguriert war – irgendwann so löchrig wie ein Schweizer Käse. Auch in der Cybersicherheit gilt: Gut gemeint ist noch lange nicht gut gemacht.

Bestehende technische Systeme updaten

Aber es gibt auch Versäumnisse, für die es keine Entschuldigung gibt: Im Bereich der Anwendungssysteme wird häufig unregelmäßig upgedatet, obwohl nachweislich meist Firmen mit veralteten Systemumgebungen von Cyberattacken betroffen sind. Regelmäßige Updates könnten das verhindern. In eher einfachen Systemumgebungen, wie sie im Mittelstand dominieren, gilt daher die uneingeschränkte Empfehlung: Wenn es eine automatische Updatefunktion gibt, unbedingt aktivieren! Fairerweise muss gesagt werden, dass diese Empfehlung auf komplexere Systemumgebungen nicht ohne Weiteres übertragbar ist, denn die Gefahr, dass durch einzelne Updates oder Patches bestimmte Funktionen nicht mehr zur Verfügung stehen oder zu unerwünschten Nebenwirkungen führen, ist durchaus real. Dafür bräuchte man dann eine Abteilung, die neue Versionen und Patches testet, bevor diese unternehmensweit »ausgerollt«, also auf alle Systeme aufgespielt, werden. Nichtstun ist aber unabhängig von der Unternehmensgröße keine Option, sondern eine Katastrophe mit Ansage!

Zugriffsrechte steuern

Wir sind mittendrin im Digitalzeitalter, das geprägt ist von Begriffen wie »kollaboratives Arbeiten« und »Open Innovation«. Etwas überspitzt gesagt: Alle dürfen irgendwie alles machen, sich ihre Aufgaben selbst suchen, Hierarchien werden unwichtig und manchmal wird ganz ernsthaft gefordert, dass auch ein Lehrling oder Praktikant, zumindest zeitweise, Mitglied im Managementboard sein darf. Das ist keineswegs Spinnerei, sondern primär getrieben von dem Gedanken, dass – wenn man nur zurückgeht in die Gründerphase – man auch das wiederbringen kann, was man seither verloren zu haben glaubt, nämlich Gründergeist und Innovation.

Und in der Tat tun sich viele Unternehmen furchtbar schwer damit, echte Innovationen voranzubringen, und beschränken sich auf inkrementelle Verbesserungen. Damit sind sie ganz automatisch der Gegenentwurf zum agilen Start-up, in dem – vor dem Hintergrund meist ständiger Geldknappheit – Innovationsfähigkeit zum Überlebensfaktor wird. Im Englischen gibt es sogar einen Begriff für jene Wandlungsfähigkeit im Geschäftsleben: »to pivot«, der mit »sich drehen« nur sehr ungenügend ins Deutsche übersetzt ist.

Es wirkt daher wie das Gegenteil des aktuellen Zeitgeists und irgendwie wie ein bisschen aus der Zeit gefallen, wenn ich Ihnen nun empfehle, Zugriffsrechte auf Daten und Systeme hart zu beschränken. Dennoch gibt es dafür gute Gründe.

Die Grundlage ist dabei das »Need-to-know«-Prinzip, das bedeutet, eine Person soll nur auf das zugreifen dürfen, was sie zur Erfüllung ihrer Aufgabe braucht. Damit wird zweierlei erreicht: Einerseits werden Datenabflüsse durch Innentäter so weit wie möglich vermieden. Zum anderen werden externe Attacken, die durch gestohlene Zugangsdaten entstehen, in ihren möglichen Auswirkungen begrenzt. Und – ganz nebenbei – hilft ein durchgängiges Rechtekonzept auch bei der Einhaltung der Anforderungen, die sich aus der Datenschutzgrundverordnung (DSVGO) ergeben.

Wechselmedien im Zaum halten

Zum Glück ist sie inzwischen praktisch ausgestorben, die Diskette. Dieses Wechselmedium der Vergangenheit ist – bis auf wenige Nischen, wie etwa die monatlichen Navigationsdaten-Updates in bestimmten Varianten der Boeing 747 – inzwischen Geschichte. Womöglich haben auch Sie noch eine nutzlos gewordene Diskettenbox irgendwo zu Hause oder in einem Schrank Ihres Unternehmens. Über Disketten verbreitete sich die erste Generation von Computerviren von Rechner zu Rechner, und diese Gefahr bleibt bestehen, denn Wechseldatenträger gibt es nach wie vor. Heute sind es – mit Ausnahme der in Kameras und Smartphones gebräuchlichen Speicherkarten – typischerweise USB-Sticks oder USB-Laufwerke, die in Unternehmen Einsatz finden. Allzu oft stammen sie aus unkontrollierbaren und damit potenziell unsicheren Quellen, etwa aus dem heimischen Bestand der Mitarbeiter oder auch als Werbegeschenk oder Angebotsdatenträger von Lieferanten.

Eine unkontrollierte Nutzung – wie sie in den meisten Unternehmen üblich ist – erhöht die Gefahr des Befalls ihrer Rechner mit Schadsoftware, ebenso wie das Risiko des Datenabflusses oder – ganz ohne jede böse Absicht der Beteiligten – die Gefahr des unbeabsichtigten Verlusts. USB-Sticks werden gerne verloren und so diese nicht verschlüsselt sind, gehen die darauf gespeicherten Daten ebenso verlustig, das heißt unkontrolliert in Hände Dritter über. Wenn auf dem Stick personenbezogene Informationen – etwa Kundenlisten – gespeichert sind, ist der Verlust automatisch auch ein Datenschutzverstoß, der im Regelfall meldepflichtig ist. Blamage garantiert, Strafe möglich.

Ein weiteres Problem: Wechseldatenträger gibt es inzwischen mit enormen Speicherplatzgrößen, auf einen modernen USB-Stick passen unter Umständen mehrere Hundert Gigabyte und auf eine kleine externe Festplatte gar mehrere Terrabyte. Damit lassen sich substanzielle Datenmengen bewegen, und diese sind geradezu eine Einladung für Innentäter, sich wichtige Unternehmensinformationen unter den Nagel zu reißen.

Ich würde Ihnen daher dringend empfehlen, eine Lösung für die Verwaltung von Datenträgern zu implementieren, die nur bestimmte unternehmenseigene Geräte erlaubt und gleichzeitig eine Verschlüsselung erzwingt. So ist im Fall des Verlusts die Gefahr, dass Daten in die Hände von Dritten fallen können, minimiert.

Sie können das Thema auch etwas größer denken und eine unter dem Schlagwort DLP (Data Loss Prevention – oder auch synonym verwendet Data Leakage Prevention) angebotene Softwarelösung einführen. Diese hilft Ihnen – im Idealfall – nicht nur mit den Datenträgern, sondern auch an anderen Stellen, an denen es zum Abfluss von Daten kommen kann, etwa bei E-Mails.

Mobiles Arbeiten und Homeoffice separat regeln

Die Corona-Pandemie hat es gezeigt: Arbeiten von zu Hause aus funktioniert in vielen Fällen besser als gedacht. Doch für viele Unternehmen kam mit einiger Verzögerung auch die Erkenntnis, dass die teilweise hektische Migration ins Homeoffice neue Sicherheitsprobleme mit sich gebracht hat. Die Probleme sind vielfältig; sie reichen von Datenlecks, dem Einschleppen von Schadsoftware durch von Familienangehörigen mitbenutzte Firmengeräte bis hin zu simplen, aber folgenreichen Konfigurationsfehlern in hektisch installierten VPN-Lösungen, die Dritten einen mehr oder weniger ungehinderten Zugriff auf das Unternehmensnetz erlauben.

Auch wenn im Business und speziell in der IT die Redensart »Nichts ist beständiger als das Provisorium« gilt, sollten Sie dennoch versuchen, zumindest nachträglich klare Regelungen für mobiles Arbeiten und das Arbeiten in heimischen Umgebungen zu definieren und entsprechende technische Maßnahmen zu ergreifen, damit die neue Freiheit im Homeoffice nicht zur Gefahr für das Unternehmen wird. Die Grundregel: Je mehr Sie die vom Mitarbeiter genutzte Firmen-IT-Technologie von dessen häuslicher Technologie separieren, umso besser ist das für die Sicherheit: Wesentlich dabei ist (so noch nicht geschehen):

- Untersagen Sie jede private Benutzung von Firmengeräten.
- Etablieren Sie eine bedienerfreundliche VPN-Lösung.
- Stellen Sie notwendiges Zubehör (von der Webcam bis zur externen Tastatur/Maus) stets für den Mitarbeiter bereit.
- Installieren Sie – wenn es Zweifel an Sicherheit oder Stabilität des Internetanschlusses beim Mitarbeiter zu Hause gibt – einen separaten Internetanschluss beim Mitarbeiter (auf Unternehmenskosten versteht sich), gegebenenfalls können Sie dafür einen LTE-Router nutzen – diesen gibt es von allen Mobilfunkprovidern mit Tarifen für die Dauerbenutzung – und mehr als eine Steckdose muss der Mitarbeiter dafür nicht bereithalten.

Bitte behalten Sie dabei auch die Gesetzeslage im Blick. Vieles, was während der Pandemie toleriert wurde, wird irgendwann wieder Gegenstand der Debatte und möglicherweise für Sie zum Problem. Denken Sie nur an die Fallstricke, die die Arbeitsstättenverordnung mit Blick auf die Ausstattung eines Arbeitsplatzes für Sie bereithält.

Sicherheitsniveau regelmäßig testen

Wenn Sie jetzt daran denken, einen White-Hat-Hacker zu beauftragen, der Ihre Verteidigungslinien aus Hackerperspektive in Augenschein nimmt und testet, dann liegen Sie richtig, also zumindest die Richtung stimmt. Das Problem dabei ist nur, dass Sie vielfach an Leute geraten, die sich aufgrund der Komplexität der Materie auf bestimmte Aspekte der Cybersicherheit konzentrieren. Es wäre also ein bisschen, als würden Sie zur polizeilichen Beratungsstelle für Einbruchsschutz gehen und sich nur über die Sicherung von Kellerfenstern informieren, die Kellertür mit dem Einfachschloss und fehlendem Sicherheitsbeschlag aber ignorieren.

Empfehlenswerter sind daher Anbieter, die einen umfassenden Penetrationstest anbieten und dazu möglichst viele Bereiche gängiger Sicherheitsprobleme abpassen. Es ist nicht so, dass das »Rocket Science« ist, denn die meisten Angriffspunkte findet man durch automatisierte Programmtools heraus, die im Internet kostenfrei zum Download bereitstehen. Kostenfrei heißt natürlich nicht umsonst, denn um einen kundigen Bediener kommen Sie nicht herum. Egal, wie Sie das Thema angehen: Entscheidend ist, dass der Angang systematisch erfolgt.

Bei größeren Unternehmen würde ich Ihnen zusätzlich empfehlen, eine Bewertung auf einer mehr strategischen Ebene vorzunehmen, auch und gerade um die Führungsrunde zu sensibilisieren. Hier kann es sich anbieten, auf gängige Systematiken wie den BSI-Grundschutz zuzugreifen. Als IT-Grundschutz bezeichnet man eine vom Bundesamt für Sicherheit in der Informationstechnik (BSI) entwickelte Methodik zur Bewertung und Erhöhung der IT-Sicherheit. Die grundlegenden Informationen sind – anders als bei vielen anderen Standards – frei zugänglich im Internet auf der Website des BSI verfügbar.[60]

Ein Audit nach diesem oder einem anderen Standard sollte dabei stets von unabhängigen Experten durchgeführt werden. Überlassen Sie diese Aufgabe keinesfalls einem Anbieter, dessen Hauptgeschäft das Verkaufen von Sicherheitsprodukten oder -dienstleistungen ist. Interessenskonflikte sind da programmiert.

In Sachen Bedrohungslage up to date bleiben und einen Notfallplan vorbereiten

Was auf Englisch »threat intelligence« heißt, brauchen Sie auch: Sie müssen über die Bedrohungslage im Bilde sein – laufend und aktuell, damit Sie stets proaktiv reagieren können.

Dies betrifft den Blick nach außen, aber auch den Blick nach innen.

Zwar werden Sie vermutlich kein eigenes Security Operations Center (SOC) betreiben können oder wollen, denn dieses müsste – damit es sinnvoll ist – rund um die Uhr Ihren Betrieb überwachen und personell besetzt sein. Alleine der Personalaufwand ist für die meisten Unternehmen nicht zu stemmen. Dennoch ist es in Zeiten immer neuer Bedrohungen wichtig, in Sachen Bedrohungslage auf dem aktuellen Stand zu sein. Ich empfehle Ihnen daher, sie über entsprechende Dienstleistungsangebote zu abonnieren. Bereits ab wenigen Hundert Euro im Monat können kleine Unternehmen sogenannte »SOC as a Service«-Dienstleistungen in Anspruch nehmen, die etwa den laufenden Datenverkehr auf Anomalien analysieren, Logdaten aus Firewall und Virenschutz auswerten und gegebenenfalls auch einzelne IT-Systeme in eine laufende Überwachung bringen – immer mit dem Ziel, rechtzeitig einen Angriff zu erkennen. Im Idealfall wird dieser rechtzeitig erkannt und abgewehrt.

Zusätzlich sollten Sie auf den »D-Day« vorbereitet sein. Ein solider Notfallplan sollte stets bereitliegen, sodass die richtigen Schritte eingeleitet werden können, wenn ein Cybersicherheitsvorfall entdeckt wird. Dieser sollte offline zur Verfügung stehen, also ausgedruckt in einem gut zugänglichen Ordner.

So schmieden Sie Ihren Notfallplan

In einer Notfallplanung für Cybersicherheitsvorfälle ist unbedingt zu regeln:

- was im Notfall zu tun ist: Systeme herunterfahren, Netzwerk trennen, Dienste abschalten et cetera,
- wer zu informieren ist,
- wann externe Spezialisten hinzuzuziehen sind,
- und natürlich wer diese sind und wie diese erreichbar sind.

All dies verhindert zwar die Attacke nicht mehr, aber es hilft, die Auswirkungen einzugrenzen und so wenig Zeit wie möglich bis zur Wiederherstellung zu verlieren.

Cyberrisiken mit Augenmaß versichern

Ganz bewusst am Ende dieser Aufzählung steht die Cyberinsurance als Versicherung gegen Schäden durch Hackerangriffe. Bisher ist diese Art der Absicherung von Cyberrisiken bei deutschen Unternehmen noch die Ausnahme. In

Zukunft wird sie jedoch genauso zur Absicherung gehören wie heute eine D&O-Versicherung für Führungskräfte, die fast überall Standard ist.

Wichtig ist, dass Sie sich klarmachen: Eine Cyberversicherung ersetzt keinesfalls eine Sicherheitsstrategie! Sie ist eine sinnvolle Ergänzung und sichert Betriebsunterbrechungen aufgrund von Sicherheitsvorfällen sowie je nach Ausgestaltung sogar Strafzahlungen, etwa für entstandene Datenschutzverstöße, finanziell ab. Doch Sie bringt Ihre Investitionen in Forschung & Entwicklung nicht zurück, wenn Ihr geistiges Eigentum bei einem Angriff gestohlen wurde. Sie tragen die Verantwortung für Ihre Kronjuwelen!

Bitte schauen Sie bei einer Cyberversicherung genau hin, der Markt ist bisher wenig standardisiert und die Bedingungen wie auch die Prämien können sich von Versicherer zu Versicherer deutlich unterscheiden. Übrigens auch von Jahr zu Jahr. Wenn die laufende Ransomware-Welle erst in das Schadensaufkommen durchschlägt, ist mit stark steigenden Prämien zu rechnen. Sehen Sie sich lieber jetzt als später nach einer Cyberversicherung um.

4 KÜNSTLICHE INTELLIGENZ UND CYBERSICHERHEIT

Künstliche Intelligenz (KI) gehört zu den am meisten überschätzten Technologien dieses Jahrzehnts. Die Erwartung, den menschlichen Verstand durch Maschinenintelligenz zu ersetzen, ist seit den Sechzigerjahren des letzten Jahrhunderts in der Diskussion, aber auch heute noch Science-Fiction. Allerdings sind KI-Algorithmen bereits sehr gut darin, Muster zu erkennen und selbstständig Optimierungen vorzunehmen, was in puncto Abwehr von Cyberbedrohungen hilfreich sein kann. Gleichzeitig könnten Cyberkriminelle KI ebenso gut als Waffe einsetzen und es gibt bereits Indizien dafür, dass neue Formen von Schadsoftware KI-Funktionalitäten bereits benutzen, um einer Entdeckung zu entgehen.

Das zentrale Problem für Sie im Unternehmen: Mit KI wird eine digitale Wettrüstung in Gang gesetzt – mit ungewissem Ausgang. Eine zeitnahe Verteidigung gegen neue Formen »intelligenter« Angriffe wird irgendwann nicht mehr von einem Menschen allein kommen können und KI in der Abwehr bedingen.

Im Marketingdeutsch liest sich das fantastisch: Der böse Hacker attackiert das Unternehmen, wird von der KI automatisch, ohne menschliches Zutun ausgebremst und in die Flucht geschlagen. Interessanterweise glauben viele Führungskräfte bereits an die Wunderkräfte von KI in der Cyberabwehr – zumindest wenn man eine Studie der Unternehmensberatung Capgemini aus 2019 heranzieht:

»Von 850 befragten Führungskräften aus den Bereichen IT-Informationssicherheit, Cybersicherheit und IT Operations gingen fast zwei Drittel davon aus, dass sie kritische Bedrohungen nur mit Hilfe von KI identifizieren können. Zudem gaben drei von fünf Befragten an, dass künstliche Intelligenz die Genauigkeit und Effizienz von Cybersecurity verbessert.« [1]

Andere Studien kommen zu noch fantastischeren Vorhersagen. So glauben nach einer Befragung des US-Cybersicherheitsanbieters Trend Micro 32 Prozent aller Befragten, dass binnen eines Jahrzehnts Cybersicherheit vollständig automatisiert wird – auf Basis einer KI mit wenig Bedarf für menschliche Eingriffe.[2]

Der Optimismus erstaunt, gibt es doch wenig Indizien darüber, dass KI-basierte Cyberabwehrtechnologien außerhalb weniger eng definierter Anwendungsfelder wirksam sind.

Über den tatsächlichen Stand der Technologieentwicklung sind sich Experten uneinig. Der bisherige Konsens lässt sich ungefähr so verorten: Es gibt enorme Fortschritte in spezialisierten KI-Anwendungen, zum Beispiel bei der Erkennung und Auswertung von Bildern, aber gleichzeitig tauchen immer wieder Negativbeispiele auf, bei denen man nur von einem Versagen der Systeme sprechen kann. In der Praxis sind wir damit vermutlich – dem Hype um das Thema künstliche Intelligenz zum Trotz – noch Jahre, wenn nicht gar Jahrzehnte von durchgängig wirksamen KI-basierten Cybersecurity-Lösungen entfernt.

Was kann KI heutzutage schon zur Cybersicherheit beitragen – oder ist sie womöglich selbst ein potenzielles Sicherheitsrisiko? Wie setzen Cyberkriminelle künstliche Intelligenz ein, um Ihre Verteidigungslinien zu durchbrechen oder Sie zu täuschen?

Stand der Technik – wie intelligent ist KI?

Algorithmen treffen schon heute eigenständig Entscheidungen über Sachverhalte, die Ihre Gesundheit, Ihre Finanzen oder Ihren weiteren Lebensweg betreffen. Die Entscheidung über die Kreditvergabe bei Ihrer Bank ist beispielsweise längst weitgehend automatisiert. Ist bei Ihnen eine Steuerprüfung fällig? Für diese Entscheidung hat Ihr Finanzamt eine Software, die anhand von Plausibilitäten in Ihrer Steuererklärung Annahmen trifft und Empfehlungen macht. Beispiele für Algorithmen, die direkt und ohne großes menschliches Zutun auf Leib und Leben einwirken, gibt es viele. Doch Algorithmen »denken« nicht, auch wenn von künstlicher Intelligenz (KI) die Rede ist. Dies wird an nachfolgendem Beispiel gut deutlich:

Seit einiger Zeit gibt es beim iPhone und in ähnlicher Form bei Android eine neue Funktion, die auf KI basiert. Sie können per Suchwort Ihre Fotos nach bestimmten Bildinhalten durchsuchen. Einige Kategorien legt das System gleich selbst an. Bei der Suchanfrage »Hund« fand es auf meinem Gerät recht zuverlässig alle Hundebilder, sogar ein Foto, auf dem ein Messestand mit Deko-Plüschhund zu sehen ist. Ähnliches passiert mit anderen Begriffen: Bei »Kirche« findet es – wenig überraschend – Fotos von Kircheninnenräumen und einige Außenansichten, aber leider auch Fotos von Vortragsbühnen und eine Außenaufnahme des Münchner Rathauses, das zugegebenermaßen mit seinen gotischen Bögen schon ein wenig an typische Kirchenarchitektur erinnert. Sie sehen also: Algorithmen sind nicht unfehlbar und letzten Endes sind Sie als Anwender gefragt und müssen die Entscheidung übernehmen. Aber grundlegend klappt die Vorsortierung recht gut.

Was in diesem Anwendungsfall als Fehlerkennung noch so durchgehen kann – es ist ja schließlich ein Mensch, der die letzte Auswahl trifft, dahinter –, ist in anderen Szenarien potenziell gefährlich. So wird (oder zumindest wurde) bei Googles KI-Bilderkennung schon mal eine Schildkröte als Gewehr erkannt oder ein Basketball als Espresso.[3] In diesen und in anderen Beispielen aus der KI-Forschung liegt die automatische Bilderkennung nicht nur leicht, sondern komplett daneben. Übertragen auf Cybersicherheit heißt das nun, dass wir Mechanismen brauchen, um mit Fehlererkennungen umzugehen, und eine von vielen Anbietern propagierte automatische Abwehrreaktion potenziell gefährliche Folgen haben kann.

Zudem – und das muss an dieser Stelle deutlich betont werden – sind viele blumige Versprechen von KI-Anbietern nichts als heiße Luft und halten im Alltag den Versprechungen nicht stand. Ein Beispiel aus dem Bereich E-Learning zeigt, wie leicht sich eine KI mitunter überlisten lässt: Multiple-Choice-Tests können vollautomatisch und schnell ausgewertet werden, aber sie taugen nur wenig, um festzustellen, ob die Teilnehmer den Stoff auch wirklich verinnerlicht haben. Eine manuelle Auswertung von Wissenstests mit offenen Fragen ist aber teuer. Der neueste Schrei sind daher Auswertungen mittels künstlicher Intelligenz, wie sie zahlreiche E-Learning-Anbieter versprechen. Edgenuity zielt zwar auf Schüler, aber bei der betrieblichen Weiterbildung sind die Anforderungen an Korrekturen und Auswertungen vergleichbar. Das Unternehmen bewertet Freitextantworten per Algorithmus. Einigen cleveren Schülern ist es mit etwas Herumprobieren gelungen, zuverlässig hohe Punktzahlen zu erreichen: ein oder zwei relativ lange Sätze zum Themenfeld, gefolgt von einer Liste passender Schlüsselwörter.[4] Für die KI vollkommen in Ordnung, aber ein Lehrer oder Ausbilder hätte das so mit Sicherheit nicht durchgehen lassen! Die Frage, die sich in diesem Fall geradezu aufdrängt: Ist das KI oder täuscht der Anbieter KI nur vor? Damit wäre das Unternehmen nicht allein. Eine Studie des Londoner Kapitalgebers MMC Ventures bestätigte nämlich 2019 die Skepsis vieler Branchenbeobachter, als sie zu dem Schluss kam, dass bei 40 Prozent aller europäischer KI-Start-ups zwar der Begriff KI eine zentrale Rolle in deren Auftreten spielt, aber sich tatsächlich keine Belege für den Einsatz von KI finden lassen.[5] Auch wenn in der Untersuchung keine Unterscheidung nach Anwendungsfällen gemacht werden, ist dies ein erschütterndes Zeugnis für die Branche. Vorsicht bei allzu blumigen Versprechungen ist daher geboten.

LIDAR mit systemischer Schwäche

Noch kein Hack, aber ein ernst zu nehmendes Problem ist die systemische Schwäche, die in sogenannten LIDAR-Systemen steckt. Diese sind essenziell für die meisten Entwicklungen von autonomen Fahrzeugen.

> Das Kürzel **LIDAR** steht für **Light Detection and Ranging** und ist eine Methode zur Messung von Abstand und Geschwindigkeit, die mit dem Radar verwandt ist. Doch statt Radiowellen verwendet LIDAR Laserstrahlen.

Derartige Systeme kommen unter anderem bei der Objekterkennung und Umgebungserfassung in der Robotik zum Einsatz, aber eben auch bei selbstfahrenden Autos. Vereinfacht gesagt kann ein autonomes Fahrzeug mittels LIDAR »sehen«, also seine Umgebung wahrnehmen. Es schickt dazu Hunderttausende unsichtbarer Infrarot-Laserimpulse in alle Richtungen. Wenn diese auf ein Objekt treffen, werden sie reflektiert. Das LIDAR erkennt dieses Echo als eine Art Punktewolke und wertet diese mithilfe künstlicher Intelligenz aus.

Forscher des Korea Advanced Institute of Science and Technology in Dajeon konnten 2017 nachweisen, dass es mit grundlegenden technischen Kenntnissen relativ einfach ist, ein solches System zu täuschen, ihm etwa neue Punkte vorzuspielen, sodass die KI der Auswertsoftware zu dem Schluss kommen muss, dass eine Kollision bevorsteht und entsprechend spontan Ausweich- oder Bremsmanöver einleitet.[6] Man kann sich vorstellen, wohin es führen kann, wenn auf einer gut befahrenen Autobahn ein autonomes Fahrzeug unvermittelt eine Vollbremsung hinlegt.

Manipulierbare Fahrassistenten

Künstliche Intelligenz denkt nicht wie ein Mensch, sondern zieht lediglich eigene Schlüsse aus einer Vielzahl von Trainingsdaten – und diese können schlicht falsch sein, aber auch manipuliert werden. Das kann mitunter lebensgefährlich enden, etwa im Bereich autonomer Fahrzeuge. Tesla – der Pionier für automatisierte Fahrfunktionen – hatte bereits Probleme mit der Leistungsfähigkeit seiner Software »Autopilot«. So gelang es Forschern durch subtile, für Menschen kaum wahrnehmbare Änderungen per Klebestreifen, Verkehrsschilder so zu manipulieren, dass Teslas Autopilot diese fehlinterpretierte. Aus 120 km/h Höchstgeschwindigkeit wurden 30 km/h. Der Autopilot bremste automatisch. Die Angreifer machten sich dazu die Schwächen in der KI für Bilderkennung zunutze.[7] Übrigens kein Einzelfall bei der automatischen Bilderkennung durch Algorithmen. Hier kommt es immer wieder zu kuriosen Fehlern. Zuweilen unterhaltsam, aber potenziell lebensbedrohlich, wenn es wie hier um die Steuerung eines Kraftfahrzeugs geht.

Witzigerweise haben es Forscher auch schon geschafft, das Werbeschild eines Fastfood-Lokals zum Stoppschild umzudeuten: Das Fahrzeug hält vermeintlich regelkonform an, und die Insassen sehen ein Werbeschild, in diesem Fall für KFC.[8] Ein Schelm, dem hier besondere Anwendungszwecke einfallen.

Natürlich ist die Fehlinterpretation durch Systeme für maschinelles Lernen nicht auf Bilderkennung begrenzt, wenngleich die Beispiele eindrucksvoll sind.

Manipulierbare Spracherkennungs- und Assistenzsysteme

Ein weiteres wesentliches Spielfeld für lernfähige Systeme ist die Erkennung von Tonsignalen bis hin zur Spracherkennung. Hier hat sich in den letzten Jahren eine Menge getan, bei der Qualität der Erkennung und in der Folge auch bei der Nutzerakzeptanz.

Nach einer Studie im Auftrag der Postbank von 2019 verwendet beinahe ein Drittel der Haushalte in Deutschland digitale Sprachassistenten.[9] Bei den sogenannten Smart Speakers liegt Amazon Echo klar in Führung,[10] daher konzentrieren sich Sicherheitsforscher häufig auf dieses System. Aber auch andere Systeme, etwa die Spracherkennung des Browser-Herstellers Mozilla, die zur automatischen Untertitelung von Videos verwendet werden kann, ist Ziel von Versuchsattacken. Bereits 2018 haben Forscher von der University of California, Berkeley, nachweisen können, dass man Spracherkennungssystemen unbemerkt Befehle unterschieben kann.[11] Konsequenterweise weisen einige Rechtsanwaltsfirmen ihre im Homeoffice arbeitenden Anwälte darauf hin, Smart Speaker und ähnliche Geräte für die Dauer der Heimarbeit lahmzulegen.[12]

Ähnliches gilt auch für Sprachassistenten in Smartphones. Forschern der Michigan State University, der Chinese Academy of Sciences, der University of Nebraska-Lincoln und der Washington University in St. Louis ist es Anfang 2020 gelungen, eine sogenannte Surfing-Attacke auf Smartphones via Ultraschall durchzuführen. Dies bewerkstelligten sie auf ganz unterschiedliche Weise, etwa über den Lautsprecher eines ebenfalls im gleichen Raum stehenden Laptops oder über Oberflächenkopplung mit einem unter der Tischplatte befestigten Übertragungselement.

> Bei einer **Surfing-Attacke** werden Sprachbefehle im für den Menschen nicht hörbaren Bereich übertragen, auf die das Telefon dann reagiert. Dabei können nicht nur Aktionen ausgelöst, sondern auch Daten ausgelesen werden.

15 von 17 getesteten Smartphones waren anfällig für diese Art von Angriff. Bei ihrem Test konnten die Forscher zum Beispiel über das Smartphone des Opfers telefonieren, ohne den Entsperrcode zu kennen, und den Inhalt einer eingehenden SMS auslesen.[13] Vor dem Hintergrund, dass SMS häufig zur Autorisierung von Transaktionen bei Banken oder zum Zurücksetzen von Passwörtern eingesetzt werden, ist das eine hochgefährliche Attacke! Dabei können die ahnungslosen Smartphone-Besitzer im gleichen Raum sein, ohne den Zugriff überhaupt mitzubekommen – sofern sie nicht gerade in dem Augenblick auf den Bildschirm sehen, wenn Aktionen ausgelöst werden.[14]

Gefälschte Untertitel in Videos, untergeschobene Bestellungen in Sprachassistenten, Störungen des Betriebsverlaufs durch mutwillig ausgeschaltete Telefone, eingeleitete Datendiebstähle – die potenziellen Anwendungsfelder der systemischen Schwächen in diesen und anderen KI-Systemen für Kriminelle sind enorm.

Inzwischen hat der Entdecker dieser Sicherheitsprobleme – Nicholas Carlini – seinen Ansatz weiterentwickelt und stellt die Technologie für Interessierte im Netz zur eigenen Anwendung zur Verfügung. Eine Einladung an Techies, sich damit auseinanderzusetzen, aber gleichzeitig auch eine Warnung vor den Schwächen der Assistenzsysteme.[15]

Keine KI ist bislang vor unerwarteten potenziellen Schwächen gefeit. Würden Sie Ihre Cyberabwehrstrategie auf ein Softwaremodell stützen, das so grundlegende Fehler macht?

Deep Fake – wem können Sie noch trauen?

Vor einiger Zeit waren sie der neueste Partykracher: Deep Fakes, also mehr oder weniger gut gemachte Bilder und Videos, die echt wirkten, aber nicht echt waren.

Deep Fake steht für **Deep Learning Fake** und bedeutet, dass mithilfe von selbst lernenden Technologien gefälschte Videos hergestellt werden.

Gablers Wirtschaftslexikon definiert Deep Fakes wie folgt: »Ein Deepfake oder Deep Fake ist ein mit Hilfe künstlicher Intelligenz erstelltes Bild oder Video, das authentisch wirkt, es aber nicht ist. Auch die Methoden und Techniken in diesem Zusammenhang werden mit dem Begriff bezeichnet. Verwendet werden Machine Learning und speziell Deep Learning. Mit Deepfakes will man Kunst- und Anschauungsobjekte schaffen oder Mittel zur Diskreditierung, Manipulation und Propaganda (...).«[16]

Eine 2019 von Samsung gezeigte Anwendung animiert Porträts in historischen Gemälden. Im Beispiel erhält Da Vincis Mona Lisa plötzlich eine eigene Mimik und fängt an zu sprechen – ein durchweg amüsantes Beispiel.[17] In einem anderen Fall wurde Schauspieler Arnold Schwarzenegger in Filmausschnitten von *Terminator* durch seinen Schauspielkollegen Sylvester Stallone ersetzt. Dieses Beispiel weist schon darauf hin, wohin die Reise geht.[18] Insbesondere die Politik fürchtet um die Möglichkeiten, die ein politischer Gegner durch gefälschte Videos etwa auf eine Wahl haben könnte. Deep Fakes sind dabei ein Teil der wichtigen Debatte um Fake News und eine potenzielle Bedrohung für die Demokratie.

Täuschungsmanöver durch Face-Swapping

Während die Fachwelt noch darüber stritt, wann die Technologie so weit ausgereift sein würde, um von Cyberkriminellen eingesetzt zu werden, wurde bereits ein erster Fall aus der Praxis bekannt. Unter dem Titel »Liebesgrüße aus Hollywood« berichtet der Sicherheitsanbieter Perseus in seinem Blog davon:

> »Katja L., eine Berliner Unternehmerin aus der Unterhaltungsindustrie, wurde wochenlang von Vin Diesel, dem Hollywood-Star, der vor allem durch die Fast & Furious-Filmreihe bekannt ist, umgarnt – dachte sie zumindest. Wie sich herausstellte, war es aber nicht der Schauspieler, mit dem Katja L. zuerst Nachrichten schrieb und später sogar per Videoanrufen telefonierte, sondern ein Betrüger. Sie ist Opfer eines Cyberangriffs geworden. (...) Bei diesen konnte Katja L. tatsächlich den Hollywoodstar Vin Diesel sehen, mit ihm sprechen und interagieren.«[19]

Dies ist der erste bekannt gewordene Fall, bei dem Deep Fakes in Form gefälschter Videos mittels sogenanntem Face-Swapping erfolgreich eingesetzt wurden.

Face Swapping (Gesichtertausch) bedeutet das digitale Tauschen von Gesichtern in der Bild- und Videobearbeitung. Das Gesicht einer Person wird dazu auf den Körper einer anderen Person montiert.

Zwar hat diese besonders perfide Ausprägung des sogenannten Romance-Scams streng genommen mit dem Thema dieses Buchs nur am Rande zu tun, da er ganz klar auf eine Privatperson abzielte, aber mir fallen auf Anhieb zahlreiche Möglichkeiten ein, wie diese Technologie auch im Geschäftsleben Anwendung finden könnte. Denken Sie nur einmal an die Perfektionierung des oben beschriebenen CEO-Frauds.

Es ist nur eine Frage der Zeit, bis mithilfe von künstlicher Intelligenz generierte Deep-Fake-Videos für Cyberangriffe eingesetzt werden. Spätestens dann werden wir neue Mechanismen zur Authentifizierung brauchen, um unser Business noch sinnvoll betreiben zu können.

Übrigens: Audiobotschaften lassen sich schon jetzt überzeugend fälschen: Ein CEO eines Energieunternehmens aus Großbritannien war im März 2019 jedenfalls überzeugt, als er am Telefon die Stimme seines Chefs, der CEO der deutschen Muttergesellschaft ist, vernahm, und sorgte eilig für die Überweisung von rund 243 000 englischen Pfund an einen angeblichen Zulieferer.[20]

Fiktive Personen gehen um

In Kapitel 3 war bereits davon die Rede, dass es Profilfälschungen und Fake Accounts in den sozialen Medien gibt. Ein weiteres Beispiel lieferte mir der vermeintliche CFO der nigerianischen Bank, der vor Kurzem mein neuer Kontakt bei LinkedIn werden wollte. Sein Foto war von einem anderen Social-Media-Profil geklaut, der Lebenslauf mit einigen recht plausiblen Stationen und der ein oder anderen aus dem Web geklaubten korrekten Information durchaus überzeugend ausgearbeitet, aber dank Google-Bildersuche bestätigte sich mein Verdacht schnell, dass es sich um eine Fälschung handeln musste. Aber es muss nicht immer Bilderklau sein.

Neu sind nun computergenerierte Porträts von Menschen, die nie existiert haben, aber täuschend echt aussehen. Sie glauben, Sie könnten problemlos Fotos von echten Menschen und gefälschten Gesichtern unterscheiden? Probieren Sie es aus: auf der Website www.whichfaceisreal.com, einem Projekt der University of Washington.[21] Sie bekommen dort jeweils zwei Fotos angezeigt und sollen entscheiden, welches Sie für das Foto einer echten Person halten. Ich kann Ihnen sagen: Es ist verblüffend!

Diese Tatsache machen sich längst Cybergangster zunutze und erfinden Personen samt Lebensgeschichte. Eine davon war Maisy Kinsley, laut ihrem LinkedIn- und Twitter-Profil leitende Journalistin beim Nachrichtendienst Bloomberg. Offensichtlich wurden ihre Macher gestört oder fühlten sich enttarnt, denn mehr als ein paar Twitter-Kommentare zum Tesla-Aktienkurs hat die virtuelle Dame nicht gepostet, auf LinkedIn hat sie es immerhin zu einer beachtlichen dreistelligen Kontaktzahl gebracht.[22] Über das Ziel dieser Fake-Persona kann man nur Vermutungen anstellen, vermutlich ging es schlicht um Aktienkursmanipulation.

Ebenfalls als Fake herausgestellt hat sich der LinkedIn-Auftritt einer Katie Jones, die sich als Angestellte beim Center for Strategic and International Studies, einem politischen Think Tank in Washington, D. C., ausgab. US-Behörden gehen davon aus, dass es sich um eine Art Anwerbeversuch für Agenten handelte.[23]

Schon bald könnte es auch eine virtuelle Person sein, unter deren Identität man Ihr Unternehmen auszuspähen versucht, um eine größere Cyberattacke vorzubereiten.

Künstliche Helfer – mit Algorithmen gegen Cyberkriminelle

KI ist die große Hoffnung für die Cyberabwehr. Anbieter wie Anwender erwarten einiges von künstlicher Intelligenz für die Verteidigung gegen Cyberattacken. Seit Jahren findet man in fortschrittlichen Spam-Filtern bereits Vorstufen von KI – in Form von maschinellem Lernen. Spam-Erkennung und Bekämpfung hat sich damit verbessert, aber immer noch kommen ganze Wellen von Spam durch und – schlimmer – werden Mails versehentlich als falsch positiv aussortiert, obwohl sie legitime Inhalte haben. Dennoch gibt es auch jenseits des Filters von unerwünschten Nachrichten einige Anwendungsbereiche, in denen KI bereits heute sinnvoll einsetzbar ist.

Grundsätzlich helfen kann KI bei:

- Betrugserkennung,
- Malware-Erkennung,
- Erkennung von Eindringlingen in Netzen und Rechnersystemen (Intrusion Detection),

- Risikobewertung,
- Analyse von Nutzerverhalten (etwa auf mögliche Anomalien, die auf Insider-Täter hindeuten). [24]

Während einige Anwendungsfälle – wie etwa das Erkennen von gefährlichen E-Mail-Anlagen – weitgehend automatisiert erfolgen können, sind andere Aspekte – wie etwa die Analyse menschlichen Verhaltens – extrem fehlerbehaftet und werden auch in absehbarer Zukunft nicht ohne eine menschliche Ergebnisbewertung und Entscheidung auskommen, so sie denn im Sinne der Anwendung wirksam sein sollen. Eine Studie des MIT (Massachusetts Institute of Technology) kommt zu dem Schluss, dass im Bereich Cyberabwehr die menschliche Aufsicht entscheidend für den Erfolg ist. Ein menschlich beaufsichtigtes Modell schneidet darin um den Faktor 10 besser ab als eine rein maschinell gesteuerte Lösung.[25]

Wenn Ihnen also demnächst ein Anbieter von KI-gestützter Cyberabwehr die schnelle, einfache und vollautomatische Lösung Ihrer Cybersicherheitsprobleme verspricht, haben Sie guten Grund, skeptisch zu sein.

5 OHNE WIRKSAMES GEGENMITTEL

Die Cybersicherheitsbranche ist entgegen der landläufigen Meinung nicht vor Cyberattacken gefeit. Im Gegenteil: Da sie selbst besonders wertvolle Kronjuwelen in Form von sensiblen Kundendaten oder ausbeutbaren Schnittstellen als Einfallstor bei Dritten besitzt, gerät sie vermehrt ins Visier der Cyberkriminellen.

Es ist, wie es ist: In jeder Branche gibt es grundehrliche und fragwürdige Akteure. Von pompösen Marktschreiern über ominöse Gesellen bis hin zu schwarzen Schafen ist alles dabei. Die Cybersicherheitsbranche ist hiervon leider keine Ausnahme, auch wenn das zusätzliche Probleme mit sich bringt. Denn Sie müssen nicht nur wissen, welche Gefahren im Cyberspace auf Sie lauern, sondern auch noch beurteilen, ob Sie denjenigen vertrauen können, die Ihnen Hilfe anbieten. So manches Sicherheitsprodukt ist bei genauerem Hinsehen Mangelware und damit ein potenzielles Einfallstor für Angreifer. Im schlimmsten Fall erwerben Sie eine Mogelpackung, die Schadsoftware im Gepäck hat, statt Ihnen Sicherheit zu gewähren.

Bei einem Streifzug durch die Cybersecurity-Branche fallen zudem teils hausgemachte Unzulänglichkeiten auf, die Sie unter Umständen ausbaden müssen, wenn Sie sich externe Hilfe holen. Sie müssen wissen, was bei der Auswahl von Cybersicherheitsprodukten und -dienstleistungen zu beachten ist und wann bei Ihnen die Alarmglocken schrillen sollten.

Attraktive Schlüsselstelle – Sicherheitsdienstleister im Visier

Cygilant ist eines der spannendsten Cybersicherheits-Start-ups. So sehen das zumindest Investoren und haben das Unternehmen mit bis dato 34 Millionen US-Dollar Venture-Kapital finanziert.[1] Das Unternehmen wurde von erfahrenen Sicherheitsprofis gegründet, hat Standorte in den USA und Europa und bietet nicht nur Cybersecurity as a Service, sondern auch ein »true 24x7 SOC« an. Gut 200 Kunden vertrauen darauf, dass Cygilant Cyberbedrohungen rechtzeitig erkennt – unter anderem mittels des eigenen SOC – und die versprochene Rundumdienstleistung erbringen kann. Doch selbst dieses Expertenunternehmen wurde bereits Opfer von Ransomware. Aus Sicht der Cyberkriminellen ist die Attraktivität solcher Unternehmen klar: Die Attacke auf einen externen Dienstleister an einer technischen Schlüsselposition der Wertschöpfungskette erspart eine Vielzahl einzelner Angriffe auf Einzelunternehmen. Das gilt übrigens auch für Cloud-Computing-Anbieter.

Das offizielle Statement liest sich dann wie üblich:

> »Unser Team des Cyber-Verteidigungs- und Reaktionszentrums ergriff sofortige und entschiedene Maßnahmen, um das Fortschreiten des Angriffs zu stoppen. Wir arbeiten eng mit externen forensischen Ermittlern und Strafverfolgungsbehörden zusammen, um das volle Ausmaß und die Auswirkungen des Angriffs zu verstehen. Cygilant engagiert sich für die fortlaufende Sicherheit seines Netzwerks und für die kontinuierliche Stärkung aller Aspekte seines Sicherheitsprogramms.« [2]

Konnten Sie aus dieser Meldung irgendeine relevante Information entnehmen, zum Beispiel inwieweit und in welchem Umfang Kunden oder deren Daten betroffen sind oder waren? Ich auch nicht und das ist vermutlich der Sinn dieses Statements.

Cygilant ist kein Einzelfall, es kommt mit schöner Regelmäßigkeit vor, dass Cybersicherheitsanbieter erfolgreich attackiert werden – und ihre Kunden gleich mit. Die Cybersicherheits-Softwarefirma ImmuniWeb kommt in ihrem im September 2020 veröffentlichten Report[3] sogar zu dem Schluss, dass 97 Prozent der führenden Cybersicherheitsfirmen der Welt Teile ihrer Daten im Darkweb exponiert haben. Das heißt zwar im Umkehrschluss – aufgrund der vielfältigen Verflechtungen in der Branche – nicht, dass alle direkt gehackt wurden, aber letztendlich, dass de facto alle früher oder später selbst von Sicherheitslücken betroffen waren. Es ist schon bedenklich, dass selbst professionelle Cybersicherheitsfirmen sich nicht ausreichend schützen können.

Datenklau beim IT-Dienstleister

Citycomp Service aus Ostfildern-Scharnhausen ist nur Insidern ein Begriff. Dabei hat dieser IT-Dienstleister einige der renommiertesten deutschen Unternehmen unter Vertrag. Die Website schweigt sich vornehm dazu aus und nennt nur anonyme Beispiele. Als Spezialist für Drittanbieterwartung in der IT hat das Unternehmen als günstige Alternative zur herstellereigenen Wartung von IBM angefangen und sich über Jahrzehnte weiterentwickelt. Die etwas dröge und veraltet wirkende Website war scheinbar kein Hindernis für die Gewinnung einer Reihe von A-Kunden – darunter laut *Spiegel* so klangvolle Namen wie Volkswagen, Porsche, Airbus, Ericsson, Leica, Toshiba, UniCredit, British Telecom, Hugo Boss, NH Hotel Group und Oracle.[4]

Bekannt wurde die exquisite Kundenliste nach einem Sicherheitsvorfall, bei dem – laut Angaben der Attacker, die von diesen im Internet veröffentlicht wurden – »312 570 Dateien in 51 025 Ordnern sowie mehr als 516 Gigabyte Finanzdaten und private Informationen der Citycomp-Kunden«[5] gestohlen worden waren. Da sich Citycomp weigerte, das geforderte Lösegeld von kolportierten 500 000 US-Dollar in Bitcoin zu bezahlen, drohten die Täter mit Veröffentlichung der Daten.

Mehr als ein Jahr später findet sich auf der Unternehmenswebsite noch immer eine nicht datierte Stellungnahme zu dem Vorfall. Darin heißt es unter anderem:

> »Die CITYCOMP Service GmbH ist unverschuldet Opfer eines gezielten Cyberangriffs geworden. Ein noch unbekannter Täter hat die Kundendaten von der CITYCOMP gestohlen und dem Unternehmen mit Veröffentlichung gedroht, sollte es dem Erpressungsversuch nicht nachkommen. Verstärkt durch externe Experten und den Fachleuten des Landeskriminalamtes Baden-Württemberg haben die Mitarbeiter der CITYCOMP den Angriff erfolgreich abgewehrt und die Sicherheitsmaßnahmen der Systeme ergänzt. (...)
> Da die CITYCOMP der Erpressung nicht Folge geleistet hat, um auch diesem schädlichen Treiben nicht noch Vorschub zu leisten bzw. zu weiteren Taten animieren möchte, konnte eine Veröffentlichung von Kundendaten nicht verhindert werden.«[6]

Erstaunlich, wie die Statements sich von Fall zu Fall gleichen. Die simple Erkenntnis aus dem Vorfall: Ihr Cybersicherheitslevel ist nur so gut wie das Ihrer wichtigsten Dienstleister. Ein prägnantes Beispiel aus der Bankenbranche von Anfang 2020 verdeutlicht die Tragweite:[7] Die Website der DKB, einer der größten deutschen Direktbanken, war temporär nicht erreichbar, einige Onlinedienste der BayernLB waren zeitweise nicht nutzbar und bei der Landesbank Hessen-Thüringen ging in Sachen Echtzeitüberweisungen nichts mehr.

Die Ursache war eine Cyberattacke auf einen der wesentlichen Dienstleister. Finanz Informatik Technologie Service, kurz FI-TS, ist eine Tochter des Sparkassen-IT-Dienstleisters Finanzinformatik in Haar bei München und liefert IT-Dienstleistungen für eine Vielzahl von Banken. Das Unternehmen ist der breiten Öffentlichkeit wenig bekannt, doch von den Auswirkungen der Cyberattacke waren die Kunden dennoch betroffen, da die Services ihrer Finanzinstitute ausfielen. Nach Angaben des Unternehmens war es bei der Störung geblieben, Geld soll nirgendwo gefehlt haben.[8] Aber es wurde auch hier wieder klar, welche Risiken das Vertrauen in externe Ressourcen mit sich bringen kann, auch wenn es von als verlässlich bekannten Dienstleistern kommt.

Der möglicherweise größte Hack der Welt

Just zum Jahreswechsel 2020/21 machte der sogenannte Solarwinds-Hack weltweit Schlagzeilen. Solarwinds ist ein US-Unternehmen, das Netzwerküberwachungssoftware anbietet und eine Vielzahl von Kunden bei großen Unternehmen und Behörden international – darunter auch deutsche Unternehmen und Bundesbehörden – hat. Hacker hatten den Update-Server für die Netzwerküberwachungssoftware gehackt, das bereitgestellte Update kompromittiert und konnten damit bei zahlreichen Kunden von Solarwinds – nämlich bei allen, die im Zeitraum mehrerer Monate ein Update geladen hatten – unbemerkt eine Backdoor installieren.[9] Nach verschiedenen Medienberichten war das vom Unternehmen für den Update-Server gewählte Passwort »solarwinds123« zudem grundsätzlich auf einem Server von Github – einem Netzdienst zur Versionsverwaltung von Softwareprojekten – im Klartext zu finden.[10] Bis Manuskriptabgabe war der Fall nicht abschließend geklärt. Es gibt jedoch Grund zu der Annahme, dass dies der bis dato folgenreichste Cybersicherheitsvorfall weltweit war und ist.

Anfällige Sicherheitsprodukte

Auch Sicherheitssoftware selbst kann ein Cyberrisiko sein. Berichte über Lösungen, die neue Sicherheitsprobleme schaffen, finden sich zuhauf im Netz. Meldungen wie diese von Anfang 2020: »Trend Micro Security für Attacken anfällig.«[11] In diesem konkreten Beispiel geht es um die Virenschutzlösung »Security 2019« oder »Security 2020« von Trend Micro. Angreifer konnten sich durch Attacke auf die Virenschutzlösung selbst höhere Benutzerrechte verschaffen. Damit war die Lösung nicht nur weitgehend nutzlos, sondern eher noch eine Einladung an Angreifer, gezielt hier zuzugreifen. Trend Micro ist aber nur ein Beispiel für eine Vielzahl immer wieder öffentlich bekannt werdender Probleme mit Sicherheitsprodukten.

Auch wenn ein Großteil aller angebotenen Lösungen gut funktioniert und im Wesentlichen das tut, was er soll, nämlich das Sicherheitslevel erhöhen, gibt es auch Produktkategorien, deren Nutzen insgesamt infrage gestellt wurde.

Schlangenöl bezeichnet ein nutzloses Produkt, das als Wundermittel angepriesen wird. Im wilden Westen der USA waren einst selbsternannte Heiler unterwegs, die Schlangenöl als Wunderarznei für alle möglichen Krankheiten und Gebrechen anpriesen. In der IT bezeichnet man so inzwischen Softwareprodukte und Dienstleistungen, die nicht halten, was sie versprechen.

Mit der zunehmenden Verbreitung von Internetzugängen gab es um die Jahrtausendwende ein neues Trendprodukt: die Personal Firewall. Zone-Alarm war der Marktführer und auf vielen privaten Computern, aber auch bei vielen Kleingewerbetreibenden und Mittelständlern installiert. Das Problem: Zone-Alarm und andere Vertreter dieser Gattung waren durch die Bank wenig hilfreich und manchmal sogar gefährlich. Der Branchendienst Winfuture berichtete 2006 über einen Entwickler, dem es mit einem simplen Skript gelungen war, praktisch alle auf dem Markt gängigen Personal Firewalls auszutricksen.[12] Die US-Zeitschrift *Infoworld* fand dazu noch heraus, dass die Software »nach Hause telefoniert«, das heißt, verschlüsselte Daten unbekannten Inhalts an Server des Unternehmens sendet. In einer Stellungnahme des Unternehmens war von einem Softwarefehler die Rede.[13]

Es bleibt in jedem Fall ein schlechter Nachgeschmack bei dem Vorfall. Übrigens: Zonealarm gibt es als Produktmarke im Portfolio des bekannten Firewall-Herstellers Checkpoint immer noch, es hat mit dem Produkt von 2005/2006 nichts mehr zu tun. Doch im Sommer 2020 wurde von Sicherheitsforschern eine neue Schwachstelle gefunden, die einem Angreifer weitgehende Zugriffsrechte eingeräumt hätte.[14] Zeit für ein Sicherheitsupdate. Mal wieder.

Versierte Marktschreier – mehr Schein als Sein

Bei aller Kritik an den Produktangeboten im Bereich Cybersicherheit: Die wenigsten Produkte sind tatsächlich betrügerisch konzipiert. Die Präsentation ist aber vielfach eine Form von »Bullshit«, wie es die beiden Wissenschaftler Jevin West und Carl Bergstrom von der University of California in ihrem Buch *Calling Bullshit: The Art of Scepticism in a Data-Driven World* nennen. Es geht darum, dass die Darstellung über die Akzeptanz entscheidet und was die sogenannten Bullshitter alles anstellen, um andere zu überzeugen. Dazu zählt unter anderem die irreführende Visualisierung, die den Eindruck großer Genauigkeit erweckt.

Nehmen Sie zum Beispiel ein Security Operating Center (SOC), in dem auf großen Monitorwänden in einem Saal mit mehreren Reihen mit Bedienpulten die Sicherheitslage laufend überwacht wird. Wenn Sie noch kein SOC besucht haben, es sieht im Grunde so aus wie das, was im Fernsehen als Kontrollcenter bei einer Raumfahrtmission zu sehen ist; vielleicht ein wenig kompakter. Sobald Besucher – sprich: potenzielle Kunden – in den Raum kommen, werden gerne besonders eindrucksvolle Bewegtbildgrafiken der Bedrohungslage angezeigt. Die Mehrzahl dieser Visualisierungen ist, wenn nicht bloße Simulation, wenig aussagekräftig und im Grunde nur dazu da, um Eindruck zu schinden. Ein Schelm, wer Böses dabei denkt. Die Lektion daraus: Auch und gerade in der Cybersecurity-Branche hat der schöne Schein einen Wert und trägt ein Preisschild.

Angst machen und abkassieren

»Angst machen und abkassieren.« So könnte man vielfach das Motto beim Verkauf von Produkten und Dienstleistungen für Cybersicherheit zusammenfassen. Wer dabei spontan an Versicherungsvertreter und deren Argumentation denkt, liegt gar nicht so falsch, wenn er Ähnliches auch im Bereich der Cybersicherheit verortet. Nicht wenige Anbieter machen dies sehr geschickt, indem sie in zyklisch erscheinenden »Threat Reports« oder eigens dafür angefertigten Umfragen selektierte Security-Themen in den Vordergrund stellen und mit möglichst dramatisch wirkenden Zahlen illustrieren. Dass es da nicht immer methodisch sauber zugeht – geschenkt.

Im Hinblick auf die Awareness für Cybersicherheit in Unternehmen muss ich bei aller Kritik am Alarmismus einiger Anbieter zugeben: Angesichts der tatsächlichen Bedrohungslage braucht es noch einiges mehr an Aufklärung über die Risiken, und da muss man – so man über die eine oder andere methodische Schwäche so mancher Studie großzügig hinwegsieht – einen grundsätzlich positiven Gesamteffekt anerkennen. Das Problem dabei: Nicht die drängendsten Probleme sind im Fokus, sondern die aggressivsten Anbieter.

Kaum Beratungsleistung

Viele Vertriebler wissen zudem nicht oder zumindest nicht im Detail, was sie da eigentlich verkaufen. Fachlich fundierte Informationen bekommt man erfahrungsgemäß selten. Die Folge ist eine große Unzufriedenheit der Kunden und natürlich eine Skepsis gegen jede Art von neu aufkommenden Themen, die es in der IT-Sicherheit wie auch sonst in der IT beinahe jährlich gibt.

In einer Untersuchung von 2020 betrachtete Computereconomics, ein Dienstleister, der Metriken für das IT-Management, sogenannte »Computermetrics«, erstellt, auch Einkäufer im Bereich Cybersicherheit: Während Adaptionsrate und Investment bei Cybersicherheit durchweg hoch sind, ist die Zufriedenheit der Kunden nur mittel bis hoch. Der Erfolg im Bereich Return on Investment ist eher niedrig bis mittel – ebenso wie das, was Computermetrics als »TCO Success«, also Erfolg aus Gesamtkostensicht bezeichnet. Interessante Studienergebnisse, die die Erfahrungen von Führungskräften, die sich mit dem Erwerb und der Implementierung von Cybersicherheitslösungen beschäftigten, gut zusammenfassen. Kurz gesagt: Die Situation ist und bleibt unbefriedigend für die Kunden.

Spiel mit der Angst – und mit dem Feuer

Doch nur auf ein Problem hinzuweisen, reicht vielen Anbietern im Markt nicht. Einige erliegen der Versuchung, mit Tricks und Täuschungen neue Kunden zu gewinnen.

Scareware suggeriert dem Benutzer etwa mittels gefälschter Systemmeldungen, er hätte ein massives Sicherheitsproblem, dessen Lösung nur durch den sofortigen Download und Kauf einer bestimmten Software möglich wäre. Nicht selten machen sich Anbieter von Werbeplätzen im Internet zu Komplizen dieser zweifelhaften Anbieter von »Schutz«, indem sie Werbeanzeigen ungeprüft ausspielen, die eben den Einstieg für die Scareware-Anbieter sind. Dabei fangen vielfach die Probleme für den Nutzer erst an, wenn er die Scareware heruntergeladen hat!

Selbst bei renommierten Anbietern von Cybersicherheitssoftware kommt es vor, dass Scareware-Elemente auftauchen. Vielleicht haben Sie es bereits erlebt, etwa beim Kauf eines neuen Computers. Auf neuen Geräten ist oftmals eine Sicherheitssoftware vorinstalliert, die mit nervigen Meldungen vor meist nicht näher spezifizierten Gefahren warnt und gleichzeitig nach dem Abschluss eines kostenpflichtigen Abonnements nach 30 oder 90 Tagen verlangt. Nicht selten in Verbindung mit verschärften Warnungen beim Versuch der Deinstallation.

Wem muss oder sollte man hier einen Vorwurf machen: dem Softwareanbieter, der »kreative neue Wege« geht in der Vermarktung, oder dem PC-Hersteller, der etwas mehr Marge macht, indem er von der Sicherheitssoftwarefirma einen Obolus dafür verlangt, dass die Software vorinstalliert wird?

Eine andere ominöse Masche: Softwareanbieter versprechen den Unternehmen einen Gratis-Sicherheitstest. So der Unternehmer das Angebot annimmt, kommen Sie mit schöner Regelmäßigkeit zu der Erkenntnis, dass eine akute Bedrohung vorliegt und dringender Handlungsbedarf besteht. Die anschließende Behebung der scheinbaren oder tatsächlichen Probleme ist natürlich alles andere als kostenfrei. Es ist wie beim kostenlosen Check-up Ihres Wagens in der Autowerkstatt: Die Anzahl der Fälle, in denen nichts gefunden wird, dürfte überschaubar sein. Es gilt die schlichte, aber vielfach scheinbar in Vergessenheit geratene Erkenntnis: Einen unabhängigen neutralen Rat erhält man nie bei einem Produkt- oder Diensteverkäufer, sondern nur bei einem unabhängigen Experten.

Wichtig: Eine gängige Vertriebspraxis zweifelhafter Anbieter ist es, ohne Auftrag mit scheinbar oder tatsächlich gefundenen Sicherheitslücken auf ein Unternehmen zuzukommen beziehungsweise dessen Vertreter damit zu konfrontieren. Das ist nicht erlaubt und kann für den Anbieter strafrechtliche Konsequenzen haben.

Hart an der Grenze – Hilfe nach Ransomware-Attacken

Mehr Schein als Sein und oftmals an der Grenze zum Schlangenöl sind auch einige Dienstleister, die vollmundig Hilfe bei Ransomware-Angriffen versprechen. Nach außen betonen diese Unternehmen gerne ihre Lösungskompetenzen und technischen Möglichkeiten, selbst herausfordernde Verschlüsselungen zu knacken. Tatsächlich findet hinter den Kulissen ein Handel statt: Sie zahlen das Lösegeld und schreiben darüber dem Kunden eine Rechnung. In der Cybersicherheitsbranche selbst hat sich das längst herumgesprochen. Viele Kunden spielen beim bösen Spiel mit. Aber warum sollte sich ein Kunde darauf einlassen, wenn er weiß, dass er kaum mehr bekommt als einen verkappten Verhandlungsführer für die Kommunikation mit den Erpressern? Der Grund ist simpel: Mit der Beauftragung kaufen sich die Opfer von Ransomware-Attacken ein Stück Seelenfrieden. Denn nach außen können sie stets behaupten, sie hätten keinen Cent Lösegeld bezahlt. Die Beauftragung eines Sicherheitsdienstleisters ist schließlich etwas ganz anderes. Dafür hat wohl jeder Verständnis. Der in Deutschland mit dem Zusatz »Die Ransomware-Experten« auftretende Dienstleister Beforecrypt weist recht unverblümt auf einen weiteren Vorteil für die

Unternehmen hin: »Cyber-Versicherungspolicen decken in der Regel die Kosten für die Verwendung eines professionellen Ransomware-Recovery-Service.«[15]

Hier wie anderswo bleibt aber im Ungefähren, was genau gemacht wird, und so heißt es auch bei Beforecrypt: »Um Ihre Daten wiederherzustellen, verwenden wir verschiedene Ansätze, zum Beispiel Reverse-Engineering der Ransomware, Wiederherstellung von Systemsicherungen und andere bekannte Entschlüsselungsmethoden.«[16] Fairerweise muss gesagt werden, dass das Unternehmen offen klarstellt, dass es auch als Verhandlungsführer auftritt, wenn sich die Daten nicht wiederherstellen lassen. Es bleibt dennoch ein fader Beigeschmack, denn kaum eine aktuelle Ransomware lässt sich mit gängigen Werkzeugen ohne Hilfe der Angreifer wieder entschlüsseln. Dem Kunden gegenüber, der eine solche Dienstleistung ja im Regelfall nur einmalig und unter einem großen Druck erwirbt, sollte transparent sein, wie die Erfolgschancen sind.

Schwarze Schafe – auch in der Cybersicherheitsbranche

Immer wieder werden Verdächtigungen laut, dass manche zwielichtige Ransomware-Dienstleister gemeinsame Sache mit den Erpressern machen oder in anderen wirtschaftlichen Zusammenhängen stehen. Einzelne machen sich zumindest zum Sprachrohr und werden damit zum Beihelfer, möglicherweise unabsichtlich.[17]

Die Cybersicherheitsbranche zieht mitunter zwielichtige Akteure an, eben weil vieles vom Kunden nicht leicht nachzuprüfen ist und es in dem Bereich international so einiges »zu holen« gibt. So wirkt es beinahe ironisch, dass der Gründer und Geschäftsführer der Cybersicherheitsfirma NS8, die sich auf die Bekämpfung von Betrug spezialisiert hat, selbst wegen Betrugs angeklagt wurde. Er hatte unter anderem Umsätze erfunden, um sich eine höhere Bewertung durch Investoren zu erschwindeln, einen dreistelligen Millionenbetrag an Venture Capital eingesammelt und davon gut 17,5 Millionen in die eigene Tasche gesteckt.[18]

Viele Angebote sind zumindest fragwürdig, und etliche Start-ups – gerade diejenigen, die versprechen, Sicherheitsprobleme mit künstlicher Intelligenz oder Blockchain zu lösen, turnen auf jener feinen Linie zwischen einem irgendwie noch akzeptierten »Fake it till you make it« und Betrug.

Was Sie beachten sollten

Wenn Sie sich für den Kauf von Sicherheitsprodukten interessieren, verlassen Sie sich nicht blind auf die vollmundigen Versprechungen der Verkäufer. Schauen Sie genau hin, informieren Sie sich in Fachforen, fragen Sie Kollegen aus Ihrer Branche nach ihren Erfahrungen oder sprechen Sie die Vertreter Ihrer Verbände nach vertrauenswürdigen Anbietern an. Sprechen Sie immer auch mit Ihrem Systemhaus. Es ist ein Zeichen von Kompetenz, wenn Sie von diesem an Dritte verwiesen werden. Seien Sie vorsichtig, wenn Ihnen das Blaue vom Himmel versprochen wird. Im Zweifel gilt auch hier: Wenn etwas zu schön ist, um wahr zu sein, ist es wahrscheinlich so.

6 INVESTITIONEN IN CYBERSICHERHEIT

»Was man nicht messen kann, kann man nicht lenken.« Dieser Satz, der dem Vordenker der modernen Managementlehre Peter Drucker zugeschrieben wird, bringt die Zahlengläubigkeit vieler Führungskräfte auf den Punkt. Kennzahlen und deren Vergleiche sind in der Chefetage beliebt, denn sie liefern einen schnellen Überblick über die Stärken und Schwächen des Unternehmens, wodurch sich Optimierungspotenziale erschließen, und sie liefern im Idealfall Vergleichswerte über das Unternehmen hinaus und erlauben so Benchmarking. Nicht zuletzt sind sie eine wichtige Messgröße bei der Festlegung von Boni.

Auch beim Thema Cybersicherheit ist das Ziel – noch mehr als anderswo sogar –, eine Fehlerquote von null zu erreichen. Ideal ist, wenn nichts passiert. Aber wie messen Sie Qualität, wie bewerten Sie einzelne Investitionen oder Aktionen in einem intransparenten Markt für Cybersecurity-Produkte mit unvollkommenen Informationen bezüglich der Marktteilnehmer und deren Leistungsfähigkeiten und ebenso unvollkommenen, wenn nicht manchmal schlicht nutzlosen bis irreführenden Informationen über den Sicherheitszustand Ihrer Organisation?

Kurz gesagt, es geht in diesem Kapitel um die wichtige Frage nach den »richtigen« Investitionen in Cybersicherheit. In der Praxis ist das die beste Kombination, die Ihren Bedarf abdeckt, ohne gefährliche Lücken und ebenso ohne eine gefährliche Überversorgung.

Erste Einordnung – Marktprognosen und Investitionsvorhaben

Rund 6,5 Milliarden Euro schwer ist laut einer Prognose der Marktforscher von ISG der Markt für IT-Sicherheitsprodukte in Deutschland im Jahr 2020. Eine Prognose, die aufgrund der Corona-Epidemie sicher hinfällig wurde, aber doch ein Indikator für Wachstum. Im Jahr 2017, dem Beginn des Betrachtungszeitraums der Studie, waren es noch 5,3 Milliarden Euro gewesen.[1] Die Marktforscher unterscheiden dabei zwischen Security-Produkten, wie etwa Firewalls, und Security-Dienstleistungen, also zum Beispiel Firewall-Management, wobei sie hier auch Cloud-Computing miteinbeziehen.

Es ist keine Überraschung, dass die Dienstleistungen samt Cloud-Computing stärker steigen als das Produktgeschäft – das ist eine Entwicklung, die im gesamten IT-Bereich zu beobachten ist: Services ersetzen Produkte und Cloud-Dienste unternehmenseigene Serversysteme. Dennoch lohnt es sich nicht, hier länger zu verweilen, denn derartig aggregierte Werte haben für einzelne Unternehmen wenig Bedeutung.

Investitionen in IT und Cybersicherheit sind insbesondere von der Unternehmensgröße, der jeweiligen Branche und von weiteren Faktoren abhängig, etwa der Marktstellung – Vorreiter investieren typischerweise mehr – und dem Digitalisierungsgrad. Hierbei gilt: Sehr innovative Unternehmen, insbesondere wenn diese selbst digitale Produkte und Dienstleistungen anbieten, haben deutlich höhere Bedarfe, da nicht nur der Bedarf rund um den eigenen Geschäftsbetrieb, sondern auch produktbezogene Sicherheitslösungen notwendig werden.

Eine andere Möglichkeit, den Investitionstrends – mit Blick auf die eigene Position – auf die Spur zu kommen, ist, bei Unternehmen nachzufragen. Die internationale Versicherungsgesellschaft Hiscox hat europäische Unternehmen nach ihren Vorhaben in Sachen Cybersicherheit gefragt:[2] Die Erkenntnis kommt nicht überraschend: Unternehmen aller Größenklassen planen, ihre Investments in Cybersicherheit zu erhöhen. Tendenziell gilt: Je größer das Unternehmen, desto höher ist die Neigung, mehr zu tun. Doch selbst bei kleinen Firmen (bis 49 Mitarbeiter) sind es demnach noch 60 Prozent der Unternehmen, die ihre Investitionen in Cybersicherheit erhöhen wollen.

Dass laut dieser wie auch anderen Studien ein Großteil der Unternehmen plant, mehr für Sicherheit auszugeben, ist natürlich interessant, aber wer sich nun neu in eine Rolle als Sicherheitsverantwortlicher einfindet, als Chef einer Abteilung oder Gesamtunternehmen genauer hinschauen möchte oder als Inhaber nach Orientierung sucht, um festzustellen, ob das, was im eigenen Betrieb passiert, irgendwie einen Bezug zur realen Welt hat, will natürlich wissen, was er dafür ausgeben sollte. Die einfache Antwort hier: Je größer das Unternehmen, desto höher fallen die jährlichen Ausgaben für Cybersicherheit aus, wie die folgende Erhebung des Cyberversicherers Hiscox zeigt.[3]

Durchschnittliche jährliche Ausgaben für Cybersicherheit (in US-Dollar)

Anzahl der Mitarbeiter	Durchschnittliche Ausgaben pro Jahr
1-9	7 000
20-49	37 000
50-99	115 000
100-249	436 000
250-499	930 000
500-999	1 018 000
1 000-4 999	2 336 000
5 000-19 999	4 009 000
20 000+	10 643 000

Ein Blick in die Liste offenbart teils erhebliche Finanzmittel, die für Cybersicherheit ausgegeben werden, auch wenn leider eine Übersicht über eine Ausgabe pro Mitarbeiter fehlt. Letztere dient vielfach der Finanzabteilung als Benchmark für die Ausgaben.

Löst man sich im Augenblick von der Studie und wirft einen Blick in real existierende Kleinbetriebe und mittelständische Unternehmen, wie sie die Mehrheit aller Unternehmen, Kanzleien und Praxen in Deutschland, Österreich und der Schweiz darstellen, so ist vielfach IT-Sicherheit für sich betrachtet kein Thema, sondern wird verdrängt oder – bewusst oder unbewusst – als Verantwortung der IT-Abteilung gesehen. Die Beratungseinheit der Unternehmensberatung Deloitte kommt in ihrem Cyber-Security-Report – für den 500 Führungskräfte sowie Abgeordnete aus Bundestag, Landtagen und EU-Parlament telefonisch befragt wurden – zu dem Schluss:

> »Know-how im Cyber-Security-Bereich beziehen 79% der Unternehmen vor allem von externen Dienstleistern. Lediglich 20% stellen dafür spezielle Fachkräfte ein, was auch mit den Problemen durch den Fachkräftemangel auf dem IT-Markt zu tun haben könnte ...«
>
> »... nur 53% der Befragten (gaben an) ihr Unternehmen für ausreichend vorbereitet zu halten, wenn Cyber-Angreifer in interne Systeme eindringen sollten.«[4]

In vielen kleineren Unternehmen gibt es keinen eigenen IT-Verantwortlichen, das heißt entweder kümmert sich ein Mitarbeiter nebenbei darum oder es gibt einen externen Dienstleister – meist auch eine Kleinstfirma –, die dafür zuständig ist, dass Rechner und benötigte Programme laufen und der Internetzugang funktioniert. In diesen Szenarien besteht Cybersicherheit meist aus dem Aktivieren und Aktualisieren des lokalen Antivirenschutzprogramms auf den Computern und der Konfiguration des Routers und der eingebauten Firewall. Viel mehr passiert da meist nicht.

In Großunternehmen ist hingegen typischerweise – neben den Basics wie Firewall und Virenschutz – eine Vielzahl von Sicherheitstechnologien im Einsatz, von besonderen Lösungen für die Zugangssicherung zu Rechnern und Anwendungen bis hin zu Lösungen, die verhindern sollen, dass Daten an Dritte abfließen. Häufig sind große Unternehmen über mehrere Standorte verteilt. Dies bedingt ganz automatisch Aufwendungen für die Vernetzung, die bei kleineren Firmen fehlen. Die derzeit vielfach favorisierte Technologie dafür nennt sich übrigens SD-WAN, das steht für Software-defined Wireless Area Networking. Die dafür angebotenen Lösungen bieten beides: mehr Konnektivität, aber eben auch mehr Sicherheit. Wo würden Sie eine derartige Investition zuordnen: Ist das schon Cybersicherheit oder noch Infrastruktur? Knifflige Sache, oder?

Schwarz auf weiß – Kennzahlen für Cybersicherheit

Wie schon gesagt, der Idealfall in der Cybersicherheit ist, wenn nichts passiert. Aber Sie wissen auch, dass es absolute Sicherheit nicht geben kann. Auch in anderen Bereichen ist das erklärte Ziel eine Fehlerquote von null, aber wie realistisch ist das?

Wie finden Sie heraus, ob sich eine konkrete Investition in IT-Sicherheit gelohnt hat oder sich in Zukunft lohnen wird? Ist es überhaupt möglich, so etwas sinnvoll zu berechnen? Meiner Meinung nach hinken alle bestehenden Ansätze für eine Optimierung und man kommt – im besten Fall – bei einer plausiblen Annäherung heraus. Es geht bei Investitionen in Cybersicherheit demnach darum, das richtige Maß für sinnvolle Ausgaben zu finden.

Return on Investment und Total Cost of Ownership

Festzustellen, ob sich eine Investition gelohnt hat, ist im Allgemeinen recht einfach. Die universelle Kennziffer dafür ist der Return on Investment (ROI). Dieser beschreibt das prozentuale Verhältnis zwischen dem investierten Kapital und dem Gewinn, den das Unternehmen damit erwirtschaften konnte. In der einfachsten Form sieht das so aus: ROI = (Ertrag – Aufwand) ÷ Aufwand. Mit

Blick auf Cybersicherheit sind grundlegende Zweifel an diesem Ansatz erlaubt, denn welchen »Ertrag« bringt der Kauf einer Unternehmens-Firewall, die Investition in eine Antivirensoftware oder eine cloudbasierte Sicherheitslösung? Im Allgemeinen keinen, der sich im Kontostand niederschlägt.

Sie müssen sich klarmachen: Bei Investitionen in Cybersicherheit geht es vor allem um die Vermeidung von Verlusten durch die Begrenzung von Risiken. Wie Sie mittlerweile aus zahlreichen Fallbeispielen wissen und hoffentlich nie am eigenen Leib erfahren müssen, können die Verluste durchaus in die Millionen gehen. In Folge entstehende Imageschäden entziehen sich meist einer präzisen Bewertung, können aber ein Unternehmen nachhaltig schädigen.

Stellen Sie sich daher lieber folgende Fragen:

- Was wäre es Ihnen wert, einen eintägigen, mehrwöchigen oder gar monatelangen Betriebsstillstand aufgrund einer Ransomware-Attacke zu verhindern?
- Was wäre es Ihnen wert, eine hohe Strafzahlung für ein Datenleck an die Datenschutzaufsicht zu vermeiden?
- Was wäre es Ihnen wert zu verhindern, dass Ihre Geschäftsgeheimnisse in die Hände der Konkurrenz fallen?

Die Antwort darauf – allerdings nur in einer perfekten Modellwelt – lautet: Jeder Betrag, solange dieser geringer ist als die Schadenshöhe, die das eigene Unternehmen erwartet. Damit ist der einzige Teil der Berechnung gemeint, der mit hinreichender Sicherheit bekannt ist: die Kosten. Gemeinhin greift man hier zu einer weiteren bekannten betriebswirtschaftlichen Kennzahl, nämlich Total Cost of Ownership (TCO).

Bei vielen Investitionen machen die eigentlichen Produktkosten nur einen geringen Teil der Gesamtkosten aus. IT und Cybersecurity bilden dabei keine Ausnahme. Rund 10 bis 30 Prozent der TCO einer Cybersecurity-Investition gehen typischerweise auf die eigentlichen Produkt- oder Lizenzkosten zurück; der Rest entsteht aus dem Betrieb. Ein Beispiel: Investieren Sie in eine neue Firewall für Ihr Unternehmen, so kommen zu den einmaligen Anschaffungskosten weitere Ausgaben hinzu: Kosten für die Implementierung und den Betrieb über die erwartete Laufzeit von typischerweise mehreren Jahren, für Wartung und für Updates. Je nach Genauigkeit des Ansatzes könnten Sie weitere Kosten wie den Stromverbrauch oder anteilige Kosten für die Klimatisierung im Serverraum hinzurechnen.

Aber was ist mit den dadurch vermeidbaren Sicherheitsproblemen? Wie lassen sich diese quantifizieren? Hier setzt das sogenannte RoSI-Modell an.

Das RoSI-Modell

Die Abkürzung **RoSI** steht für **Return on Security Investment**. Das RoSI-Modell bringt eine Risikobewertung und setzt diese in Relation zu den TCO. Auf diese Weise werden die erwarteten Kosten eines Schadens mit den Kosten für ein Sicherheitssystem zueinander in Beziehung gesetzt.

Zunächst müssen Sie eine Einschätzung über die erwarteten Kosten für einen einzelnen Schadensfall ohne eine Sicherheitsmaßnahme (Single Loss Expectancy, kurz SLE) und die Eintrittswahrscheinlichkeit auf Jahresbasis (Annual Rate of Occurence, kurz ARO) ermitteln. Aus SLE × ARO ergibt sich die Annual Loss Expectancy (ALE), also der Erwartungswert der pro Jahr auftretenden Kosten durch Schäden, wenn nicht investiert wird.

Auf gleiche Weise lässt sich auch ein mALE ermitteln, das ist der verbleibende durchschnittliche jährliche Schadenswert, wenn die Sicherheitsinvestition bereits getätigt wurde. Volkstümlich würde man das als Restrisiko bezeichnen.

Angenommen, es wäre möglich, die grundlegenden Daten bezüglich Eintrittswahrscheinlichkeit und Schwere der mit einer Investition zu verhindernden Schadensereignisse zuverlässig zu ermitteln, ergibt sich folgende Formel:

RoSI = ((ALE-mALE) − Kosten der Lösung) ÷ Kosten der Lösung

Doch die Werte für die erwarteten Verluste sind mit erheblicher Unsicherheit behaftet. Größere Unternehmen mögen Erwartungswerte für gängige Szenarien haben, etwa für die Anzahl abhandengekommener Laptops pro Jahr und die damit verbunden Kosten. Bei kleinen Unternehmen fehlen diese Angaben beziehungsweise sind die Werte zu wenig aussagekräftig, da eine kritische Masse, aus der sich ein Mittel erst ergeben kann, fehlt. Hier helfen dann Studien und Analystenreports, die auf Basis zahlreicher Einzelwerte jene Mittelwerte liefern, die eine grundlegende Orientierung ermöglichen.

Dabei gilt: Wann immer es möglich ist, ist das Vertrauen auf selbst erhobene Vergangenheitsdaten sinnvoller, als sich auf externe Angaben von Anbietern zu verlassen, die letztlich den Produkt- und Dienstleistungsverkauf im Sinn haben. Nicht dass deren Angaben grundlegend falsch sind, gefärbt sind sie jedoch fast immer, oder haben Sie bereits mal eine Studie gesehen, in der steht: »Alles gut im Bereich X – Sie müssen nichts unternehmen«?

Extreme Szenarien

Haben Sie hinreichend qualitativ wertige Daten als Entscheidungsgrundlage, dann eignet sich das RoSI-Modell nicht nur für die Bewertung von Investitionen in Cybersicherheit, sondern ist prinzipiell für die Einschätzung anderer betrieblicher Risiken tauglich. Wäre da nicht das Extremwert-Problem. Angenommen, durch eine erfolgreiche Cyberattacke erleiden Sie einen Imageschaden, der mit 10 Millionen Euro bewertet wird. Bei einer Eintrittswahrscheinlichkeit von 1:10 000 dürften Sie nicht mehr als 1 000 Euro zu dessen Abwehr ausgeben. Bei 1:20 000 nur noch 500 Euro, bei 1:1 000 aber 10 000 Euro. Wie bemessen Sie die Eintrittswahrscheinlichkeit von solchen extrem seltenen Ereignissen?

Ein Beispiel für einen solchen Extremwert bei der allgemeinen betrieblichen Risikobewertung war und ist das Coronavirus. Damit verbunden ist nun die Frage: Ist eine rein quantitative Risikoanalyse post-Covid überhaupt noch sinnvoll? Denn der Erwartungswert für eine Pandemie war minimal; eingetreten ist das Ereignis dennoch.

Die tatsächlichen Kosten waren und sind enorm und verändern auf absehbare Zeit den Lauf der Geschichte. Kann man sich gegen derartige Risiken absichern? Kritiker argumentieren hier gerne, das sei ein sogenannter schwarzer Schwan, also nicht vorhersehbar. Nassim Taleb, von dem die Metapher stammt, positioniert sich aber klar gegen diese Ansichten und meint, es wäre ein – wenn auch mit großen Unsicherheiten – vorherberechenbares Ereignis. Spätestens seit der SARS-Epidemie in Asien, Anfang der 2000er-Jahre, hätten wir uns auch in der westlichen Welt auf dieses Szenario einstellen müssen. So seine Argumentation.

Ähnlich ist es in der Cybersicherheit. Es gibt einige, in der Fachwelt immer wieder diskutierte Extremszenarien, die etwa den weitgehenden Ausfall von öffentlicher Kommunikationsinfrastruktur für einen längeren Zeitraum nach einer Cyberterrorismus-Attacke vorsehen. Sollte man sich dafür vorbereiten? Wenn ja, welche Wahrscheinlichkeit würden Sie ansetzen? Hier scheinen erneut die Grenzen der gängigen Modellbetrachtungen auf. Und nein, die Frage, ob wir dann nicht alle ganz andere Probleme haben, ist natürlich keine Antwort.

Vorzüge des RoSI-Modells

Das RoSI-Modell funktioniert immer dann zufriedenstellend, wenn es möglich ist, einen Schaden nicht nur zu qualifizieren, sondern auch zu quantifizieren. Es hilft außerdem dabei, Budgets für Investitionsvorhaben zu begründen, und sollte daher einen festen Platz in jeder Cybersicherheitsstrategie haben, trotz vieler Einschränkungen.

Grenzen des RoSI-Modells

Es ist vielfach schlicht unmöglich, einen Schaden zu quantifizieren. Nicht nur die Eintrittswahrscheinlichkeit ist schwierig zu berechnen, auch die Schadenshöhe ist in der Regel nicht ohne Weiteres vollständig zu quantifizieren. Welche Kosten hat etwa ein einstündiger oder eintägiger Ausfall eines bestimmten Systems oder auch des ganzen Betriebs tatsächlich? Wie setzen Sie die Kosten für die Mitarbeiter an, die nach einem Cyberschaden Systeme wieder aufsetzen und neu einrichten? Deren Gehälter müssen Sie im Regelfall sowieso bezahlen. Aber könnten die in der Zeit nicht etwas anderes, Sinnvolles machen? Was ist mit Folgeschäden? Was ist, wenn ein Kunde zwar keinen Schadensersatz geltend macht, aber infolge eines Vorfalls das Vertrauen verloren hat und – möglicherweise Monate später – zur Konkurrenz wechselt?

Außerdem werden Interdependenzen im RoSI-Modell nicht berücksichtigt. Das RoSI-Modell geht in seiner Berechnung stets von einem Einzelinvestment aus. Dieses entsteht aber nur selten »im luftleeren Raum«, das heißt, es gibt Interdependenzen mit anderen Maßnahmen, die technischer Natur sein können und hoffentlich dazu führen, dass Risiken an anderer Stelle besser beherrscht werden. Diese können aber auch wirtschaftliche Konsequenzen an anderer Stelle haben und diese können unter Umständen nachteilig sein.

Eine neue Firewall erhöht zweifellos die Sicherheit gegenüber einem Angriff von außen, erzeugt aber an anderer Stelle Kosten. So sind Onlinedienste, die Ihr Unternehmen anbietet und die natürlich von außen erreichbar sein müssen, nach der Implementierung einer neuen Firewall ohne weitere Arbeiten nicht mehr erreichbar und müssen möglicherweise angepasst werden. In der TCO-Berechnung für die Firewall ist das üblicherweise nicht enthalten. Ähnliches gilt, wenn neu etablierte Sicherheitsmaßnahmen Mehraufwendungen bei Mitarbeitern verursachen, etwa durch Schulungen oder zeitliche Nachteile bei der vom System erzwungenen Benutzung. Damit ist etwa gemeint, dass Rechner langsamer starten, um Sicherheitssoftware zu laden, oder die Benutzung bestimmter Zugangssicherungen ebenfalls zeitlichen Aufwand bedeutet. Im Einzelfall sind das vielleicht wenige Minuten pro Arbeitstag – aufs Jahr und für das ganze Unternehmen berechnet sind das durchaus nennenswerte Beträge. Zwar lassen sich auch diese Effekte zweiter Ordnung in der Kalkulation erfassen. Mir sind jedoch keine Unternehmen bekannt, die dies tatsächlich mit der gebotenen Gründlichkeit tun.

Fakt ist: Eine universelle Einzellösung, die alle Cybersecurity-Bedürfnisse abdeckt, ist noch nicht gefunden und das wird auch auf absehbare Zeit so bleiben.

Zu unterschiedlich sind die Anforderungen der Unternehmen und zu vielfältig sind die notwendigen Leistungskomponenten.

Jahresbudgets setzen andere Grenzen. Sowohl das RoSI-Modell wie auch andere Versuche, Investments in Security zu bewerten, liefern Aussagen für Einzelinvestitionen, die nicht notwendigerweise den vielen widerstrebenden Investitionswünschen gerecht werden. IT- und Sicherheitsinvestitionen haben ein festes, oftmals ohne Bezug zu den Anforderungen festgelegtes maximales Budgetvolumen, das in einem Zeitraum dafür ausgegeben werden darf. Die Herausforderung ist nun die Verteilung der zur Verfügung stehenden Mittel auf verschiedene Risiken. Zur Lösung dieses – überwiegend hausgemachten – Problems, einer mehr oder weniger willkürlichen Festlegung der Jahresbudgets, gibt es verschiedene Diskussionsbeiträge in der Fachwelt.

Eine 2002 veröffentlichte Studie von der University of Maryland wird vielfach als Basis der Debatte herangezogen.[5] Die Autoren entwickeln darin ein ökonomisches Modell, das die Verletzlichkeit von Information im Unternehmen gegenüber dem Auftreten eines Sicherheitsproblems und die Verluste im Fall eines solchen Problems miteinbezieht. Das interessante Ergebnis: Unternehmen stehen vielfach besser da, wenn sie ihre Bemühungen auf den Schutz von Informationen mit »mittlerer Verletzlichkeit« oder besserer »mittlerer Gefährdung« (Vulnerability) konzentrieren, da die extrem gefährdeten Informationen oft nur mit enormem Aufwand zu sichern sind. Die Autoren kommen außerdem zu dem Schluss, dass man nur einen relativ geringen Teil dessen, was man als Erwartungswert an Kosten für einen Sicherheitsvorfall hat, in dessen Verhinderung investieren sollte. Das optimale Investment in Sicherheitstechnologie beträgt 37 Prozent der erwarteten Kosten.

Diesen Vorschlag kann man als Indikation für eigene Vorhaben nehmen, aber sie sollte – wie alle Modellbetrachtungen – immer nur als solche gesehen werden. Anders gesagt: Eine Gewissheit gibt es im Vorhinein nicht. In jedem Fall ist die Einbeziehung der ökonomischen Komponente – wie hier im gesamten Kapitel in verschiedenen Schattierungen dargestellt – ein wichtiger Schritt weg von einer rein technischen Betrachtung hin zu einer integrierten Perspektive auf das Thema Informationssicherheit.

Eine Erfahrung gibt es allerdings später in jedem Fall und ob das in die eine oder andere Richtung ausgeht, ist nur zum Teil im Einflussbereich des Entscheiders.

So oder so gilt: In der Rückschau auf Vergangenheitswerte stellt sich in der Praxis fast immer die Erkenntnis ein, dass Vilfredo Pareto mit seinem als Pareto-Prinzip bekannt gewordenen Erfahrungswissen wieder einmal richtig liegt. 20 Prozent der Maßnahmen stehen für 80 Prozent der Erfolge. Dies gilt beinahe uneingeschränkt auch und gerade bei Investitionen in Cybersicherheit in der Gesamtschau. Die richtige Allokation der verfügbaren Mittel bleibt jedoch ein Problem für alle an der Entscheidungsfindung Beteiligten.

IT-Benchmarking – Maßstab für IT-Ausgaben

Eine der beliebtesten Managementmethoden der vergangenen Jahrzehnte ist das sogenannte Benchmarking. Große Unternehmen sind besonders anfällig für eine besondere Form von Zahlenvergleichen. Ursprünglich ein Begriff aus dem Vermessungswesen, hat Benchmarking Betriebswirtschaft und IT im Sturm erobert. Dabei muss man – mit Blick auf dieses Buch – unterscheiden zwischen IT-Benchmarks und Computer-Benchmarks. Letztere dienen der Vergleichbarmachung von Rechnerleistung oder Leistung von Rechnerkomponenten wie Geschwindigkeit von Festplatten, Prozessoren oder Grafikeinheiten. IT-Benchmarks hingegen kennt man typischerweise als zwischenbetrieblichen Vergleichsmaßstab für IT-Ausgaben, darunter fallen typischerweise auch Cybersecurity-Aufwendungen.

Derartige Kennzahlen sind insbesondere bei großen Unternehmen ein wichtiges Investitionsentscheidungskriterium und deren Einsatz ist an der Tagesordnung. Auch viele kleinere Unternehmen orientieren sich daran. Natürlich ist es vor allen Dingen auch ein einträgliches Geschäft für Unternehmensberatungen und Analystenhäuser, Vergleichszahlen zu liefern. Cybersicherheitsinvestments werden bei Benchmarks üblicherweise als Prozentwert der IT-Ausgaben angesehen. Diese Berechnungsmethodik leuchtet grundsätzlich ein, ist aber bei näherem Hinsehen nicht unproblematisch, weil die gängigsten Analysen keineswegs zu vergleichbaren Werten kommen, sondern beinahe um den Faktor drei abweichen, zusammengetragen hat diese Aufstellung BCG (Boston Consulting Group), die Werte für Cybersecurity-Ausgaben als Durchschnittswert der IT-Ausgaben gesamt des Unternehmens nach:

- PricewaterhouseCoopers (PwC): 3,7 Prozent,
- Gartner: 5,9 Prozent,
- Capgemini: 7,2 Prozent,
- Forrester: 10,0 Prozent.

Woher diese enormen Abweichungen kommen, ist unklar. Es ist wohl primär eine Frage der Abgrenzung. Bereits oben war von SD-WAN als Netzwerktechnologie die Rede. SD-WAN hat aber eben auch einen starken Cybersecurity-Fokus. Ist ein Invest in SD-WAN daher nun ein IT- oder Infrastrukturthema oder – im Sinne des Benchmarkings – eine Investition in Cybersecurity? Mit dieser Unschärfe werden wir leben müssen.

Klar ist in jedem Fall, dass auch an anderer Stelle Gefahren lauern, wenn man sich blind auf Benchmarks verlässt. Genauer gesagt landen die wiederum bei der Bezugsgröße und die sind nun mal die IT-Ausgaben insgesamt und diese sind je nach Branche unterschiedlich.

Die Lexta Consultants Group hat sich unter anderem auf derartige Zahlenerhebungen spezialisiert und sieht die Mittelwerte in den Branchen wie folgt (IT Ausgaben jeweils als Prozent vom Umsatz):

- Finanzen: 3,84 Prozent,
- Medien: 2,9 Prozent,
- Transport: 1,99 Prozent,
- Industrie: 1,84 Prozent,
- Chemie: 1,75 Prozent,
- Gesundheit: 1,49 Prozent,
- Energie und Rohstoffe: 1,49 Prozent,
- Automobil: 1,34 Prozent,
- Handel: 1,30 Prozent,
- Nahrungsmittel: 0,91 Prozent,
- Bauindustrie: 0,54 Prozent.

Die hier genannten Zahlen sind aus einer Erhebung von knapp 400 Großunternehmen in Zusammenarbeit mit dem CIO-Magazin aus dem Herbst 2013 und natürlich nur indikativ[6], insbesondere wenn man weiß, dass die Streuung ganz enorm ist, der zitierte Beitrag berichtet etwa von einer Spanne zwischen 0,16 Prozent und 10,9 Prozent für die Finanzbranche. Sich ausschließlich auf Mittelwerte zu verlassen, wird dadurch problematisch.

Anders gesagt: Nur auf Benchmarking-Zahlen zu schielen, macht vielleicht Ihren CFO glücklich und sichert Ihre Karriere, wenn Sie Angestellter sind, hilft dem Unternehmen aber nur wenig, man müsste – so man an Benchmarks glaubt – schon genauer reinschauen in die Zahlen und die Vergleichsgruppe gezielt wählen. Oder man distanziert sich davon und fokussiert sich auf Digitalisierung und versucht, hier Vorreiter zu werden. Hohe IT- und in der Folge hohe Security-Kosten kommen dann ganz automatisch, ein Benchmarking würde einen bei einer solchen innovationsorientierten Strategie aber zwangsläufig ausbremsen, denn Mittelwert und Mittelmäßigkeit haben viel gemeinsam. Zu viel.

Eine mögliche andere Annäherung an die Ausstattung Ihrer Cybersicherheit erfolgt über den sogenannten Headcount. Die Marktforscher von Computer Economics haben Zahlen für die Zahl der IT-Sicherheitsleute als Teil des IT-Personals ermittelt. Rund 3 Prozent beträgt der Anteil an deren Benchmark. Anders gesagt: Glaubt man den Benchmarks blind und ungeprüft, so wäre bei Betrieben unter etwa 30 Personen in der IT überhaupt nur weniger als eine Stelle für Sicherheit drin – ein ziemlich fahrlässiges Vorgehen angesichts der Faktenlage. Auch hier ist wieder die Problematik der Bezugsgröße vorhanden, denn der Anteil der IT-Mitarbeiter bezogen auf die Gesamtmitarbeiterzahl ist keineswegs einheitlich. Die vor über zehn Jahren von einer Benchmarking-Organisation ermittelte Durchschnittszahl von 105:1[7] wird seit Jahren als Referenzwert herangezogen, ist aber de facto nur für größere Unternehmen relevant. In kleineren Unternehmen ist das Verhältnis allen Erfahrungen nach eher bei 30:1. Auch hier gilt: Vorsicht mit Vergleichszahlen, da sie, wenn es um den »Headcount«, also in dem Fall die Anzahl der Personen in einer Rolle geht, insbesondere auch nicht berücksichtigen, welchen Outsourcing-Grad ein Unternehmen hat, das heißt, welcher Teil der IT-Leistungen im Hause selbst und welcher extern betrachtet wird. So kann ein Unternehmen, das konsequenten Fremdbezug von IT-Leistungen betreibt und Sicherheitsleistungen von einem spezialisierten Dienstleister bezieht, in der Praxis erheblich besser dastehen als eines, das sich an bloßen Zahlen irgendwelcher Benchmarks orientiert. Eine Indikation für Ihre Entscheidungen liefern Benchmarks sehr wohl, blinde Zahlengläubigkeit führt jedoch in die Irre. Fragen Sie daher stets genau nach, wenn Ihnen Vergleichszahlen vorgetragen werden.

Über den Daumen gepeilt – eine grobe Kostenschätzung

Finden Sie anhand der folgenden Fragen heraus, welche finanziellen Folgen eine Cyberattacke für Ihr Unternehmen haben könnte:

- Was würde Sie ein eintägiger, ein dreitägiger oder ein einwöchiger Stillstand aller IT-Systeme kosten? Denken Sie an direkte Kosten, die Belastung für die Mitarbeiter, aber auch mögliche Regressansprüche Ihrer Kunden.
- Was wäre, wenn die Pläne für Ihr wichtigstes Projekt in falsche Hände gerieten? Denken Sie hier besonders an Ihre Hauptwettbewerber, aber auch an mögliche Neueinsteiger in Ihre Märkte.
- Was sind die Folgen, wenn Ihre Kundendatenbank im Internet auftaucht? (Hier können sowohl Wettbewerbs- wie Datenschutzaspekte eine Rolle spielen).

Undurchsichtige Vielfalt – Cybersecurity-Lösungen en masse

Jenseits von Firewall und Virenschutz wird es kompliziert und unübersichtlich. Es tauchen Produkte und Dienstleistungen auf, deren Nutzen vielfach nicht auf Anhieb klar ist und deren Begrifflichkeiten sich vielfach auch von Anbieter zu Anbieter unterscheiden.

Selbst erfahrene IT-Sicherheitsprofis staunen über kryptische Produktnamen wie »vSentry Edge AI« und versuchen zu ergründen, was der Sinn und Zweck des Produkts sein könnte. Vielleicht hilft diese Erläuterung: »vSentry Edge AI ist eine eingebettete und in Echtzeit arbeitende Netzwerk-IDPS, die für zentrale und zonale Gateways entwickelt wurde.«[8] Damit ist Ihnen jetzt doch alles klar, oder? Dieses willkürlich herausgepickte Beispiel zeigt, wie unglaublich komplex das Thema Cybersicherheit geworden ist. Doch keine Sorge, es gibt durchaus Möglichkeiten, sich einen Überblick zu verschaffen.

Einteilung nach ISG

Die internationale Analystenfirma ISG mit Sitz in den USA ist weniger bekannt als die Platzhirsche Gartner und Forrester, aber durch ihren Fokus auf Cybersicherheit und eine einfach nachvollziehbare Einteilung von Cybersecurity-Lösungen und -Dienstleistungen eine Erwähnung wert.

ISG teilt Cybersecurity-Lösungen in sechs Gruppen ein:[9]

- Identitäts- und Zugangsschutz: Hierunter fallen alle Lösungen, die sicherstellen, dass nur berechtigte Nutzer IT-Systeme benutzen können.
- Vermeidung von Datenlecks und Datenverlust: Darunter versteht man alle Lösungen, die sicherstellen sollen, dass Datenverluste und Datendiebstähle verhindert werden.
- Netzwerksicherheit: Hier sind grundlegende Aspekte der Sicherheit der Netzwerk-Infrastruktur zusammengefasst.
- Rechenzentrums- und Cloud-Sicherheit: Hier sind grundlegende Aspekte der Sicherheit der Betriebsinfrastruktur – ganz gleich ob in Eigenbetrieb (Rechenzentrum) oder externem Betrieb (Cloud) – zusammengefasst.
- Pervasive and predictive Security: In dieser Kategorie, für die es bisher nicht wirklich einen deutschsprachigen Begriff gibt, finden sich alle Lösungen, die einen umfassenden Schutz versprechen, und alle Verfahren und Systeme, die mittels Prognoseverfahren Sicherheit herstellen wollen, darunter auch alle Ansätze, die künstliche Intelligenz beinhalten.

- Endpunkt-(Endgeräte-)Sicherheit: Diese dient der Absicherung von Rechnersystemen (Clients) und deren Schnittstellen im Netzwerk Umfasst auch Mobilgeräte.

Sortierung nach NIST

Natürlich ist die ISG-Gruppierung nur eine Möglichkeit, sich der Vielfalt der Lösungen zu nähern. Eine andere, international gebräuchliche Unterteilung stammt vom US-amerikanischen National Institute of Standards and Technology (NIST). Es teilt die Lösungen rein funktional ein, also nach den Aufgaben in der sogenannten Wertkette der Cybersicherheit, und liest sich im Original wie folgt:

- Identify: Identifikation von Bedrohungen,
- Protect: Schutz von Systemen,
- Detect: Erkennen von Angriffen,
- Respond: Reaktion auf / Abwehr von Angriffen,
- Recover: Wiederherstellung nach Angriffen.

Bei dieser Einteilung ist wichtig festzuhalten, dass eine einzelne Lösung oder ein Service unter Umständen zu mehreren Kategorien zählen kann. Ein einfaches Beispiel: Ein Virenschutzprogramm auf einem Endgerät erkennt Bedrohungen und agiert entsprechend, etwa durch Löschen der erkannten Malware, deren Verschiebung in Quarantäne oder einen Hinweis an den Nutzer. Es fällt damit in die Kategorien »Detect« und »Respond« oder, je nach Stadium des Eingreifens, auch in die Kategorien »Identify« und »Protect«.

Die generelle Tauglichkeit dieser Auflistung ist unbestritten, doch sie bleibt unvollständig, wenn man nicht eine zweite Dimension hinzufügt. Von Sicherheitsproblemen betroffen sind nämlich Devices, also Endgeräte, Applikationen, Netzwerke, Daten und Nutzer. Eine Kombination dieser beiden Dimensionen enthält die folgende Matrix.

Einordnung mit der OWASP-Cyber-Defense-Matrix

Open Web Application Security Project, kurz OWASP, ist eine Stiftung, die für die Verbesserung von Softwaresicherheit eintritt und sich als offene Gemeinschaft versteht. Sie stellt die ursprünglich von Sounil Yu, einem ehemaligen

Mitarbeiter der Bank of America, entwickelte Strukturierung von Cybersecurity-Lösungen als OWASP Cyber Defense Matrix[10] unter einer Creative-Commons-Lizenz der Öffentlichkeit zur Verfügung. Ihre Motivation zur Bereitstellung der Matrix liest sich wie ein Plädoyer für dieses Buch:

> »Da die Cybersicherheits-Gemeinschaft keine einheitliche Terminologie verwendet, um zu beschreiben, was wir brauchen, gibt es viel Verwirrung darüber, was viele Anbieterprodukte tatsächlich leisten. Anstatt die Fähigkeiten eines Produkts klar zu artikulieren, werden wir mit überstrapaziertem, trendigem Jargon bombardiert, der uns gewöhnlich vor die Frage stellt, ob das Produkt wirklich eines unserer Probleme lösen kann. Manche Sicherheitsteams organisieren sich sogar selbst nach diesem Jargon. Wir müssen aufhören, uns unsere Terminologie von Marketing-Pitches diktieren zu lassen.«[11]

	Identifizieren	Schützen	Erkennen	Reagieren	Widerherstellen
Endgeräte					
Anwendungen					
Netzwerke					
Daten					
Nutzer					
Grad der Abhängigkeit	**Technik**		**Ablauf**		**Menschen**

Die OWASP-Cyber-Defense-Matrix im Überblick

Auch wenn diese zweidimensionale Matrix vermutlich der tauglichste Versuch einer Charakterisierung und Differenzierung für den Bereich Cybersicherheit und dessen Angebotsvielfalt ist, so bleiben notgedrungen verschiedene Aspekte offen. Diese betreffen insbesondere die zeitliche Dimension und unterscheiden noch nicht hinreichend zwischen Echtzeit und ex-post oder – wie Gartner es in seiner Advanced-Threat-Defense-Matrix beschreibt, – »postcompromise«, also forensisch auf Netzwerk- oder Endgeräteebene, nachdem etwas vorgefallen ist.

So sehr solche Tools dabei helfen, das Angebot am Markt zu verstehen, so eingeschränkt sind sie geeignet für eine unternehmenszentrierte und allgemeinverständliche Betrachtung. Dieses Ziel wird im nächsten Kapitel wieder aufgegriffen und mit einer »360 Grad«-Betrachtungsweise weiterverfolgt.

Wie Sie mit der OWASP-Cyber-Defense-Matrix arbeiten

Die OWASP-Cyber-Defense-Matrix ergänzt die oben genannten Funktionen nach NIST um die betroffenen Ziele und unterscheidet dabei zwischen:

- Endgeräten (Arbeitsplatzrechner, Server, VoIP-Telefone, Tablets, Speichersysteme, Netzwerkgeräte, Geräte aus dem Internet der Dinge),
- Anwendungen (auf den Endgeräten laufende Software),
- Netzwerken (Verbindungen zwischen Geräten und Anwendungen),
- Daten (Daten oder Informationen, die auf Geräten beziehungsweise Netzwerken gespeichert oder bearbeitet oder übertragen werden),
- Nutzern (alle Verwender der gelisteten Ressourcen).

Da kein Unternehmen in Sachen Cybersicherheit eine »grüne Wiese« ist, können Sie mit der OWASP-Matrix grundlegende Lücken in Ihrem Schutzbedarf aufspüren, indem sie bereits vorhandene Cybersicherheitsanwendungen einsortieren. Nicht alle Felder müssen für alle Unternehmen gefüllt werden, die groben Lücken werden jedoch sichtbar.

7 DIE KRONJUWELEN IHRES UNTERNEHMENS

Viele mittelalterliche Burganlagen hatten nicht nur mehrere Verteidigungslinien gegen Eindringlinge, sondern zusätzlich eine Schatzkammer für die besonders wertvollen Gegenstände. Auch wenn Burgen ihre Funktion längst verloren haben, die Vorstellung eines differenzierten Schutzes hat überlebt. Wenn Sie etwa einen Autohandel betreiben, ist das Gelände vermutlich umzäunt. Die Schlüssel Ihrer Fahrzeuge verwahren Sie dennoch in einem Tresor. Die Vorstellung eines differenzierten Schutzkonzepts funktioniert auch im digitalen Raum. In der Fachsprache ist dann auch von »Defense in Depth« als Unterschied zu »Perimeter-based Security« die Rede.

Angesichts der Vielzahl an dokumentierten Cyberattacken und aufgedeckten Sicherheitslücken ist es nur eine Frage der Zeit, bis auch Ihr Unternehmen gehackt wird – selbst wenn Sie sich bestmöglich aufstellen und massiv in Personal, Material und Betrieb investieren. Entscheidend ist: Was ist dann mit Ihren Kronjuwelen?

Was für Sie am wertvollsten ist, wissen Sie selbst am besten. Forschungsergebnisse, Know-how, Konstruktionszeichnungen, Methoden, Strategien, Kalkulationsverfahren oder auch Rezepturen können besonders schützenswert sein. Im Grunde genommen kann darunter alles fallen, was Ihr Unternehmen vom Wettbewerb unterscheidet, was Sie besser macht, und – im Fall einer erfolgreichen Cyberattacke – nicht ohne Weiteres ersetzt werden kann.

Sie wünschen sich Rundumschutz für Ihr Unternehmen. Deshalb geht es jetzt darum, wie Sie sich ein Lagebild verschaffen und die richtigen Schlüsse ziehen.

Rundum geschützt – aber wie?

Jährlich im Februar erscheint das *IT-Grundschutz-Kompendium* des BSI (Bundesamt für Sicherheit in der Informationstechnik), das ich Ihnen hiermit als Zusatzlektüre wärmstens ans Herz legen möchte.[1] Es ist in meinen Augen das wichtigste Werkzeug für alle, die das Thema Sicherheit in ihrem Unternehmen umfassend angehen wollen. Dieses Kompendium ist in der jeweils aktuellen Fassung beim BSI kostenlos abrufbar. Die Ausgabe von 2020 besteht aus zehn Bausteinen, die alle Aspekte der Unternehmenssicherheit abdecken. Die Zielsetzungen sind bei den jeweiligen Bausteinen beschrieben und es gibt zu einzelnen – noch längst nicht zu allen – Bausteinen auch Umsetzungshinweise.

Zudem ist der IT-Grundschutz nach BSI die ideale Basis für eine Zertifizierung nach ISO27001.

Diese Norm des Internationalen Standardisierungsgremiums ISO beschreibt Verfahren im Unternehmen für den Umgang mit Informationssicherheit. Man spricht von ISMS – Informationssicherheitsmanagementsystem. Dieses System können Sie nach ISO27001 zertifizieren lassen. Fairerweise muss man sagen, dass der Aufwand insbesondere für kleinere Unternehmen durchaus erheblich sein kann. Sollte diese jedoch bei Ihnen – etwa durch Anforderungen von Kundenunternehmen – notwendig sein, lohnt sich die Lektüre gleich doppelt! Für eine Bestandsaufnahme und die Erarbeitung von Maßnahmen, bei denen nichts vergessen werden darf, ist das IT-Grundschutz-Kompendium die richtige Basis.

Aber was, wenn Sie im Unternehmen oder Unternehmensverbund Ihre Kollegen und Chefs über die relevanten Cybersicherheitsthemen informieren wollen? Ein handliches, transparentes Modell wäre in dem Fall hilfreicher, wie das CE21-Cybersecurity-Modell 360+. Doch dazu später mehr.

Schützenswert – was Cybersicherheit ausmacht

Was ist grundlegend schützenswert und wie kann eine Cybersicherheitsstrategie dies erreichen? Dazu gibt es die sogenannten Schutzziele der Informationssicherheit. Werden diese erfüllt, sind die Systeme eines Unternehmens gegen unbefugte Einwirkungen und Angriffe geschützt und wirkt diesen erfolgreich entgegen. Die wichtigsten Schutzziele sind:

- Verfügbarkeit,
- Vertraulichkeit und
- Integrität.

Daneben werden manchmal weitere Schutzziele beschrieben, die nicht immer ohne Redundanzen sind. Eine gute Ergänzung zu den oben genannten

Schutzzielen ist die Verbindlichkeit. Unter Verbindlichkeit werden – laut BSI-Glossar[2] – die Sicherheitsziele Authentizität und Nichtabstreitbarkeit zusammengefasst. Bei der Übertragung von Informationen bedeutet dies, dass die Informationsquelle ihre Identität bewiesen hat und der Empfang der Nachricht nicht in Abrede gestellt werden kann. Die nachfolgende Einzelbetrachtung der Schutzziele erläutert deren Bedeutung für Informations- und Cybersicherheit.

Verfügbarkeit

Was in der Debatte um Cybersicherheit im Unternehmen zumeist zu kurz kommt, ist ein Verständnis von Verfügbarkeit als wesentliches Ziel der IT-Sicherheit. Zu oft nimmt man die Verfügbarkeit von IT-Systemen und dazugehörigen Komponenten wie Internetzugängen und Clouddienstleistungen als selbstverständlich wahr. Es ist wie beim Stromnetz. Darüber denkt man meist auch erst nach, wenn es tatsächlich zu einem – in diesen Breiten erfreulich seltenen – Stromausfall kommt. Daher wird Verfügbarkeit hier ausdrücklich vorangestellt.

Zu den wesentlichen Aufgaben der IT-Abteilung gehört es, Systemausfälle zu verhindern und den Zugriff auf Daten für Berechtigte jederzeit zu gewährleisten, weil ein Ausfall das Unternehmen Zeit und Geld kostet.

Tote Kommunikationskanäle

Stellen wir uns einen solchen unerwarteten Störfall einmal bildlich vor. Von einem Moment auf den anderen funktionieren Internet und E-Mail sowie genutzte Cloud-Dienste – etwa für die Verwaltung von Kundenkontakten – nicht mehr. Zumeist ist auch die Festnetztelefonie von einem Ausfall betroffen, da seit dem weitgehend abgeschlossenen Übergang vom ISDN-Telefonnetz zur IP-Telefonie dieselbe Infrastruktur dafür verwendet wird.

Die meisten größeren Unternehmen sorgen für derartige Vorkommnisse vor und haben – zumindest an den Hauptstandorten – eine sogenannte zweite Hauseinführung. Im Idealfall führt diese über getrennte Leitungswege (der Experte spricht von »knoten- und kantendisjunkter Wegeführung«) zu einer anderen Vermittlungsstelle Ihres Telekommunikationsanbieters. Diese Bauweise sichert Ausfälle des Zugangswegs weitgehend ab. Doch so etwas ist aufwendig, fünf- bis sechsstellige Investitionssummen für dieses Mehr an Sicherheit sind keine Seltenheit. Auch wichtige Serversysteme werden seit Jahren in großen Firmen als Cluster, das heißt als eine Kombination mehrerer Rechner, gebaut, sodass beim Ausfall eines Systems oder einzelner Komponenten der Dienst weiterhin funktioniert. Für die meisten kleineren Unternehmen ist diese Bauweise zu aufwendig, als Alternative bieten sich Cloudsysteme an, aber auch diese können Verfügbarkeitsprobleme aufweisen. Es gilt der triviale Zusammenhang: Ohne Onlinezugang im Unternehmen gibt es auch keinen Zugriff auf die Cloud. Aber auch Cloud-Systeme selbst können von Ausfällen durch Störungen beim Cloud-Provider betroffen sein.

Keine Verbindung

In zahlreichen Fällen sind viele genutzte Produkte und Dienstleistungen eines Unternehmens von einer dauerhaften Netzanbindung abhängig. Triviale Beispiele wären E-Mail-Dienste oder auch neue Telefondienste nach dem neuen IP-Standard. Je nach Bauweise – interner oder externer Mailserver beziehungsweise Telefonsystem – kann man aber im Fall eines Störfalls der Außenanbindung zumindest noch intern kommunizieren. Ein weiteres gängiges Beispiel wäre etwa ein CRM-System (Customer-Relationship-Management-System). Derartige Systeme werden heute üblicherweise als Cloud-Dienst angeboten. Jeder denkt hier sofort an Salesforce, aber daneben existieren zahlreiche weitere Lösungen, die praktisch alle die Eigenschaft »funktioniert nur mit Netzanbindung« gemein haben. Selbst altbekannte Anwendungen wie die Buchhaltung sind zunehmend als Cloud-Dienst ausgeführt und bedingen daher eine permanente Netzverbindung.

Manchmal ist es praktisch unmöglich, eine zweite Lösung als sogenannten Fallback parallel vorzuhalten, etwa weil es nur einen infrage kommenden Dienstanbieter gibt oder eben weil aus wirtschaftlichen Gründen nur einer infrage kommt. Selbst Geschäftsmodelle, die eine permanente Netzanbindung benötigen, nehmen dieses Risiko in Kauf und setzen auf nur einen Anbieter. An einem einfachen Beispiel aus einem jedermann bekannten Bereich werden potenzielle Risiken deutlich. Vom Carsharing-Anbieter DriveNow (jetzt ReachNow) sind Fälle bekannt, bei denen Kunden auf dem vom Anbieter vorgesehenen Parkplatz keinen Funkempfang hatten und daher die Miete nicht beenden konnten. In dem Fall hat das Unternehmen die Kosten auf den Kunden abgewälzt. Hohe Kosten für die Mieter waren in einzelnen Fällen die Folge, die erst auf Anforderung via Hotline zurückerstattet wurden.[3] Eine derartige Risikoverlagerung wird nicht immer gelingen.

Es ist ein Merkmal unserer heutigen »App-Ökonomie«, dass bei vielen coolen Lösungen von Start-ups sich niemand wirklich bei der Entwicklung die Frage nach der Verfügbarkeit eines Gesamtsystems stellt. Gemeint ist damit, dass typische Anwendungen – ob auf Smartphone oder Rechner – zunehmend auf externe Dienste setzen und damit von diesen abhängig sind.

Drittanbieter offline

Viele Internetdienste und praktische alle Smartphone-Anwendungen auch im Business-Bereich sind von dem Vorhandensein und der Funktionsfähigkeit verschiedener Dienste Dritter abhängig, die über sogenannte APIs angesprochen werden.

> **API** steht für **Application Programming Interface** – eine Schnittstelle, über die sich bestimmte Funktionen von anderen Systemen abrufen lassen.

Funktioniert die API oder das dahinterliegende Programm beziehungsweise Dienstangebot nicht, so steht die Funktionsweise der gesamten Anwendung auf dem Spiel. In der idealen Welt der Entwickler sind Zweifel jedoch nicht gern gesehen – im Gegenteil. Im Internetumfeld gilt explizit das Paradigma der agilen Entwicklung (einer modernen Form von Trial-and-Error, wie Spötter sagen), der permanenten Betaversion und nicht zuletzt des Minimum Viable Product (MVP), also einer minimal gebrauchstauglichen ersten Produktversion. Ähnlich wie die Betaversion, die die Unzulänglichkeit bereits im Namen trägt – schließlich steht der Betatest vor der Verkaufsfreigabe –, ist das MVP genauso unfertig, aber eben positiver besetzt. Sicherheit ist in vielen Fällen bestenfalls etwas, was man hinten »dranklebt«. Entsprechend viele ausnutzbare Sicherheitslücken gehen auf überhastete Digitalisierungsprojekte zurück.

Durch den hohen Konkurrenzdruck in der Web- und Softwarebranche und die für Start-ups typischen finanziellen Nöte hat Ausfallsicherheit selten Priorität bei der Entwicklung. Im Gegenteil: Statt entscheidende Funktionen selbst zu implementieren, werden diese gerne zusammengeklickt. Das spart Entwicklungszeit und Kosten, und der Kunde durchschaut das Spiel in den seltensten Fällen. Die Folge sind Anwendungen, die unter Umständen mehrere Dutzend (!) externe Dienste benötigen, um zu funktionieren. Wollen Sie Ihre »Mission-critical«-Systeme – also Systeme, von denen wiederum Ihr Geschäft abhängt – wirklich auf derart wacklige Beine stellen? Das ist nicht immer ganz einfach, denn als Anwender fehlt Ihnen schlicht die Transparenz. Vermutlich kennen Sie Shopify als Plattform für Onlineshops. Dort können Sie auf einfache Weise Ihren eigenen Onlineshop einrichten und betreiben. Mehr als 1 Millionen Unternehmen weltweit tun dies bereits und verlassen sich damit auf den Service des Anbieters.[4] Dennoch mussten Mitte 2019 Shopify-Kunden einen signifikanten Ausfall hinnehmen, der mit Shopify selbst nicht wirklich etwas zu tun hatte, sondern das Resultat eines Ausfalls bei Google Cloud, auf die Shopify für die Serviceerbringung zurückgreift, war.[5]

Keine Datenwolke

Es wird außerdem gerne vergessen, dass für die Nutzung von Cloud-Diensten eine funktionierende, sichere und ausreichend schnelle Internetverbindung benötigt wird. Eine zu schwach dimensionierte oder störanfällige Internetleitung kann signifikante Produktivitätsverluste mit sich bringen. Cloud-Anbieter garantieren kaum je die Bereitstellung der Dienste bis zum Rechner des Endanwenders, sondern reden immer von ihren eigenen Rechenzentren, wenn sie vollmundig »Hochverfügbarkeit« anpreisen. Dazwischen kann eine signifikante Lücke bestehen, von der wir nur hoffen können, dass sie zukünftig gefüllt wird.

So haben die großen Telekommunikationsanbieter in der Vergangenheit bereits mit ihren eigenen Cloud-Angeboten, die über ihre eigenen Übertragungsnetze bereitgestellt werden, Derartiges – Verfügbarkeits- und Geschwindigkeitsgarantie eines Diensts bis zum Endanwender – angekündigt. Am Markt gesehen wurde dieses scheue Wild bisher jedoch noch nie.

Der Strom der Datenpakete

Das Internet funktioniert grundlegend dezentral, das heißt, es gibt keine zentrale Steuerinstanz. Die Datenpakete suchen sich ihren eigenen Weg vom Absender zum Empfänger, und dieser muss nicht immer identisch sein. Die eigentlich geniale Idee dahinter war einst, dass im Fall eines Ausfalls einzelner Leitungsstränge die Daten ganz automatisch auf einem anderen Weg ankommen. So weit die Theorie.

In der Praxis gibt es doch nur einige wenige große Internetprovider, an denen keiner vorbeikommt, weil dort die großen Content-Lieferanten angebunden sind. In den USA ist das zum Beispiel Centurylink. Eine simple Fehlkonfiguration durch einen Mitarbeiter führte Ende August 2020 zu einem über die Landesgrenzen hinaus bemerkbaren Ausfall, da verschiedene Cloud-Dienste, darunter Onlinespieleanbieter, aber auch Anbieter von Diensten für Unternehmen, nicht mehr erreichbar waren. Das Bemerkenswerte daran: Der gesamte weltweite Internetverkehr brach dadurch temporär um 3,5 Prozent ein.[6] Ein kleiner Fehler mit gravierenden Folgen. Bereits 2013 gab es einen Ausfall mit – weltweit gesehen – noch dramatischeren Folgen. Für wenige Minuten waren wichtige Google-Dienste offline. Die Folge war ein temporärer Rückgang aller Websiteabrufe um rund 40 Prozent (!). Aufgrund der Zeitverschiebung ereignete sich das Ganze in Europa spät abends beziehungsweise mitten in der Nacht, daher gab es hierzulande keinen großen medialen Aufschrei deswegen.[7] In Deutschland ist der »DE-CIX« Internetknoten in Frankfurt der wesentliche Schaltpunkt, an dem ein Großteil aller Internetprovider aus Deutschland und vielen anderen Ländern ihre Daten miteinander austauschen. Ein Stromausfall dort sorgte 2018 für mehrstündige massive Störungen. Der »Kölner Stadtanzeiger« titelte: »Internetknoten DE-CIX: Stromausfall sorgte bundesweit für Panik.«[8]

Wie Sie Vorsorge betreiben

Panik ist nie ein guter Ratgeber, aber in jedem Fall gilt: Verfügbarkeit ist nichts, worauf Sie sich blind verlassen können. Selbst wenn Ihre Verbindung ins Internet steht, können wichtige Dienste nicht erreichbar sein. Die schöne neue Kommunikationsdienstewelt kommt mit einem Warnschild und Sie müssen entsprechend vorsorgen.

Ausfallsicherheit ist fast immer eine Frage eines einfachen, aber in den Variablen nicht immer leicht zu bestimmenden Rechenmodells. Fragen Sie sich:

- Mit welcher Wahrscheinlichkeit tritt ein Ausfall ein?
- Wie lange dauert dieser vermutlich?
- Welche Kosten entstehen im Unternehmen dadurch aller Erwartung nach?

Dem gegenüber steht die Antwort auf die Frage: Was kostet der Schutz gegen einen Ausfall – etwa die zweite Gebäudeanbindung samt Betriebskosten oder der Router, der auch Mobilfunk kann, samt SIM-Karte und Betriebskosten?

Wenn Sie planen, internetbasierte oder mobile Dienste in Ihrem Unternehmen einzuführen, stellen Sie immer auch die Frage: »Was ist, wenn nichts mehr geht?«, das heißt kein Netzempfang zur Verfügung steht oder die Internetverbindung streikt.

Sie müssen in der Regel dafür nicht so viel Aufwand betreiben wie Großunternehmen und Konzerne. Kleinere Standorte beziehungsweise Büros mit weniger Mitarbeitern können Sie gut und kostengünstig gegen Ausfälle absichern. Geeignetes Equipment vorausgesetzt, kann etwa Mobilfunk via LTE (und zukünftig 5G) eine temporäre Lücke schließen: Fällt die Festnetzleitung aus, springt die Mobilfunkverbindung ein. Gebraucht wird dazu ein geeigneter Router. Für kleinere Unternehmen gibt es durchaus geeignete Geräte, die sowohl Festverbindung als auch LTE in einem System vereinen. Die Umschaltung erfolgt bei speziellen Endgeräten automatisch, im einfachen Fall manuell. Einige Mobilfunkanbieter bieten sogar spezielle Datentarife an, wobei nur bei tatsächlicher Nutzung Kosten anfallen. Eine preiswerte Investition für ein entscheidendes Mehr an Sicherheit durch ein Mehr an Verfügbarkeit.

Vertraulichkeit

Ein weiteres grundlegendes, sogar noch wichtigeres Ziel der Informationssicherheit ist Vertraulichkeit. Im Fachbuch *Der IT Security Manager* von Heinrich Kersten und Gerhard Klett heißt es – ähnlich wie in vielen anderen Büchern und Definitionen in Lexika und im Web – dazu:

> »Vertraulichkeit ist die Eigenschaft einer Information, nur dem beabsichtigten Personenkreis – den Befugten – bekannt zu sein.«[9]

Ohne weiter in die Tiefe dieser Definition eintauchen zu wollen, lässt sich ableiten: Damit das funktioniert, muss klar sein, wer zu diesen »Befugten« gehört. Für etablierte Unternehmen ergibt sich das grundlegend aus dem Innen und Außen. Bei Start-ups hat – gerade in der Anfangsphase – typischerweise jede Person im Unternehmen Zugriff auf praktisch alle Informationen, von Gehalts- und Bankdaten abgesehen. Eine Organisationsstruktur, wie wir sie aus etablierten Unternehmen kennen, fehlt zumeist. Niemand hat die Zeit oder die Muße, sich um die Frage zu kümmern, wer was sehen darf.

Das wird bei einem stetigen Wachstum des Unternehmens irgendwann zum Problem. Plötzlich stellt man fest, dass es gute Gründe und manchmal auch Rechtsvorschriften gibt, die dafür sorgen, dass nicht jeder alles sehen kann, und da geht es beileibe nicht um Gehaltsabrechnung bis zum Kontoauszug. Wichtigste Rechtsgrundlage ist die EU-DSGVO (Datenschutzgrundverordnung), die Speicherung, Verarbeitung und auch Zugänglichmachung personenbezogener Daten an bestimmte Voraussetzungen knüpft.

Anders gesagt: Es kann gute Gründe geben, dass auch innerhalb einer Gruppe von grundsätzlich »Befugten« im Sinne der obigen Definition differenziert wird.

Auch jenseits des bestehenden Rechtsrahmens gilt: Nicht jeder muss, nicht jeder darf im Unternehmen alles wissen. Dies gilt mit steigender Unternehmensgröße in zunehmendem Maße, ein möglicherweise unzufriedener Mitarbeiter, der sich mit wichtigen Dokumenten aus dem Staub macht, wird dann zum Risiko für den Fortbestand des Unternehmens. Je weniger Zugriffsrechte jeder einzelne Mitarbeiter hat, umso geringer ist das Risiko für Sie als Unternehmer oder Führungskraft. Aus dieser Denkweise entstehen typischerweise Strukturen im Unternehmen, mit denen eine Strukturierung der Datenbestände und Zugriffsrechte einhergeht. Welche Bedeutung diese Strukturierung im Rahmen einer 360-Grad-Sicherheitsstrategie haben kann, dazu mehr im nächsten Kapitel.

Der Extremfall dieser Strukturierung, oder besser gesagt: Separierung, ist das Need-to-know-Prinzip aus der Geheimdienstwelt: Jeder erhält nur die Informationen, die er zur Ausübung seiner Tätigkeit wirklich braucht. Viele öffentliche Einrichtungen, aber auch viele Unternehmen arbeiten nach diesem durchaus umstrittenen Prinzip. Ein Prinzip, das scheinbar vom Zeitgeist hinweggefegt wurde, glaubt man den vielen Berichten und Büchern, die über Open Innovation, Intrapreneurship und Sharing-Kultur schwadronieren und in dem freien Austausch von Informationen im Unternehmen, manchmal sogar etwas über seine Grenzen hinaus, die Zukunft sehen. Aber sind wirklich alle erfolgreichen Unternehmen so strukturiert? Daran sind Zweifel erlaubt.

Denn der Gegenentwurf dazu ist Apple. Apple ist ein Unternehmen, das extreme Anstrengungen zur Geheimhaltung unternimmt. Wie gut das funktioniert, sieht man immer wieder, wenn es bei neuen Produkten zu vollkommen überraschenden Ankündigungen kommt. Es ist erstaunlich, dass aus einem Unternehmen mit mehr als 130 000 Mitarbeitern (Stand 2019) und einer weltweiten Lieferkette so wenig durchsickert. Steve Jobs war für seine strikte Geheimhaltung bekannt, sein Nachfolger Tim Cook setzt den Kurs fort und hat angekündigt, die Anstrengungen dafür zu verdoppeln.[10] Das scheint er ernst gemeint zu haben, berichten Medien doch schon mal über ehemalige Mitarbeiter von US-Geheimdiensten und Militär, die sich um Geheimschutz im Unternehmen kümmern.[11]

Natürlich haben auch andere Unternehmen interne Produktsicherheitsteams, aber selten geht es so martialisch zu wie bei den von Apple bekannt gewordenen Maßnahmen, die dazu führen, dass selbst Mitarbeiter von benachbarten Abteilungen unter Umständen nicht wissen, woran die jeweiligen Kollegen nebenan arbeiten.[12]

Apple mag für die neuen Technologiefirmen der Extremfall sein, aber in der sogenannten Old Economy läuft es vielfach ähnlich. Bei der Entwicklung und im Prototypenbau führender Automobilhersteller werden Abteilungen, die an neuen Themen arbeiten, streng separiert. Teilweise sind diese Einheiten in eigenen Gebäuden. In jedem Fall gibt es strikte Zugangskontrollen für Räume, die Teilnahme an Meetings wird ebenso streng reglementiert wie der Zugriff auf Datenbestände.

Ob nun eine Kultur der Offenheit oder eine geheimhaltungsorientierte Vorgehensweise für das Unternehmen besser ist, ist nicht abschließend und eineindeutig zu klären, sondern kommt tatsächlich auf den Einzelfall an.

Denn bei allen Erfolgen von Apple, es gibt Argumente gegen die Separierung der Bereiche. Konkret: Im Sektor der Sprachassistenzsysteme ist Apple längst nicht auf dem Niveau von Google oder gar Amazon, möglicherweise ist dies aber gerade wegen der fehlenden Zusammenarbeit im Unternehmen über die Produktgruppen Smart-Home-Lautsprecher bis iPhone hinweg der Fall. Anders gesagt: »Siri« bräuchte vielleicht doch jemanden, mit dem sie sich austauschen kann. Aus Sicht der Cybersicherheit ist eine weitgehende auch interne Geheimhaltung eine bevorzugte Strategie. Dies gilt auch dann, wenn von Insidern keine Gefahr ausgeht, denn jede interne Hürde weniger macht das Unternehmen anfälliger für die Gefahren von außen – etwa durch Social Engineering.

Wie Sie Vorsorge betreiben

So noch nicht geschehen, analysieren Sie Ihre Datenbestände und damit verbundene Zugriffsrechte. Kategorisieren Sie Ihre Dokumente und bilden Sie geeignete Strukturen zu Zugriffsrechten (wer darf was sehen und damit lesen oder sogar ändern und löschen).

Die Rechtevergabe können Sie mit den Grundfunktionen des Betriebssystems grundsätzlich steuern, es gibt aber auch Software, die Ihnen diesen zeitaufwendigen Prozess weitgehend automatisiert.

Vertraulichkeit ist natürlich ebenso wichtig bei der Kommunikation zwischen Standorten oder mit Dritten – zum Schutz der Vertraulichkeit der Kommunikationsinhalte. Achten Sie daher auf geeignete Verschlüsselungsverfahren.

Integrität

Keine Debatte um das richtige Maß gibt es beim dritten wichtigen Sicherheitsziel: »Integrität«. Es gibt nur ein »korrekt« oder eben »inkorrekt«. Im Glossar Cybersicherheit des Bundesamts für Sicherheit in der Informationstechnik steht dazu:[13]

> »Integrität bezeichnet die Sicherstellung der Korrektheit (Unversehrtheit) von Daten und der korrekten Funktionsweise von Systemen. Wenn der Begriff Integrität auf ›Daten‹ angewendet wird, drückt er aus, dass die Daten vollständig und unverändert sind. In der Informationstechnik wird er in der Regel aber weiter gefasst und auf ›Informationen‹ angewendet. Der Begriff ›Information‹ wird dabei für ›Daten‹ verwendet, denen je nach Zusammenhang bestimmte Attribute wie z. B. Autor oder Zeitpunkt der

Erstellung zugeordnet werden können. Der Verlust der Integrität von Informationen kann daher bedeuten, dass diese unerlaubt verändert, Angaben zum Autor verfälscht oder Zeitangaben zur Erstellung manipuliert wurden.«

Es steht außer Frage, dass Integrität als Schutzziel besondere Beachtung verdient, da eine unbemerkte Manipulation von Datenbeständen im Unternehmen potenziell riesige Gefahren mit sich bringt. Um beim Beispiel Automobil zu bleiben, könnte eine Verfälschung von elektronisch gespeicherten Messergebnissen aus einem Crashtest Fehlentwicklungen, im Extremfall sogar Rückrufe oder gar den Verlust der Zulassung zur Folge haben.

Das mag theoretisch klingen, aber dramatische Folgen für die Betroffenen in der Praxis ergaben sich beispielsweise bei Stuxnet mit dem oben beschriebenen Angriff auf das iranische Atomprogramm. Das Spannende in Bezug auf Integrität ist das Vorgehen der Schadsoftware, die Werte in der Steuerung manipulierte, also die Steuerungstechnik sabotierte und so in Folge Zentrifugen des iranischen Atomprogramms auch physisch zerstörte.[14]

Trotz dieser Risiken nehmen viele Unternehmen Integrität als wichtiges Schutzziel der Cybersicherheit bisher zu wenig ernst, mit unter Umständen gravierenden Folgen.

Wie Sie Vorsorge betreiben

Ein Ansatz sind Benutzerrechte. Unterscheiden Sie bei diesen zwischen Lesen und Schreiben/Ändern/Löschen. Für die Übertragung von Informationen wählen Sie geeignete Verschlüsselungsverfahren und Dokumentenformate, die eine einfache Änderung ausschließen. E-Mail an sich bietet keine Sicherheit. Nutzen Sie beim E-Mail-Versand wichtiger Dokumente entweder eine manuelle Verschlüsselung mit einem geeigneten Verschlüsselungsprogramm und senden Sie dem Empfänger das notwendige Passwort auf einem anderen Kommunikationskanal zu (etwa per SMS auf sein Mobiltelefon) oder nutzen Sie eine Lösung für sicheren Datenaustausch.

Authentizität

Ist der Kommunikationspartner wirklich derjenige, für den er sich ausgibt? Ist die Information, die Sie erhalten haben, authentisch, das heißt, stammt sie tatsächlich von der Quelle, die angegeben ist? All das steht im Zeitalter von Fake News, die viral gehen, Phishing-Attacken, Social Engineering und Deep Fakes auf dem Prüfstand.

Fake News sind in manipulativer Absicht verbreitete Falschmeldungen

Dass ein Zitat einer Person zugeschrieben wird, die nicht der Urheber ist, ist nicht ungewöhnlich. Foto und Text daneben, per WhatsApp gepostet und der Großteil der Nutzer glaubt spontan daran, denn es »war ja ein Bild dabei«. Meistens ist das harmloser Unfug, um Sinnsprüchen eine besondere Bedeutung zu verleihen, aber wenn mitten in der Corona-Krise vermeintliche Zeitungsartikel, die falsche Zitate von Virologen verbreiten, erscheinen, ist der Weg bis zur persönlichen Gesundheitsgefahr nicht weit. Andere Spielfelder der Fake-News-Verbreiter sind etwa Falschmeldungen zu börsennotierten Unternehmen, um den Aktienkurs in die gewünschte Richtung zu verbreiten. Aber auch beim CEO-Fraud und anderen Cybersecurity-Herausforderungen für Ihr Unternehmen spielt die Frage nach der Authentizität eine wichtige Rolle.

Das Kernproblem: Die Dokumentation von Authentizität spielte bei der Entstehung des Internets keine Rolle, ursprünglich ging man von Kommunikationspartnern aus, die sich vertrauten. Heute sind wir schlauer, wissen ob mancher Cybergefahr, können aber das Rad nicht zurückdrehen, den Geburtsfehler des Internets nicht heilen, und müssen daher nach anderen Möglichkeiten suchen, die Authentizität von Kommunikationspartnern und bereitgestellten oder übermittelten Inhalten zu überprüfen, vom Plausibilitätscheck bis hin zum digitalen Zertifikat und zur Blockchain reichen hier die Vorschläge.

Beim Plausibilitätscheck entscheiden Sie nach »gesundem Menschenverstand«.
  Ein digitales Zertifikat ist ein elektronischer Echtheitsnachweis, der bestimmte Eigenschaften von Personen oder Objekten belegt und der von einer Zertifizierungsstelle herausgegeben wird.
  Eine Blockchain ist – im einfachsten Fall – eine dezentral gespeicherte Datenbank, in der einmal getroffene Änderungen nicht rückgängig gemacht werden, sondern weiter fortgeschrieben werden.

Wie Sie Vorsorge betreiben

Sind Sie nicht sicher über die Validität einer Botschaft von einem Ihnen bekannten Kommunikationspartner, so fragen Sie nach – über einen anderen Kommunikationskanal, etwa über eine Ihnen bekannte Telefonnummer. Ist der Versender Ihnen nicht persönlich bekannt, seien Sie doppelt vorsichtig. Fragen Sie im Zweifel nach, aber validieren Sie die Kontaktdaten vorher auf herkömmlichen Wegen – etwa durch einen Blick in ein Telefonbuch (ja, so etwas gibt es noch), um nicht einer größer angelegten Betrugsaktion aufzusitzen.

Zurechenbarkeit, Verbindlichkeit und Nichtabstreitbarkeit

Das Siegel des Königs war eines der ersten allseits akzeptierten Merkmale für die Zurechenbarkeit. Die eigenhändige Unterschrift begleitet uns bis heute und erlaubt uns, etwa Verträge einzugehen und damit Verbindlichkeit herzustellen.

Für manche Fälle sorgt auch heute ein Notar für die Einhaltung der Kriterien Zurechenbarkeit, Verbindlichkeit und Nichtabstreitbarkeit.

Wie Sie Vorsorge betreiben

Während Blockchain-basierte Softwarelösungen vielfach als Lösung für Zurechenbarkeit, Verbindlichkeit und Nichtabstreitbarkeit propagiert werden, ist es mit deren Einführung in der Praxis bisher nicht weit her. Sie sind daher wiederum auf Ihre Sorgfalt und Umsicht angewiesen. Daher gilt auch hier: Seien Sie wachsam, prüfen Sie und fragen Sie nach. Mit der systemimmanenten Unsicherheit des Internets werden Sie noch lange auskommen müssen.

Das CE21-Cybersecurity-Modell 360+

Die CE21 Gesellschaft für Kommunikationsberatung ist eine von mir mitbegründete Technologieberatung mit Fokus auf Cybersicherheit und Datenschutz. Das 360+-Modell wurde aufgrund von Erfahrungen aus zahlreichen Kundenprojekten zwischen 2015 und 2019 entwickelt und steht jedem Interessierten zur Anwendung kostenfrei zur Verfügung.

> Aktuelle Updates und Hinweise zum CE21-Cybersecurity-Modell finden Sie auf der Website des Autors unter 360.thomaskoehler.de.

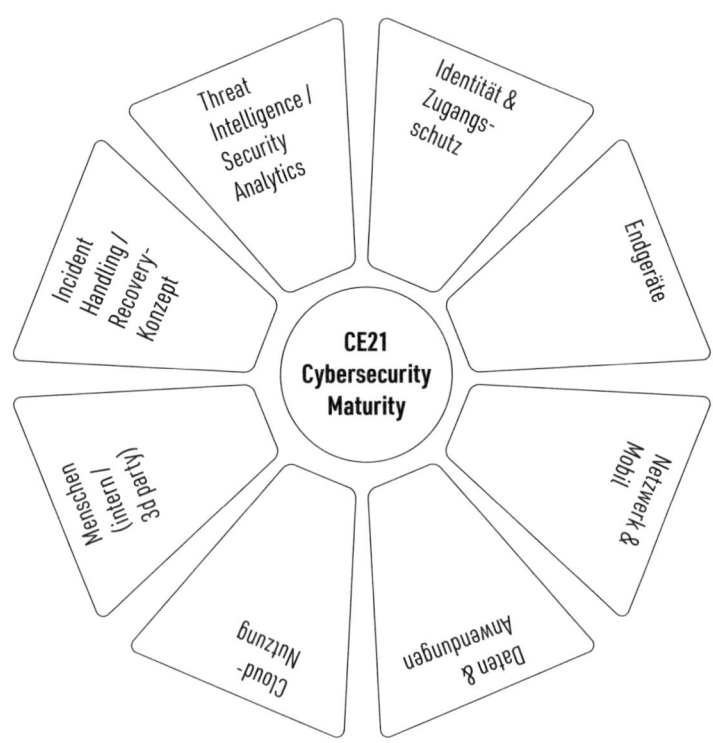

Das CE21-Cybersecurity-Modell im Überblick

Status quo Ihrer IT-Sicherheit

Das 360+-Modell erlaubt eine schnelle Orientierung über den aktuellen Status der IT-Sicherheit Ihres Unternehmens. Aus langjähriger Praxiserfahrung sind darin eine Reihe von Handlungsfeldern definiert, die insbesondere für kleinere und mittelständische Unternehmen adressiert werden sollten.

Das Modell bildet die acht zentralen Handlungsfelder und die Aktivitäten beziehungsweise Status transparent ab und macht sie, bei Vorliegen entsprechender Benchmarks, auch vergleichbar.

Zu den Feldern zählen im Einzelnen:

- Identität und Zugangsschutz,
- Endgerätesicherheit,
- Netzwerk- und Mobilsicherheit,

- Daten- und Anwendungssicherheit,
- Cloud-Sicherheit,
- Sicherheit des Faktors Mensch (intern/Dritte),
- Threat Intelligence/Security-Analytics,
- Incident-Handling.

Für die letzten beiden Bereiche gibt es keine wirklich guten deutschen Begriffe. Threat Intelligence/Security-Analytics kann man noch am ehesten als »Wissen über die Bedrohungslage« übersetzen und Incident-Handling als »Handhabung von Cybersicherheitsvorfällen«.

Folgende Fragen sollten Sie sich bei den jeweiligen Handlungsfeldern stellen:

- Identität und Zugangsschutz: Wie stellen Sie Identitäten von Nutzern und Systemen zweifelsfrei fest und regeln den Zugang zu Ressourcen entsprechend?
- Endgerätesicherheit: Wie sind Ihre Endgeräte geschützt?
- Netzwerk- und Mobilsicherheit: Wie sichern Sie Ihr Netzwerk (feste und mobile Verbindungen)?
- Daten- und Anwendungssicherheit: Welche Maßnahmen haben Sie getroffen, um Ihre Daten und Anwendungen vor unbefugter Einflussnahme zu sichern? Wie organisieren Sie Updates/Patches?
- Cloud-Sicherheit: Wie sichern Sie Ihre Cloud-Nutzung ab (Zugangsweg, Zugriffsrechte, Sicherung et cetera)?
- Sicherheit des Faktors Mensch (intern/Dritte): Was tun Sie für die Sicherheit von, aber auch Sicherheit vor Mitarbeitern und Dritten (Geschäftspartnern, Kunden, externen Anwendern)?
- Threat Intelligence/Security-Analytics: Wie kommen Sie an Informationen über die tatsächliche Bedrohungslage (allgemein/unternehmensspezifisch)?
- Incident-Handling: Wie gehen Sie im Fall eines Cybersicherheitsvorfalls systematisch mit der Herausforderung um (Notfallplan et cetera)?

Hilfe bei der Budgetierung

Das Modell eignet sich darüber hinaus zur Darstellung von Investitionsvorhaben und hilft, in Verbindung mit TCO und RoSI-Modell (siehe Kapitel 6) und ähnlichen Verfahren, bei der überschlagsartigen Budgetierung der IT-Sicherheit in Ihrem Unternehmen. Eine wichtige Ergänzung dazu ist die OWASP-Cyber-Defense-Matrix, mit der infrage kommende Cybersecurity-Produkte und

-Dienstleistungen weitergehend klassifiziert werden können (siehe im vorigen Kapitel).

»Alle Modelle sind falsch, aber manche sind nützlich«, lautet ein dem Statistiker George Box zugesprochener Aphorismus, der beim 360+-Modell ebenso greift wie bei der OWASP-Cyber-Defense-Matrix. Schaut man genau hin, arbeiten beide Modelle auf einem Abstraktionsniveau, das wichtige Informationen im Zweifel auch unter den Tisch fallen lässt, weil sie nicht exakt in die Kategorien passen, aber sie sind dennoch nützlich und bringen alles Wesentliche zur Bewältigung der Herausforderungen mit, die Cyberrisiken an Ihr Unternehmen stellen.

Wie Sie mit dem Modell 360+ arbeiten

Rufen Sie die 360+ Website unter www.ChefsacheCybersicherheit.de auf. Dort können Sie die jeweils aktuelle Form des Modells herunterladen. Außerdem haben Sie die Möglichkeit, durch Beantwortung einiger wichtiger Fragen (nach Mitarbeiterzahl, Branche, eingesetzten Technologien und andere) eine grundlegende Selbsteinschätzung Ihres Unternehmens und seiner »Cybersecurity Readiness« vorzunehmen. Außerdem werden automatisierte Vorschläge für zusätzliche Sicherheitsmaßnahmen erzeugt.

Diese Analyse kommt – mit Ausnahme der Eingabe einer E-Mail-Adresse für den Versand der Ergebnisse an Sie – ohne Eingabe personenbezogener Daten aus. Ihre E-Mail-Adresse wird nur für die Bereitstellung der Ergebnisse gespeichert. Aus den von allen Nutzern eingegeben Daten – ohne E-Mail-Adressen oder andere personenbezogene Daten – gewinnen wir statistische Aussagen über den Status von einzelnen Branchen und Unternehmensgrößen, die wiederum in zukünftige Modelle einfließen.

Sicherheit versus Komfort

»Sicherheit oder Komfort – was ist Ihnen wichtiger?« Was anmutet wie eine Frage aus dem Verkaufshandbuch eines Versicherungsvertreters, ist eine zentrale Frage der Cybersicherheit: Mehr Sicherheit bedeutet weniger Komfort und umgekehrt.

Ein Alltagsbeispiel: In manchen ländlichen Gegenden ist es heute noch üblich, die Haustür aus Bequemlichkeit nicht abzusperren. Zweifellos ein Komfortgewinn. Sie brauchen keinen Schlüssel mitzunehmen, Ihr Nachbar kann sich ein paar Eier borgen, auch wenn Sie nicht zu Hause sind, und wenn Sie glauben, den Herd angelassen zu haben, können Sie jemanden bitten, schnell mal nachzusehen. In Bezug auf Sicherheit ist eine nicht abgesperrte Haustür aber alles andere als eine gute Idee.»Gelegenheit macht Diebe«, sagt schon der Volksmund, die polizeiliche Kriminalstatistik liefert dazu eindrucksvolle Zahlen und die Kriminologie belegt dies mit passenden Studien.[15]

Ein ebenso einladendes Einfallstor wie eine offene Haustür sind für Cyberkriminelle Computer oder Laptops in Ihrem Unternehmen mit unzureichendem oder fehlendem Passwortschutz, oder ein Router, dessen Konfigurationsoberfläche der Bequemlichkeit halber aus dem Internet erreichbar ist.

Im Gegenzug gilt aber auch im Allgemeinen: Je größer das gewünschte Sicherheitsniveau ist, umso größer sind auch Einschränkungen im Nutzerkomfort. So ist eine sogenannte Zwei-Faktor-Authentifizierung sicherer als nur die Verwendung eines Passworts, aber eben auch langsamer und für den Anwender mühseliger. Da aufwendige Sicherheitsmechanismen beim Anwender vielfach abgelehnt werden und in Folge zu Vermeidungshandlungen führen – der Klassiker sind die »gelben Zettel« mit dem zu komplexen Passwort am Bildschirm oder an der Tastatur –, lohnt es sich, auf ein sinnvolles Maß zu setzen. Vor diesem Hintergrund sind auch die nachfolgenden abschließenden Hinweise für mehr Sicherheit zu sehen.

Relative Sicherheit – die Basics

Wichtig für Sie ist zu diesem Zeitpunkt vor allen Dingen die Erkenntnis, dass relative Sicherheit meistens wichtiger ist als absolute Sicherheit. Ist Ihr Unternehmen besser gesichert als vergleichbare interessante Ziele, schreckt dies zumindest Angreifer ab, die »nur« an Geld interessiert sind, etwa durch Lösegeld bei Ransomware-Attacken. Das ist vergleichbar mit Einbrüchen in Mehrfamilienhäuser. Die Wahrscheinlichkeit, dass ein Dieb sich die Wohnung vornimmt, die lediglich ein leicht zu knackendes Baumarktschloss vorweist, ist ungleich höher, als die mit besonderen Sicherheitsbeschlägen versehene Tür nebenan.

Für Sie bedeutet das konkret, dass Ihre Cybersicherheits-Lösung mindestens auf dem Branchenniveau sein sollte, eher besser.

Besonderes Ziel, besondere Sicherheit – wichtige zusätzliche Vorkehrungen

Diese Überlegungen greifen aber nicht, wenn es Cyberkriminelle gezielt auf Sie abgesehen haben, weil sie bei Ihnen etwas Besonderes vermuten, zum Beispiel Konstruktionspläne der nächsten Generation von Maschinen, oder gar beauftragt wurden, Ihre Geschäftsgeheimnisse auszuspähen. Für diesen Fall müssen Sie zusätzlich vorsorgen. Sichern Sie besonders wichtige Informationen unbedingt separat ab.

Versicherungen gegen Cyberattacken

Unter Cyberinsurance fasst man Versicherungen gegen Cyberrisiken zusammen. Von der Idee her ist es einleuchtend, dieses Businessrisiko versichern zu wollen. In der Praxis ist es aber mehr als knifflig. Anders als etwa bei einer Kfz- oder Hausratversicherung, wo es etablierte und erprobte Modelle gibt, ist die Prämienberechnung schwierig, denn eine Ermittlung würde voraussetzen, dass die Versicherung eine belastbare Einschätzung über den aktuellen Stand der Sicherheitsmaßnahmen im jeweiligen Unternehmen treffen kann. Das ist aufgrund der Komplexität des Themas ohne ein durch eine externe Firma durchgeführtes IT-Sicherheits-Audit kaum möglich. Selbst wenn die Parteien sich darauf einigen könnten, wer dafür die Kosten zu tragen hätte, wäre immer noch offen, nach welchen Standards dies erfolgen sollte und nach welchen Maßstäben die Ergebnisse zur Prämienberechnung bewertet werden sollten.

Sie sehen schon: Viel zu viel Konjunktiv, das kann nicht gutgehen. In der Tat hat in Europa bisher nur ein kleiner Teil der Unternehmen eine Cybersicherheitspolice abgeschlossen. Zumeist sind dies große Unternehmen, hier sind typischerweise bereits Auditierungen zu gängigen Standards vorhanden. Damit lässt sich eine Bewertung leichter durchführen, andererseits fallen die Aufwendungen tendenziell umso weniger ins Gewicht, je größer das Unternehmen ist.

Eine interessante und immer wieder mal vorgetragene Idee ist die Kombination aus definierten IT-Sicherheitskomponenten, Services und Cyberversicherung im Paket. Die Auditierung entfiele damit, zumindest zum größten Teil, denn es müsste nur noch die Implementierung selbst geprüft werden. Das Problem hierbei: Dieser Paket-Deal funktioniert zuverlässig nur dort, wo eine sogenannte »Greenfield-Installation« stattfindet. Davon spricht man aber nur, wenn man – wie etwa bei der Unternehmensgründung und manchmal auch beim Aufbau eines neuen Standorts – bei null anfangen kann. Aber welches Unternehmen kann das schon?

Ein weiteres Problem der Versicherungen in dem Sektor: Während es bei typischen Sachversicherungen relativ gut gelingt, Risiken wie Waldbrände, Hurrikans et cetera einzuschätzen und zu bewerten, fehlen bei Cyberversicherungen die Berechnungsgrundlagen und es ist unklar, ob sich das ändert, da einzelne Angriffe wie Ransomware in Wellen kommen (wie etwa 2017 und 2020) und in ihrer Tragweite nicht wirklich prognostizierbar sind.

Ebenso wenig ist – aufgrund der Neuheit der Schadensfälle – dann das Verhalten der Versicherer prognostizierbar.

2019 machte die Zurich Versicherung Schlagzeilen, weil sie dem von einer Ransomware-Attacke betroffenen Nahrungsmittelkonzern Mondelez die Deckung verweigerte. Mondelez – unter anderem die Muttergesellschaft der Schweizer Toblerone und vieler anderer Marken aus dem Nahrungsmittelsektor – wollte einen 100-Millionen-Dollar-Schaden durch eine Ransomware-Attacke vom Versicherer auf Basis einer existierenden Unternehmensversicherung ersetzt haben. Der Versicherer weigerte sich nach Medienberichten am Ende unter Berufung auf »kriegerische Handlung«, den Schaden zu bezahlen. [16] Die meisten Versicherungen haben Klauseln für Krieg und Unruhen. Neu und überraschend war die Umdeutung von Cyberattacken auf Kriegshandlungen. Zum Zeitpunkt der Veröffentlichung dieses Buchs ist offen, wie das Gericht entscheiden wird. In jedem Fall wird es für Unternehmen, die eine Deckung für Cyberschäden wünschen, wichtig, das Kleingedruckte richtig zu lesen und im Schadensfall mit allem zu rechnen.

Es gibt noch einen anderen Hinweis für den Bedeutungszuwachs, den das Thema Cybersicherheit derzeit erlebt: Einzelfallberichte und anekdotische Erlebnisse. Cyberattacken im direkten Umfeld, typischerweise in der eigenen Branche, bringen die Unternehmen zum Nachdenken – und im besten Fall zum Umdenken. Als Unternehmensberater habe ich das nach dem Maersk-Ransomware-Vorfall in einem Projekt bei einem anderen großen Logistikunternehmen erlebt. Die daraufhin mit der Unterstützung meines Teams erstellte Vorstandsvorlage wurde – nachdem sie in ähnlicher Form noch ein halbes Jahr vorher abgelehnt worden war – vollständig angenommen und brachte dem CIO einen dringend benötigten Millionenbetrag an zusätzlichem Budget für Investments in die Unternehmenssicherheit. Ähnliche Beobachtungen konnte ich nach den Vorfällen bei Leoni in der Autobranche machen.

Mit anderen Worten: Sobald die Einschläge näherkommen, das heißt, die eigene Branche betroffen ist, wächst das Interesse der Entscheider an Cybersicherheit signifikant an. Aus Erfahrung kann ich sagen, dass es manchmal dann nicht schnell genug gehen kann. Informieren Sie sich lieber früher als später darüber. Dies gilt übrigens auch für die neu angebotenen Cyberversicherungen für Industrieanlagen. Diese können ebenfalls von Cyberattacken betroffen sein.

Wie Sie Ihre Kronjuwelen absichern

Ich kann Ihnen nur empfehlen, die für Sie relevanten Inhalte zu identifizieren, zu separieren und besonders zu schützen. Angesichts der aktuellen Entwicklung der Risiken durch Schadsoftware kann es dabei angezeigt sein, einzelne Inhalte auf Rechnersysteme zu packen, die physikalisch vom Internet getrennt sind (Air Gap), und gegebenenfalls zusätzlich in separaten, besonders gesicherten Räumlichkeiten zu betreiben.

Denken Sie beim Thema Datenschutz auch an die Datensicherheit: Die europäische Datenschutzgrundverordnung (DSGVO) fordert unter anderem in Artikel 32 vom Verarbeiter »... geeignete technische und organisatorische Maßnahmen, um ein dem Risiko angemessenes Schutzniveau zu gewährleisten«. Sind Sie darauf eingestellt?

KEINE ILLUSIONEN, ABER EIN HOFFNUNGSSCHIMMER

Gerne hätte ich abschließend hier geschrieben: »Wenn Sie das alles beachten, kann gar nichts mehr schiefgehen!« Realistisch betrachtet werden Sie aber früher oder später Opfer einer Cyberattacke werden, ich will Ihnen in dieser Hinsicht keine Illusionen machen, und Sie sollten sich auch nicht einreden, dass dieser Kelch an Ihnen vorübergeht. Mithilfe der beschriebenen Vorkehrungen und Ihrem Wissen über die Methoden der Cyberkriminellen und Möglichkeiten zur Verbesserung Ihrer Cybersicherheit können Sie in Zukunft Ihr Bestes dafür tun, so lange wie möglich kein leichtes Ziel für Hacker zu sein, im Fall der Fälle die Verluste gering zu halten und schnell den normalen Betrieb wiederaufzunehmen.

Sollten Sie angesichts der scheinbar unbeherrschbaren Cybersecurity-Herausforderungen vielleicht mit dem Gedanken spielen, mit Ihrem Unternehmen einfach komplett offline zu gehen, sei an dieser Stelle gesagt: »Entnetzung« ist keine Option mehr in der heutigen Zeit. Sie wissen es doch selbst: Zu viele Vorgänge sind nicht mehr ohne elektronische Kommunikation zu schaffen, selbst Behörden akzeptieren vieles nur noch auf elektronischem Weg.

Sogar wenn Sie beschließen, alles hinter sich zu lassen und die Branche zu wechseln, um etwa in der Toskana Wein anzubauen und direkt ab Hof zu verkaufen, habe ich schlechte Nachrichten für Sie: Sie werden es nicht schaffen, sich aus der Umklammerung des Internets zu lösen. Auch als Winzer werden Sie irgendwann wissen wollen, was Ihre Kunden über Ihren Wein in sozialen Medien sagen, Sie werden irgendwann Zulieferer für Flaschen, Korken oder Etiketten suchen und dazu einen internationalen Vergleich anstellen wollen, und Sie werden irgendwann merken, dass die Kundschaft nicht von selbst zu Ihnen findet. Je mehr die Welt »da draußen« vom Netz abhängt, umso mehr ist alles »ohne Netz« nicht mehr existent. Es führt also kein Weg daran vorbei, dass Sie sich um die relevanten Aspekte der Cybersicherheit in Ihrem Unternehmen Gedanken machen und adäquate Maßnahmen ergreifen. Packen Sie es am besten heute noch gemeinsam mit Ihren IT-Verantwortlichen und Ihrer Belegschaft an!

Wird Cybersicherheit das nächste unterschätzte systemische Risiko mit globalen Auswirkungen? Werden wir in einigen Jahrzehnten auf die Digitalisierungswelle zurückblicken und uns fragen, ob das alles hätte sein müssen? Die Antwort darauf ist müßig, denn die Vernetzung unserer Welt ist weder aufzuhalten noch rückgängig zu machen.

2008/2009 haben wir das Risiko, das in Kreditvergabemechanismen steckt, dramatisch unterschätzt. Große Banken gingen in der Finanzkrise insolvent, andere wurden mit Milliardenaufwand gerettet. Die negativen Folgen wirken bis heute nach. Dabei hatte man es wissen müssen, doch die Gier war stärker. 2020/21 wird als die Zeit der Corona-Pandemie in die Geschichte eingehen, mit enormen Folgen für die Gesundheit und das Leben der Betroffenen, aber ebenso enormen Folgen für die Weltökonomie. Auch hier mehren sich die Stimmen, dass man hätte gewarnt sein können, etwa anhand der Entwicklung von SARS zuvor, und ein globales Szenario durchaus im Bereich des Möglichen lag. Tatsächlich wissen wir nun, dass kaum ein Land richtig vorbereitet war, dass vielfach selbst einfachste Schutzausrüstung fehlte. Aber was wäre gewesen, hätte man sich für den Ernstfall gerüstet und der wäre dann nicht eingetreten? Welcher Politiker hätte die Verantwortung für die immensen Ausgaben auf sich genommen?

In dem 2012 erschienen Roman *Blackout – Morgen ist es zu spät* des österreichischen Autors Daniel Elsberg geht es um die Folgen, die ein nach einer Cyberterrorattacke ausgefallenes Stromnetz für die Gesellschaft haben könnte. Ein Szenario, das – nach allem, was wir heute wissen – nicht vollständig von der Hand zu weisen ist. Aber es braucht nicht einmal die Sekundärwirkung eines weitreichenden Stromausfalls, die Primärwirkung eines längeren Ausfalls wesentlicher Kommunikationsverbindungen kann und würde in unserer hypervernetzten Welt gravierende Schäden für Wirtschaft und Gesellschaft nach sich ziehen, wenn es uns nicht gelingt, rechtzeitig und im richtigen Maße Vorsorge zu betreiben.

In diese Betrachtung passt ein Fall aus dem September 2020, der diese indirekten Risiken eines Infrastrukturausfalls deutlich machte: Nach einem Ransomware-Angriff auf die Uniklinik in Düsseldorf musste das Krankenhaus eine Notfallpatientin abweisen. »Ihre ärztliche Behandlung konnte daher erst mit einer zeitlichen Verzögerung von etwa einer Stunde aufgenommen werden. Sie verstarb kurze Zeit später (...)«, heißt es dazu im offiziellen Bericht des Ministeriums der Justiz des Landes Nordrhein-Westfalen.[1] Dieser Fall machte international Schlagzeilen, da er erstmals eine Ransomware-Attacke mit einem Todesfall in Zusammenhang brachte. Die Staatsanwaltschaft ermittelt nun mit dem Vorwurf der fahrlässigen Tötung gegen die Hacker.[2] Das erste Gerichtsverfahren dieser Art, doch es wird nur der Anfang in einer langen Reihe von Todesfolgen sein, sofern es uns nicht gelingt, unsere Informationstechnologie besser zu sichern.

Lassen Sie uns gemeinsam daran arbeiten, dass wir alle in Zukunft sicherer und resilienter gegenüber allen denkbaren Cybergefahren werden und bleiben – im öffentlichen Raum, in unseren Unternehmen und natürlich auch zu Hause.

GLOSSAR

5G Mobilfunknetzwerk der fünften Generation. 5G-Netze sollen gegenüber bisherigen Mobilfunknetzen (zuletzt 4G, auch LTE genannt) sowohl in Sachen Datenübertragungsgeschwindigkeit als auch Zahl der Endgeräte im Netz besser sein. Außerdem erlaubt 5G die Einrichtung privater Funknetze, wie sie etwa in Unternehmen zur Steuerung von Industrieanlagen installiert werden können. Aufgrund der Möglichkeit, eine besonders hohe Zahl an Endgeräten in einer Funkzelle zu verwalten, eignet sich 5G besonders für das Vernetzen von unterschiedlichsten Geräten. 5G ist damit eine wichtige Zugangstechnologe für das Internet der Dinge (IoT).

Air Gap In der IT-Sicherheit ein Rechnersystem, das physikalisch vom Internet getrennt ist.

Algorithmus Eine Reihe von Anweisungen, die Schritt für Schritt ausgeführt werden, um ein Problem zu lösen.

Amazon Cloud (auch AWS – Amazon Webservice) Cloud-Dienstleistungsangebot des Internetkonzerns Amazon. AWS ist eine der größten Cloudplattformen und wird weltweit aus zahlreichen Rechenzentren bereitgestellt. Zahlreiche Unternehmen und auch andere Internetdienste nutzen das Angebot von Amazon. Ähnlich umfangreiche Cloudangebote für Unternehmen haben auch Microsoft (Azure) und Google (Google Cloud).

Anonymisierung Behandlung personenbezogener Daten mit dem Ziel, dass nicht mehr auf die ursprüngliche Person zurückgeschlossen werden kann.

Antivirusprogramm Ein Computerprogramm, das die Abwehr von Schadsoftware zum Gegenstand hat.

API Kurz für Application Programming Interface, eine Programmierschnittstelle. Darüber lassen sich Daten von einem Programm in ein anderes übertragen und damit Programmierleistungen anstoßen. Falsch implementiert, lassen sich aber gravierende Sicherheitsprobleme darauf zurückführen.

App Kurz für Applikation. Gemeint ist ein Softwareprogramm, in der Regel auf einem Smartphone oder Tablet.

Appstore Eine Plattform für den Vertrieb von Apps, wie der Google Playstore und der App Store von Apple. Beide Anbieter versprechen eine kuratierte Auswahl und versuchen, durch geeignete Prüfmaßnahmen zweifelhafte Apps und Apps, die Schadsoftware beinhalten, von den Anwendern fernzuhalten.

APT Advanced Persistent Threat. Dabei handelt es sich um zielgerichtete Cyberangriffe auf ausgewählte Institutionen und Einrichtungen, bei denen sich ein Angreifer dauerhaften Zugriff zu einem Netz verschafft und diesen in der Folge auf weitere Systeme ausweitet.

Authentizität Eines der Sicherheitsziele (siehe Sicherheitsziele).

Automatisiertes Skript Möglichkeit für die einfache Automatisierung repetitiver Aufgaben.

Awareness Hier: Bewusstsein für Cybersicherheitsgefahren. Wird häufig systematisch in Form von Schulung/Fortbildung in Unternehmen als sogenannte Awareness-Kampagne implementiert.

AWS (Amazon Web Service) Siehe Amazon Cloud.

Backdoor Wörtlich Hintertür. Absichtlich oder unabsichtlich implementierter zusätzlicher Zugang zu einem Gerät oder einem Softwaresystem. Dieser kann bereits ab Werk vorhanden oder von einem Schadsoftware-Programm geschaffen worden sein.

Bananensoftware Spöttischer Begriff aus der Softwarebranche, der für unfertige Software steht, die dennoch an den Kunden ausgeliefert wird, um dort »zu reifen«. Bei diesem Konzept wird ein Teil der Tests an den Kunden ausgelagert. Verbesserungen werden später per Softwareupdate eingespielt.

Beta-Version Eine noch nicht vollständig fertiggestellte Programmversion, die noch Fehler enthalten kann. In diesem Stadium wird üblicherweise getestet, auch von wohlmeinenden Anwendern (sogenannte Beta-Tester).

Bitcoin Weltweit führende Kryptowährung auf Basis eines dezentralen Systems. Es nutzt Blockchain-Technologie. Bitcoin und Blockchain werden fälschlicherweise oft gleichgesetzt.

Black-Hat-Hacker Ein destruktiver Hacker, der Sicherheitslücken für seinen persönlichen Vorteil ausnutzt und/oder destruktiv tätig ist.

Blockchain Vermeintliche Wundertechnologie zur Lösung zahlreicher Probleme in der Informationsverarbeitung. Tatsächlich aber nur eine verteilte Datenbank, bei der jede Transaktion unveränderlich festgeschrieben wird. Kann nutzbringend sein, wenn es keine einzelne Instanz gibt, die vertrauenswürdig ist.

Botnet/Botnetz Ein Verbund von Rechnern, die von einem Schadsoftwareprogramm übernommen wurden und nun ferngesteuert für Angriffe oder auch den Versand von Spam-Mail missbraucht werden. Ein Bot bezeichnet einen einzelnen (befallenen) Rechner in diesem Verbund.

Bring Your Own Device (BYOD) Umstrittenes Konzept, bei dem Mitarbeiter eines Unternehmens oder auch temporäre Arbeitskräfte ihre eigene Hardware benutzen, also etwa Laptop und Smartphone.

Browser-Extension Softwaremodul für die funktionale Ergänzung eines Webbrowsers. Manchmal auch WebExtension genannt.

Brute-Force-Attacke Wörtlich übersetzt ein Angriff mit roher Gewalt. Gemeint sind damit Angriffe auf Zugangssysteme, die durch das Ausprobieren einer Vielzahl von Kombinationen versuchen, die Zugangsdaten zu erraten. Manchmal ist hier auch von »Lexikonattacken die Rede«.

Business E-Mail Compromise (BEC) Siehe CEO-Fraud.

BYOD Siehe Bring Your Own Device.

CEO-Fraud Auch unter der Bezeichnung Business E-Mail Compromise oder Fake President Fraud bekanntes Betrugsverfahren, bei dem einer Person im Unternehmen vorgespielt wird, es gäbe eine Anweisung durch ein Geschäftsleitungsmitglied, Geld an Dritte zu überweisen.

CISO (Chief Information Security Officer) Bezeichnet eine Position in einer Organisation, die für die Sicherheit von Informationstechnologie und Informationen verantwortlich ist. Je nach Struktur des Unternehmens beziehungsweise der Einrichtung können die Aufgaben des CISO variieren. Im Regelfall berichtet der CISO direkt an den CEO. Neben der IT-Sicherheit können auch Aufgaben aus dem Bereich Risikomanagement und der Sicherung von auf Papier befindlichen Informationen hinzukommen. Die Abgrenzung zum CSO (Chief Security Officer) ist nicht immer eindeutig, manchmal wird der Begriff auch synonym verwendet. Typischerweise verantwortet ein CSO aber die Sicherheit von Infrastrukturen (physisch, aber auch technisch). Viele mittelständische Unternehmen haben keine separate CISO- oder CSO-Stelle.

Cloud-Service/Cloud-Computing Zentral bereitgestellte IT-Infrastruktur, die typischerweise über das Internet genutzt wird. Darüber wird Rechenleistung, Speicherplatz oder in bestimmten Fällen auch Anwendungssoftware als Dienstleistung bereitgestellt.

Compliant Hier: international gebräuchlicher Ausdruck für regelkonform.

Compliance-based Security Sicherheitsstrategie, bei der die Einhaltung gesetzlicher Vorgaben das alles dominierende Element ist.

Computervirus Sich selbst reproduzierendes und verbreitendes Schadprogramm. Oftmals unscharf gebraucht für jede Art von Schadsoftware.

Computerwurm Sich selbst reproduzierendes Schadprogramm. Im Unterschied zum Computervirus befällt es nicht andere Programme, sondern agiert unabhängig davon.

Credentials Anmeldeinformationen für Netzdienste – bestehen typischerweise aus Nutzername und Passwort.

CSO Chief Security Officer Führungsposition im Bereich Sicherheit in einem Unternehmen oder in einer Organisation. Manchmal synonym verwendet zum CISO (Chief Information Security Officer), häufiger jedoch mit Aufgaben, die auch die Sicherheit und den Zugangsschutz von Gebäuden und Systemen beinhalten.

Cyberinsurance/Cyberversicherung Versicherungsprodukt, das Unternehmen vor den Risiken und Gefahren aus dem Internet schützen soll. Die von Cyberversicherungspolicen gebotene Deckung kann eine Deckung gegen Schäden wie zum Beispiel aus Datenvernichtung, Erpressung, Diebstahl, Hacking und Denial-of-Service-Angriffen, aber auch eine Haftpflichtdeckung, die Unternehmen für Verluste an Dritte entschädigt, die zum Beispiel durch Fehler und Auslassungen, mangelnde Datensicherung oder Verleumdung verursacht wurden, sowie andere Leistungen wie regelmäßige Sicherheitsüberprüfungen, Ausgaben für Öffentlichkeitsarbeit und Ermittlungen nach dem Vorfall und kriminelle Belohnungsfonds umfassen.

Cybersicherheit Oberbegriff für alle Aspekte der Sicherheit von Informations- und Kommunikationstechnik.

Cyberterrorismus Politisch oder ideologisch motivierte Angriffe, die auf IT- und Kommunikationstechnologie zielen.

Cyberversicherung Siehe Cyberinsurance.

Cyberwar/Cyberwarfare   Kriegerische Auseinandersetzung im virtuellen Raum, zwischen Staaten.

Darkweb/Darknet   Unscharf definierter Begriff, der denjenigen Teil des Internets meint, der nicht direkt durch Suchmaschinen erschließbar ist. Beim Darknet können noch Anonymisierungsdienste wie TOR dazwischengeschaltet sein.

Data-Discovery   Gemeint sind hier Sofwarewerkzeuge für die Analyse von Unternehmensdaten.

Data-Loss-Prevention   Aus dem Produktmarketing stammender Begriff für Softwaretools, die dabei helfen sollen, ungewollten Abfluss von Daten zu vermeiden. Die grundlegende Funktionsweise: Datenübertragung verschiedener Bereiche wie Netzwerkverbindungen, USB-Datenträger, E-Mail, Cloud-Applikationen oder mobile Endgeräte werden überwacht, kontrolliert und protokolliert. Als kritisch identifizierte Transaktionen werden blockiert und/oder es erfolgt eine Alarmierung.

Datenschutz   Hier: Schutz personenbezogener Daten vor missbräuchlicher Verwendung und Schutz des Rechts auf informationelle Selbstbestimmung. In Deutschland ist der Datenschutz insbesondere durch die DSGVO (Datenschutzgrundverordnung) und das BDSG-neu (Bundesdatenschutzgesetz) geregelt.

Datensicherheit   Der generelle Schutz aller Daten eines Unternehmens. Dabei handelt es sich sowohl um personenbezogene Daten als auch um Daten, die keinen Bezug zu einer Person herstellen.

DDoS-Angriff (DDoS = Distributed Denial of Service)   Versuch, eine Überlastung (und damit temporäre Lahmlegung) eines Internetdiensts gezielt herbeizuführen. Dafür werden typischerweise zahlreiche Ressourcen gebündelt, häufig sind das Systeme, die vorher von Hackern unter Kontrolle gebracht wurden und nun gemeinsam agieren.

Deep Fake   Fälschung von Video- und/oder Audioinhalten mit Mitteln künstlicher Intelligenz. Diese sind oft nur schwer als Fälschungen zu erkennen.

Defacement   Unberechtigtes Verändern einer Website.

Defense in Depth   Sicherheitskonzept mit mehreren Verteidigungslinien.

Distributed Denial of Service (DDos)   Ein DDoS-Angriff versucht durch die gezielt erzeugte Überlastung von im Netz verfügbaren Systemen, wie Websites, Onlineshops, die Verfügbarkeit dieser Dienstangebote zu beeinträchtigen. Dazu werden meist Botnetze eingesetzt.

DSP (digitaler Signalprozessor) Elektronischer Baustein für die kontinuierliche Bearbeitung digitaler Signale.

Emotet Oberbezeichnung für inzwischen eine ganze Familie von Schadprogrammen, die typischerweise mittels einer echt aussehenden E-Mail und deren mit Schadcode versehenen Dateianlage auf den Rechner des Opfers gelangt und es auf die Erpressung von Geldern anlegt.

Encrochat Nicht mehr existente, durch kryptografische Verfahren besonders gesicherte Kommunikationsplattform, die überwiegend von Kriminellen genutzt wurde.

Exploit Systematische Möglichkeit, aufgrund von Schwachstellen oder Sicherheitslücken einer Software in Computersysteme einzudringen zu können. Der Begriff Exploit umfasst sowohl theoretische Beschreibungen der Möglichkeiten wie auch einen fertigen ausführbaren Programmcode zur direkten Ausnutzung der Schwachstelle.

Face-Swapping (oder Face Swap) Digitales Tauschen von zwei Gesichtern zweier Personen untereinander in der Bild- und Videobearbeitung. Im Ergebnis entsteht ein Deep Fake.

Fake Account Auch: Sockenpuppe. Unter einem Fake Account versteht man im Netzjargon ein Benutzerkonto in einem Onlinedienst oder Social-Media-Dienstangebot mit dem Ziel verdeckter Meinungsbildung/Meinungsmanipulation.

Fake News Falschmeldung, die typischerweise mit manipulierenden Absichten im Internet, insbesondere via Social Media verbreitet wird.

Fake President Fraud Siehe CEO-Fraud.

Firewall Ein IT-System (Hardware/Software), das Datenverkehr analysieren und je nach Ergebnis der Analyse weiterleiten oder blocken kann.

Freeware Software, die vom Urheber/Autor kostenfrei zur Verfügung gestellt wird.

FTP Abkürzung für File Transfer Protocol. Datenübertragungsstandard für die Übermittlung von Dateien.

Gebäudeautomation Auch Domotik. Gesamtheit aller Überwachungs-, Steuer-, Regel- und Optimierungseinrichtungen in Gebäuden. Diese können auch das Ziel von Hackern werden.

Grundschutz/Grundwerte der Informationssicherheit Das BSI (Bundesamt für Sicherheit in der Informationstechnik) bietet mit seinem IT-Grundschutz-Handbuch einen wichtigen Standardleitfaden für Informationssicherheit kostenfrei zum Download an.

Hack   Oberbegriff für alle erfolgreichen Cyberattacken.

Hacker   Angreifer im Cyberraum. Die Motive für die Attacken können monetär bestimmt, aber auch anderweitig, etwa im Bereich politischer Meinungsäußerung oder versuchter Einflussnahme, zu finden sein.

Hacktivist   Verwendung von Computern und Netzwerken zur Durchsetzung politischer und/oder ideologischer Ziele.

Hash/Hashfunktion   Ein Hash ist ein kryptografischer Algorithmus, der mittels einer Einwegfunktion aus einer Nachricht einen eindeutigen Hashwert erzeugt. Damit kann vom Empfänger die Integrität einer Nachricht oder eines Downloads überprüft werden.

Industrial IoT   Siehe IoT.

Industriespionage   Auch: Konkurrenzausspähung. Von Industriespionage spricht man üblicherweise – und im Unterschied zur Wirtschaftsspionage – wenn der Versuch, an Betriebs- und Geschäftsgeheimnisse zu gelangen, von einem Wettbewerber ausgeht. Bei Wirtschaftsspionage sind ausländische staatliche Stellen/Geheimdienste die Angreifer. Diese Begriffe werden fälschlicherweise vielfach synonym verwendet. Die Unterscheidung ist wichtig, da nur im letzteren Fall (Angriffe durch ausländische Geheimdienste) der jeweilige Landesverfassungsschutz zur Gefahrenabwehr hinzugezogen werden kann.

Integrität   Eines der Sicherheitsziele (siehe Sicherheitsziele).

»In the wild«/»in freier Wildbahn«   Bezeichnet das Auftreten einer Schadsoftware im Internet – im Gegensatz zu einer Schadsoftware, die nur im Labor oder als »proof of concept« besteht.

IoT   Abkürzung für Internet of Things – Internet der Dinge. Darunter fasst man unterschiedlichste Geräte, die allesamt mit dem Internet verbunden sind. In der Sonderform des Industrial IoT sind vernetzte Industrieanlagen beziehungsweise Maschinen die »Dinge«.

IT-Sicherheit   Siehe Cybersicherheit.

Juice Jacking   Seltene Angriffsform auf Smartphones, bei der über einen manipulierten Stromadapter Schadsoftware auf das Telefon gespielt wird oder im Extremfall dieses zerstört wird.

Keylogger Malware, die unbemerkt die Tastatureingaben aufzeichnet und an Dritte weiterleitet. Wird insbesondere verwendet, um Zugangsdaten auszuspähen.

Kryptografie Die Wissenschaft von der Verschlüsselung von Informationen.

Kryptowährung Digitales Zahlungsmittel, das auf kryptografischen Systemen, wie etwa Blockchains, basiert (siehe auch Blockchain und Bitcoin).

Künstliche Intelligenz (KI) Oder englisch AI (artificial intelligence). Ist ein Gebiet der Informatik, das sich mit maschinellem Lernen und der Automatisierung von intelligenten Auswahlentscheidungen befasst.

LAN Local Area Netzwerk. Hier: lokales Netzwerk am Standort des Unternehmens.

LTE Kurz für Long Term Evolution. Auch 4G genannter Mobilfunkstandard der 4. Generation.

Malware Oberbegriff für Schadsoftware.

Man-in-the-middle-attack Angriffsart, bei der sich der Angreifer logisch oder physisch zwischen zwei Kommunikationspartnern befindet und damit die Möglichkeit hat, die Kommunikation mitzulesen, abzufangen oder auch im Transit zu manipulieren.

Managed Security Services Wie Managed Services, nur mit Security-Bezug.

Managed Services Wiederkehrend erbrachte IT-Dienstleistungen, die ein IT-Dienstleister für einen Auftraggeber auf Basis einer vorherigen vertraglichen Festlegung erbringt.

MOOC (Massive Open Online Courses) Onlinekurse für eine größere Teilnehmerzahl, überwiegend aus dem Bereich der Erwachsenenbildung.

Mission Critical Hier: geschäftskritischer Faktor.

Multicloud Nutzung unterschiedlicher Cloud- und Speichersysteme in einer einzelnen Cloud-Architektur.

Multi Protocol Label Switching (MPLS) Eine Übertragungstechnologie für Unternehmensweitverkehrsnetze, bei der Datenverkehr in bestimmte Verkehrsklassen eingeteilt und je nach Anwendung unterschiedlich priorisiert wird.

Need-to-know-Prinzip Davon spricht man, wenn in Unternehmen Mitarbeiter keine Informationen über andere Bereiche des Unternehmens einsehen oder wissen dürfen.

Nichtabstreitbarkeit   Eines der Sicherheitsziele (siehe Sicherheitsziele).

Over-the-Air-Update   Überwiegend im Automotive-Sektor verwendeter Begriff, der die automatischen Updates der Bordsysteme über die Mobilfunkschnittstelle beschreibt.

Patch   Im Regelfall bezeichnet ein Patch ein kleineres Softwareupdate, das eine bestimmte Fehlfunktion oder Sicherheitslücke beseitigt.

Perimeter-based Security   Sicherheitskonzept, das auf die Sicherung der Unternehmensaußengrenze setzt. In heutigen typischen Szenarien, bei dem Teile der Unternehmens-IT von Partnern, wie etwa Cloudanbietern, stammen und/oder Teile der Belegschaft im Homeoffice sind, nicht ausreichend für einen sicheren IT-Betrieb.

Perimeter-Security   IT-Sicherheitskonzept, bei dem zwischen einem gesicherten inneren Bereich und einem nicht vertrauenswürdigen äußeren Bereich unterschieden wird.

Personal Firewall   Auch Desktop Firewall. Eine Software, die den ein- und ausgehenden Datenverkehr eines Rechners überwacht und filtert.

Phishing   Kompositum aus Password und Fishing. Oberbegriff für Versuche, Zugangsdaten zu stehlen. Gängige Mittel dazu sind gefälschte E-Mails und/oder gefälschte Websites.

Phishing   Versuch, über gefälschte Websites, E-Mails oder Kurznachrichten an Zugangsdaten von Internetnutzern zu kommen und so Identitätsdiebstahl zu begehen.

Plausibilitätscheck   Nicht technische Sicherheitsmaßnahme, bei der der »gesunde Menschenverstand« entscheidet.

Plugin   Hier: Softwarekomponente, die eine andere Software um bestimmte Funktionen erweitert.

Private Cloud   Cloud-Dienste, die nicht für die Allgemeinheit, sondern nur für eine beschränkte Zahl von Nutzern – typischerweise Nutzer aus einem Unternehmen – zugänglich sind.

Public Cloud   Allgemein nutzbare Cloud-Infrastruktur. Siehe auch Cloud-Computing.

Ransomware   Schadsoftware, die Datenbestände des Opfers als Geisel nimmt, im Regelfall durch Verschlüsselung und Preisgabe des Schlüssels nur nach Zahlung von Lösegeld.

Ransomware as a Service (RaaS) »aas« (»as a Service«) ist ein Modell der Dienstleistungsbereitstellung aus der IT, das auch einen Platz im Darkweb gefunden hat. Dort kann ein Angreifer zu definierten Konditionen (im Regelfall Revenue-Sharing) und unter Einbeziehung von Garantieleistungen eine funktionsfähige Ransomware zum Attackieren eines vom Angreifer definierten Ziels erwerben und einsetzen, ohne selbst tiefergehende System- oder Softwareentwicklungskenntnisse zu haben.

Remote-Access Hier: Zugang aus der Ferne auf das Unternehmensnetz. Wird im Allgemeinen mit besonderen Sicherheitsmaßnahmen vor unbefugten Zugriffen geschützt und ist dennoch häufiges Angriffsziel.

Remote Access Trojaner (RAT) Schadsoftware, die es erlaubt, einen fremden Rechner über eine Internetverbindung fernzusteuern und die komplette Kontrolle über das System zu übernehmen. Hierfür installiert der Remote Access Trojaner eine Art Hintertür und startet ein Programm auf dem Rechnersystem, mit dem sich der Angreifer verbinden kann. Das Funktionsprinzip ist technisch verwandt mit dem einer Fernwartungssoftware, allerdings mit dem entscheidenden Unterschied, dass dies vom Nutzer weder gewünscht noch im Regelfall bemerkt wird.

Romance-Scam Auch Love-Scam. Betrugsform, bei der einem Opfer über Onlinekontakte und insbesondere Singlebörsen Verliebtheit vorgespielt wird, um diese finanziell zu schädigen.

RoSI-Modell RoSI steht für »Return on Security Investment« und ist eine Hilfskonstruktion für die Bewertung von Investitionen in IT-Sicherheit.

SaaS Siehe Software as a Service.

Scam Betrug.

Scammer Betrüger (im Kontext dieses Buchs insbesondere Onlinebetrüger).

Scareware Bezeichnet ein Schadprogramm, das Computerbenutzer verängstigen und zu bestimmten Handlungen nötigen soll. Typisch sind Programme, die vorgeben, es wäre eine Schadsoftware auf dem Rechner gefunden worden, und die dem Nutzer dann für deren Entfernung eine bestimmte Geldsumme abverlangen.

Schatten-IT Bezeichnet IT-Systeme, die in Fachabteilungen ohne Kenntnis beziehungsweise Freigabe der IT-Verantwortlichkeiten betrieben oder erworben werden. Diese können erhebliche Sicherheitsrisiken mit sich bringen.

Schlangenöl   Hier: spöttische Bezeichnung für Sicherheitstechnologien mit zweifelhaftem oder unbewiesenem Nutzen.

SD-WAN   Kurz für Software Defined WAN oder Software Defined Wide Area Networking. Eine Datenübertragungstechnologie, die verschiedene Netzinfrastrukturen zusammenschaltet, um Daten zwischen Unternehmensstandorten oder zwischen Unternehmen und Cloud-Diensten bestmöglich zu übertragen. Es gibt hierfür keinen einheitlichen Standard, sondern verschiedene Herstellerlösungen. Einige bieten zusätzliche Sicherheitsmechanismen an. Es ist umstritten, inwieweit SD-WAN zusätzliche Sicherheitsrisiken mit sich bringt.

Security by Design   Die Gesamtheit an Maßnahmen, die die Sicherheit eines Systems – typischerweise eines Softwaresystems – bereits während des Entwicklungsprozesses sicherstellen.

Security Operations Center (SOC)   Leitstelle für Cybersicherheit. Dort werden laufend alle sicherheitsrelevanten Systeme (Server, PCs, Unternehmensnetzwerke, Webdienste et cetera) überwacht.

Shareware   Software, die vor dem Kauf vom Anwender installiert und getestet werden kann. Der Nutzer zahlt für die Aufhebung der funktionellen Einschränkungen.

Sicherheitsziele   Auch IT-Schutzziele. Im Kern sind dies die Primärziele Vertraulichkeit, Integrität und Verfügbarkeit.

Sideloading   Hier: Laden von Smartphone-Apps am offiziellen Appstore vorbei. Nur möglich bei Android. Bei iOS nur möglich mit einem sogenannten »Jailbreak«, bei dem das Betriebssystem des Smartphones (oder Tablets) so manipuliert wird, dass dies möglich wird. Mit Sideloading steigen die Risiken für den Befall mit Malware an.

SIEM   Kurz für Security Information and Event Management. Der von der Analystenfirma Gartner geprägte Begriff bezeichnet Lösungen, die folgende Leistungen kombinieren: die Fähigkeit von Produkten, die Daten von Netzwerk- und Sicherheitskomponenten zu sammeln, analysieren und präsentieren, den Umgang mit Sicherheitslücken, Logdateien von Betriebssystemen, Datenbanken und Anwendungen, externe Gefahren, Echtzeitwarnungen.

SOC   Kurz für ->System on a Chip oder -> Security Operations Center.

Social Engineering   Angriffe via Social Engineering versuchen, auf das Opfer einzuwirken, damit es Passwörter oder andere sensible Daten preisgibt. Die gängigste Vorgehensweise ist ein vermeintlicher Anruf vom Techniksupport.

Software as a Service Teilbereich des Cloud-Computings, bei dem fertige Softwarelösungen zum Abruf und nutzungsbasierte Abrechnung bereitgestellt werden.

Spam/Spam-Mail Unerwünschte Botschaft meist werblichen Inhalts per E-Mail oder über andere Kommunikationskanäle. Kann auch Schadsoftware enthalten.

Stuxnet Aufwendiger Computerwurm, der speziell zum Angriff auf industrielle Steueranlagen des Herstellers Siemens entwickelt wurde.

Surfing-Attacke Hier: Sonderform der Cyberattacke auf einen Smart Speaker. Sprachbefehle werden für den Menschen unhörbar abgespielt, um damit bestimmte Aktionen durch ein sprachaktiviertes System auszulösen.

Supply-Chain-Attacke Auch Angriff auf die Lieferkette. Dabei wird Schadsoftware in legitime Software oder auch Geräte eingeschleust. Dies erfolgt vielfach indirekt, über die Attacke auf Zulieferer oder die Manipulation etwa von zugekauften Softwarekomponenten.

System on a Chip (SoC) Integrierter Schaltkreis, der die meisten (oder alle) Funktionen eines Computers auf einem einzigen Chip integriert.

Telnet (Teletype Network) Ein weitverbreitetes Netzwerkprotokoll, das einen zeichenorientierten Datenaustausch erlaubt. Es wird oft zur Steuerung von Geräten und Anlagen eingesetzt.

Threat Bedrohung.

Treat Intelligence Systematisches Wissen über die Bedrohungslage in Sachen Cybersicherheit.

TOR Kurz für The Onion Router oder The Onion Routing. Netzwerk zur Anonymisierung von Verbindungsdaten im Internet.

Trojaner Auch: Trojanisches Pferd. Hier: besondere Form der Malware, die auf ein fremdes Rechnersystem eingeschleust wird und unerwünschte Funktionen mitbringt.

Unternehmens-Firewall Im Unterschied zu einer Personal Firewall oder Desktop Firewall sichert diese Firewall nicht einen einzelnen Rechner, sondern das Unternehmen am Perimeter.

Verbindlichkeit Fasst die ->Sicherheitsziele Authentizität und Nichtabstreitbarkeit zusammen.

Verfügbarkeit Teil der ->Sicherheitsziele.

Verschlüsselungstrojaner Siehe Ransomware.

Verschlüsselungsverfahren Methode zur Umwandlung von Klartext in einem von Außenstehenden nicht inhaltlich erschließbaren Geheimtext (und zurück).

Vertraulichkeit Teil der ->Sicherheitsziele.

Vier-Augen-Prinzip Methode der präventiven Kontrolle aus der Organisationslehre, bei der bestimmte Arbeitsvorgänge, Entscheidungen oder Handlungen nur durch gleichlautende Entscheidungen zweier unterschiedlicher Personen ausgelöst, durchgeführt oder bestätigt werden können.

Vishing Voice Phishing. Vorgehensweise, bei der versucht wird, durch Anrufe vertrauliche Nutzerdaten, insbesondere Zugangsdaten zu erlangen. Eine Form des Social Engineering.

VoIP (Voice over IP) Sprachtelefonie über Rechnernetze nach dem Internetstandard.

VPN Virtuelles privates Netzwerk. Nutzung eines öffentlichen Netzes für private Kommunikation durch logische Trennung. Diese entsteht durch kryptografische Verfahren (Verschlüsselung).

WAN Wide Area Network (Weitverkehrsnetz).

WannaCry Im Mai 2017 weltweit aktive Schadsoftware mit Funktionen einer Ransomware.

Webinterface Nutzeroberfläche zur Steuerung eines Systems, die auf einem integrierten Webserver beruht und mittels Webbrowser Einstellungen erlaubt. Bei einer Vielzahl von Geräten vom Internetrouter bis zum Drucksystem ist dies inzwischen Standard.

Wechseldatenträger Oberbegriff für leicht tauschbare an einen Rechner anschließbare Speichermedien. Umfasst USB-Speichersticks und externe Festplatten.

Whistleblower Person, die für die Allgemeinheit wichtige Informationen aus der Geheimhaltung holt.

White-Hat-Hacker Hacker ohne böse Absichten – im Unterschied zu Black Hat.

Wi-Fi Siehe WLAN.

Wirtschaftsspionage Auch Konkurrenzausspähung. Siehe unter Industriespionage.

WLAN Kurz für Wireless Local Area Network. Standard für drahtlose lokale Netzwerke. International auch Wi-Fi genannt.

Zero Trust Hier: IT-Sicherheitsprinzip, das auf dem Grundsatz basiert, dass keinem Gerät, Nutzer oder Dienst vertraut werden kann, ganz gleich ob dieser innerhalb oder außerhalb des eigenen Netzwerks zu finden ist.

Zero-Click-Attacke Angriffsform einer Hackerattacke, die ohne Nutzerinteraktion vonstattengeht.

Zero-Day-Attacke Ein Angriff, der eine kritische Softwareschwäche verwendet, die dem Hersteller der Software noch nicht bekannt ist und für die es folglich von diesem kein Gegenmittel gibt. Die Zahl »Zero« wird verwendet in Anlehnung an den Zeitraum, seitdem der Software-Entwickler von dem Problem wusste (hier »null« Tage).

Zertifikat/digitales Zertifikat Digitaler Datensatz, der bestimmte Eigenschaften von Personen oder Objekten bestätigt. Ermöglicht den sicheren Datenaustausch.

Zoom-Bombing Störung von Videokonferenzen durch unangemessene Äußerungen oder Darstellungen. Zumeist ist das kein originäres Security-Problem, sondern eher ein Problem der Konfiguration.

Zurechenbarkeit Teil der IT-Sicherheitsziele.

Zwei-Faktor-Authentifizierung Identitätsnachweis eines Nutzers mittels zweier unterschiedlicher technischer Komponenten, also typischerweise Passwort und zusätzlich eine weitere Methode, wie etwa die aus dem Homebanking bekannte SMS-Tan.

Fehlt Ihnen noch etwas?

Eine gute und aktuelle Zusammenfassung von Begriffen aus der Cybersicherheit finden Sie im Glossar der Cybersicherheit des Bundesamts für Sicherheit in der Informationstechnik (BSI) im Internet unter https://www.bsi.bund.de/DE/Service-Navi/Cyber-Glossar/cyber-glossar_node.html.

ANMERKUNGEN

Cybersicherheit ist Chefsache!
1. https://www.bitkom.org/sites/default/files/2020-02/200211_bitkom_studie_wirtschaftsschutz_2020_final.pdf, S. 7
2. https://www.fireeye.de/company/press-releases/2017/hacker-average-106-days-undetected-in-company-network.html
3. https://www.ibm.com/security/digital-assets/cost-data-breach-report/#/de
4. https://www.agcs.allianz.com/news-and-insights/reports/allianz-risk-barometer.html
5. https://www.allianz.com/de/presse/news/studien/200115_Allianz-Risk-Barometer-2020.html
6. https://www.bitkom.org/sites/default/files/2020-02/200211_bitkom_studie_wirtschaftsschutz_2020_final.pdf
7. https://www.ibm.com/security/digital-assets/cost-data-breach-report/#/
8. https://www.inside-it.ch/de/post/melani-ein-cyberangriff-kostet-im-schnitt-4-7-millionen-20191029
9. https://www.cyentia.com/iris/
10. https://www.hiscox.de/cyber-readiness-report-2019/
11. https://www.roedl.de/themen/compliance-unternehmen/it-cyber-security-resilienz-geschaeftsleitung-pflichten-instrumente-haftung
12. https://www.stuttgarter-nachrichten.de/inhalt.nico-semsrott-im-theaterhaus-un-glueckskekse-zum-abschied.55cafb1f-8184-4934-9230-c865bcff535c.html
13. https://www.nordschwarzwald.ihk24.de/existenzgruendung/fuer-etablierte-unternehmen/fachbeitraege/unternehmensrisiko-2611626
14. https://www.haufe.de/finance/haufe-finance-office-premium/risikomanagement-ziele-und-teilaufgaben-im-ueberblick_idesk_PI20354_HI10893087.html
15. https://duo.com/decipher/gartner-warns-ceos-will-be-personally-liable-for-breaches-by-2024
16. https://www.srf.ch/news/regional/ostschweiz/konkurs-fensterhersteller-offenbar-zwang-eine-cyberattacke-swisswindows-in-die-knie

1 Attacken von vielen Seiten
1. im Artikel: »Theory and Organization of Complicated Automata«
2. https://en.wikipedia.org/wiki/Darwin_(programming_game)
3. http://scihi.org/fred-cohen-and-the-first-computer-virus/
4. http://www.skrenta.com/cloner/
5. http://vhm.hoaxinfo.de/konferenz/1997/history.htm
6. https://t3n.de/news/trojaner-play-store-kriminelle-1275153/

7. https://threats.kaspersky.com/en/threat/Email-Worm.VBS.LoveLetter/
8. https://www.zdnet.de/2053048/anklage-gegen-loveletter-autor-fallengelassen/
9. https://www.bbc.com/news/world-africa-49446845
10. https://www.messengerpeople.com/de/studie-messenger-nutzung-2020-deutschland/#83
11. https://www.premiumtimesng.com/news/headlines/348131-full-list-of-77-nigerians-charged-by-fbi-for-massive-fraud-in-america.html
12. https://www.bbc.com/news/world-africa-49759392
13. https://www.bankinfosecurity.com/blogs/russian-cybercrime-rule-no-1-dont-hack-russians-p-1934
14. https://www.pc-magazin.de/news/yahoo-hack-drei-milliarden-konten-2013-3198439.html
15. https://edition.cnn.com/2019/04/09/tech/yahoo-data-breach-settlement/index.html
16. https://www.golem.de/news/security-funke-baut-digitale-waschstrasse-nach-hacker-angriff-2012-153078.html
17. https://www.radicati.com/?s=Email+statistics+report+
18. https://www.heise.de/newsticker/meldung/Zahlen-bitte-320-Empfaenger-fuer-die-erste-Spam-Mail-3700785.html
19. https://www.heise.de/newsticker/meldung/Zahlen-bitte-320-Empfaenger-fuer-die-erste-Spam-Mail-3700785.html
20. https://www.zdnet.com/article/hackers-tried-to-steal-eur13-million-from-maltas-bank-of-valletta/
21. https://www.tomsguide.com/news/all-samsung-phones-since-2014-vulnerable-to-scary-zero-click-attack-what-to-do
22. https://blog.zecops.com/vulnerabilities/youve-got-0-click-mail/
23. https://www.ft.com/content/4da1117e-756c-11e9-be7d-6d846537acab
24. https://www.helpnetsecurity.com/2019/01/21/marvell-avastar-wi-fi-vulnerability/
25. https://www.br.de/nachrichten/wirtschaft/zero-days-das-gefaehrliche-geschaeft-mit-it-sicherheitsluecken,Rr2DabA
26. https://www.kaspersky.de/resource-center/definitions/social-engineering
27. https://www.csoonline.com/article/3543771/vishing-explained-how-voice-phishing-attacks-scam-victims.html
28. https://www.polizei-beratung.de/themen-und-tipps/betrug/falsche-microsoft-mitarbeiter/
29. https://www.microsoft.com/de-DE/concern/scam
30. https://www.wiwo.de/erfolg/beruf/serie-zukunft-der-arbeit-7-tipps-gegen-den-digitalen-burnout/14890886.html
31. Köhler, Thomas R.: *Social-Media-Management: Chancen der Neuen Medien nutzen – Risiken für Unternehmen vermeiden*, IDG Business Media, 2011
32. https://medialounge.haufe.de/artikel/trau-schau-wem-sind-die-social-media-glaubwuerdig/
33. https://www.zdnet.de/88271383/missbrauch-von-linkedin-daten-bsi-warnt-vor-spammails-mit-trojaner/
34. https://www.stern.de/digital/linkedin-darum-warnt-der-verfassungsschutz-vor-chinesischen-nutzern-7782512.html
35. https://www.arcyber.army.mil/Info/Fact-Sheets/Fact-Sheet-View-Page/Article/1972156/army-cyber-fact-sheet-linkedin-scams/
36. https://edition.cnn.com/2020/02/27/business/barbara-corcoran-email-hack-trnd/index.html

37 https://www.manager-magazin.de/unternehmen/autoindustrie/autozulieferer-leoni-um-40-millionen-betrogen-a-1107998.html
38 https://www.leoni.com/de/presse/mitteilungen/details/leoni-wurde-opfer-krimineller-aktivitaeten/
39 https://www.automobilwoche.de/article/20170323/AGENTURMELDUNGEN/303239921/betrugsfall-leoni-gelder-flossen-auf-konten-in-china-und-hongkong
40 https://www.finance-magazin.de/cfo/cfo-wechsel/dieter-belle-verlaesst-leoni-vorzeitig-2001201/
41 https://www.sueddeutsche.de/muenchen/prozess-buchhalterin-der-hofpfisterei-ueberweist-1-9-millionen-euro-an-trickbetrueger-1.3586564
42 https://www.focus.de/finanzen/news/unternehmen/hofpfisterei-verlor-1-9-millionen-euro-baeckerei-und-bank-fielen-auf-millionenbetrug-herein-und-streiten-vor-gericht_id_7355373.html
43 https://www.deutschlandfunkkultur.de/audio-deepfakes-was-wenn-wir-unseren-ohren-nicht-mehr.976.de.html
44 https://de.wikipedia.org/wiki/AIDS_(Trojanisches_Pferd)
45 https://www.bitdefender.com/files/News/CaseStudies/study/366/Bitdefender-Mid-Year-Threat-Landscape-Report-2020.pdf
46 https://cybersecurityventures.com/cybersecurity-almanac-2019/
47 https://www.bka.de/SharedDocs/Downloads/DE/Publikationen/Jahresberichte UndLagebilder/Cybercrime/cybercrimeBundeslagebild2019.pdf
48 https://www.wired.com/story/notpetya-cyberattack-ukraine-russia-code-crashed-the-world/
49 https://phys.org/news/2017-06-cyberattack-blocks-maersk-terminals.html
50 https://www.handelsblatt.com/technik/it-internet/handelsblatt-tagung-cybersecurity-was-unternehmen-aus-dramatischen-cyberangriffen-lernen-koennen/26672934.html?ticket=ST-1492322-IQzn1XVDDHYhu5xBf97q-ap1
51 https://www.wired.com/story/garmin-outage-ransomware-attack-workouts-aviation/
52 https://www.theverge.com/2020/8/4/21353842/garmin-ransomware-attack-wearables-wastedlocker-evil-corp
53 https://english.radio.cz/brno-university-hospital-still-testing-coronavirus-despite-cyber-attack-8105603
54 https://www.nao.org.uk/report/investigation-wannacry-cyber-attack-and-the-nhs/
55 https://www.tagesspiegel.de/berlin/cyberangriff-auf-berliner-kammergericht-russische-hacker-koennten-justizdaten-gestohlen-haben/25477570.html
56 https://www.bsi-fuer-buerger.de/BSIFB/DE/Service/Aktuell/Informationen/Artikel/emotet.html
57 https://www.berlin.de/sen/justva/presse/pressemitteilungen/2020/pressemitteilung.887323.php
58 https://www.heise.de/news/Emotet-Arbeit-am-Berliner-Kammergericht-nach-Monaten-weiter-eingeschraenkt-4801139.html, https://www.rbb24.de/politik/beitrag/2020/04/berlin-kammergericht-nach-trojaner-angriff-wieder-am-netz.html
59 https://www.dlapiper.com/en/uk/insights/publications/2017/06/wannacry-ransomware-attack/
60 https://www.politico.eu/article/cybercriminal-extorts-finnish-therapy-patients-in-shocking-attack-ransomware-blackmail-vastaamo/
61 https://www.produktion.de/wirtschaft/nach-hackerangriff-wie-pilz-die-cyberattacke-bewaeltigte-232.html
62 https://www.pilz.com/de-DE/company/press/messages/articles/216874

63 https://www.bloomberg.com/news/articles/2017-08-16/maersk-misses-estimates-as-cyberattack-set-to-hurt-third-quarter
64 https://www.abendblatt.de/hamburg/polizeimeldungen/article226363217/Wempe-zahlt-Erpressern-mehr-als-eine-Million-Euro-Loesegeld.html
65 Bericht der Zeitung BLICK vom 27.02.2020
66 https://www.proofpoint.com/de/newsroom/press-releases/neue-proofpoint-studie-2019-waren-90-prozent-der-unternehmen-mit-bec-und
67 https://www.bsi.bund.de/SharedDocs/Downloads/DE/BSI/Cyber-Sicherheit/Themen/Ransomware.pdf
68 https://www.bundeskriminalamt.at/202/Internet_kennen/files/882016_Neue_in_sterreich_auftretende_Verschlsselungs_Trojaner_Ransomware.pdf
69 https://www.forrester.com/report/Forresters+Guide+To+Paying+Ransomware/-/E-RES154595
70 https://mvd.gov.by/en/news/7309, Übersetzung durch automatisches Übersetzungsprogramm.
71 https://www.zdnet.com/article/bitdefender-releases-third-gandcrab-ransomware-free-decrypter-in-the-past-year/
72 https://www.security-insider.de/rdp-ist-riesiges-sicherheitsrisiko-fuer-unternehmen-a-852131/
73 https://www.marketsandmarkets.com/Market-Reports/ddos-protection-mitigation-market-111952874.html
74 https://techcrunch.com/2020/07/17/cloudflare-dns-goes-down-taking-a-large-piece-of-the-internet-with-it/
75 https://www.allianz-fuer-cybersicherheit.de/ACS/DE/_/downloads/BSI-CS/BSI-CS_005.pdf
76 https://www.bleib-virenfrei.de/it-sicherheit/ransomware-liste/
77 https://www.nytimes.com/2009/09/13/business/media/13note.html
78 https://blog.avast.com/de/2015/07/20/top-10-der-lastigsten-browser-toolbars
79 https://arstechnica.com/information-technology/2019/03/severe-ransomware-attack-cripples-big-aluminum-producer/
80 https://news.microsoft.com/transform/hackers-hit-norsk-hydro-ransomware-company-responded-transparency/
81 https://bundeskriminalamt.at/306/start.aspx
82 https://www.swissict.ch/cyberattacken-meldung-bei-den-behoerden/
83 https://www.ncsc.admin.ch/ncsc/de/home.html
84 https://www.gesetze-im-internet.de/bsi-kritisv/BSI-KritisV.pdf
85 https://www.bsi.bund.de/DE/IT-Sicherheitsvorfall/KRITIS/kritis.html
86 https://www.wirtschaftsschutz.info
87 https://www.wirtschaftsschutz.info
88 https://www.ncsc.admin.ch/ncsc/de/home.html
89 https://www.wko.at/Content.Node/kampagnen/cyber-security-hotline/index.html

2   Cybersecurity im Zeichen der Burg

1 https://netmarketshare.com/operating-system-market-share.aspx
2 https://www.microsoft.com/de-de/windows/windows-7-end-of-life-support-information
3 https://www.impulse.de/it-technik/technik-trends/windows-10/2184900.html
4 https://gs.statcounter.com/os-market-share/desktop/worldwide
5 https://www.zdnet.de/88381156/evilquest-neue-ransomware-fuer-macos-im-umlauf/

6 https://resources.malwarebytes.com/files/2020/02/2020_State-of-Malware-Report.pdf
7 https://securelist.com/shlayer-for-macos/95724/
8 https://www.comconsult.com/dominanz-usa-softwarehersteller/
9 https://www.welivesecurity.com/deutsch/2020/02/20/linux-malware-sorgen/
10 https://www.datto.com/resources/
11 https://www.heise.de/security/meldung/Gefahr-durch-automatische-Software-updates-749409.html
12 https://www.wired.com/story/notpetya-cyberattack-ukraine-russia-code-crashed-the-world/
13 https://www.theregister.com/2020/12/16/solarwinds_github_password/
14 https://www.wired.com/story/garmin-outage-ransomware-attack-workouts-aviation/
15 https://www.nytimes.com/2018/01/12/technology/uber-hacker-payment-100000.html
16 https://www.justice.gov/usao-ndca/pr/former-chief-security-officer-uber-charged-obstruction-justice
17 https://www.ft.com/content/65d9f8c8-7ed4-44a0-a94f-8a97023e955a
18 https://arstechnica.com/tech-policy/2014/05/photos-of-an-nsa-upgrade-factory-show-cisco-router-getting-implant/
19 https://hpi.de/news/jahrgaenge/2020/die-beliebtesten-deutschen-passwoerter-2020-platz-6-diesmal-ichliebedich.html
20 zitiert nach https://www.infranken.de/ratgeber/technik/computer-software/aendere-dein-passwort-tag-2020-die-beliebtesten-passwoerter-der-deutschen-art-4697185
21 https://www.bbc.com/news/uk-53263310
22 https://www.sueddeutsche.de/digital/encrochat-verschluesselung-europol-1.4956346
23 https://www.heise.de/news/Encrochat-geknackt-Schwerer-Schlag-gegen-organisierte-Kriminalitaet-4802419.html
24 https://www.europol.europa.eu/newsroom/news/dismantling-of-encrypted-network-sends-shockwaves-through-organised-crime-groups-across-europe
25 https://www.paloaltonetworks.com/resources/research/connected-enterprise-iot-security-report-2020
26 https://unit42.paloaltonetworks.com/iot-threat-report-2020/
27 https://www.it-daily.net/analysen/15027-hacker-bleiben-durchschnittlich-106-tage-unentdeckt https://www.fkie.fraunhofer.de/content/dam/fkie/de/documents/HomeRouter/HomeRouterSecurity_2020_Bericht.pdf
28 https://xlab.tencent.com/cn/2020/07/16/badpower/ – in chinesisch
29 https://business.sharpusa.com/Document-Systems/Security
30 https://www.funkschau.de/sicherheit-datenschutz/hintertuer-netzwerkdrucker.171805.html
31 zitiert nach: https://www.bleepingcomputer.com/news/security/new-research-shows-sorry-state-of-printer-security/
32 https://cybernews.com/security/we-hacked-28000-unsecured-printers-to-raise-awareness-of-printer-security-issues/
33 https://www.faz.net/aktuell/feuilleton/buecher/themen/stavanger-erklaerung-von-e-read-zur-zukunft-des-lesens-16000793.html
34 https://www.silicon.de/41643593/iot-bug-bei-miele-zeigt-fallstricke-der-digitalisierung-auf
35 https://www.sicher-im-netz.de/schadsoftware-im-google-play-store-diese-17-android-apps-sollten-sie-löschen
36 https://www.appbrain.com/stats
37 https://www.statista.com/statistics/276623/number-of-apps-available-in-leading-app-stores/

38 https://www.techbook.de/mobile/ios/ios-14-clipboard-aufgedeckt
39 https://arstechnica.com/gadgets/2020/06/tiktok-and-53-other-ios-apps-still-snoop-your-sensitive-clipboard-data/
40 https://support.apple.com/de-de/guide/mac-help/mchl70368996/mac
41 https://research.checkpoint.com/2019/agent-smith-a-new-species-of-mobile-malware/
42 https://www.wallofsheep.com/pages/juice
43 https://usa.kaspersky.com/resource-center/threats/darkhotel-malware-virus-threat-definition
44 https://www.zdnet.com/article/us-secret-service-warns-of-keyloggers-on-public-hotel-computers/
45 Übersetzung nach: https://www.itexperst.at/warnung-vor-keyloggern-hotel-businesscentern-7588.html
46 https://www.sueddeutsche.de/politik/hacker-bundeswehr-fuhrpark-1.4999944
47 https://www.cnbc.com/2019/04/23/how-hedge-funds-use-alternative-data-to-make-investments.html
48 https://arxiv.org/abs/1804.06752
49 zitiert nach: https://www.heise.de/newsticker/meldung/36C3-Wie-gaengige-Methoden-zur-Anonymisierung-von-Daten-versagen-4624450.html
50 https://de.wikipedia.org/wiki/Competitive_Intelligence
51 https://www.vice.com/en/article/qj454d/private-intelligence-location-data-xmode-hyas
52 http://appsso.eurostat.ec.europa.eu/nui/
53 https://www.karriere.de/mein-recht/monitoring-tools-wie-unternehmen-im-homeoffice-ihre-mitarbeiter-ueberwachen/25944870.html
54 https://www.microsoft.com/en-us/microsoft-365/blog/2020/12/01/our-commitment-to-privacy-in-microsoft-productivity-score/
55 https://krebsonsecurity.com/2020/08/porn-clip-disrupts-virtual-court-hearing-for-alleged-twitter-hacker/
56 https://www.globenewswire.com/news-release/2020/08/21/2081841/0/en/Cloud-Computing-Industry-to-Grow-from-371-4-Billion-in-2020-to-832-1-Billion-by-2025-at-a-CAGR-of-17-5.html
57 https://www.redbubble.com/de/i/t-shirt/Es-gibt-keine-Cloud-Es-ist-nur-jemand-anderes-Computer-von-ThreadsNouveau/30501592.FB110
58 https://resources.digitalshadows.com/digitalshadows/too-much-information-the-sequel
59 https://www.cpomagazine.com/cyber-%20security/2019-sans-institute-cloud-security-survey-reveals-top-threats-which-surprisingly-are-not-ddos-attacks/
60 https://cio.economictimes.indiatimes.com/news/digital-security/by-2022-at-least-95-pc-of-cloud-security-failures-will-be-organizations-fault/65438790
61 https://docs.aws.amazon.com/de_de/AmazonS3/latest/dev/access-control-block-public-access.html
62 https://www.digitalshadows.com/blog-and-research/2-billion-files-exposed-across-online-file-storage-technologies/
63 https://techbeacon.com/security/grammarly-leaks-everything-youve-ever-typed-service-everything
64 https://techcrunch.com/2019/10/10/grammarly-raises-90m-at-over-1b-valuation-for-its-ai-based-grammar-and-writing-tools/
65 https://www.kaspersky.de/blog/browser-extensions-security/15781/
66 https://www.bsi.bund.de/SharedDocs/Downloads/DE/BSI/Publikationen/Lageberichte/Lagebericht2014.pdf – Seite 31

67 https://www.welt.de/wirtschaft/webwelt/article9706432/Siemens-meldet-Hackerangriff-auf-Industrieanlagen.html
68 //Quelle Wikipedia//
69 https://www.golem.de/news/ransomware-honda-stoppt-produktion-wegen-wanna-cry-1706-128491.html
70 https://www.reuters.com/article/us-honda-cyber/honda-resumes-production-at-plants-hit-by-suspected-cyber-attack-idUSKBN23J0ND
71 https://www.bbc.com/news/technology-35746649
72 https://www.bbc.com/news/technology-35746649
73 https://www.computerworld.com/article/2487452/target-attack-shows-danger-of-remotely-accessible-hvac-systems.html
74 https://securityaffairs.co/wordpress/71433/hacking/fish-tank-hack.html
75 https://www.ncsc.gov.uk/news/defences-tested-as-cyber-attackers-take-aim-at-uk-sports-sector
76 https://theloadstar.com/alert-to-logistics-and-shipping-as-digital-detectives-uncover-new-cyber-attack/
77 https://www.zdnet.de/88312917/petya-ransomware-kostet-tnt-express-300-millionen-dollar/
78 https://www.securityweek.com/hackers-attack-shipping-and-logistics-firms-using-malware-laden-handheld-scanners
79 https://trapx.com/anatomy-of-an-attack-1/ – Übersetzung durch DeepL – kleine Korrekturen durch den Autor
80 https://news.utexas.edu/2013/07/29/ut-austin-researchers-successfully-spoof-an-80-million-yacht-at-sea/
81 https://assets.publishing.service.gov.uk/government/uploads/system/uploads/attachment_data/file/642598/cyber-security-code-of-practice-for-ships.pdf
82 https://electrek.co/2017/07/17/tesla-fleet-hack-elon-musk/
83 https://keenlab.tencent.com/en/2017/07/27/New-Car-Hacking-Research-2017-Remote-Attack-Tesla-Motors-Again/
84 https://electrek.co/2020/08/27/tesla-hack-control-over-entire-fleet/
85 https://blog.mercedes-benz-passion.com/2020/09/der-drive-pilot-der-neuen-s-klasse-kann-level-3/
86 https://www.cnbc.com/2019/04/03/chinese-hackers-tricked-teslas-autopilot-into-switching-lanes.html
87 https://www.wired.com/2015/07/hackers-remotely-kill-jeep-highway/, http://illmatics.com/Remote%20Car%20Hacking.pdf
88 https://www.ingenieur.de/technik/fachbereiche/fahrzeugbau/nach-hack-fiat-chrysler-ruft-1-4-millionen-fahrzeuge-zurueck/
89 https://www.kaspersky.com/blog/blackhat-jeep-cherokee-hack-explained/9493/
90 https://www.gao.gov/products/GAO-15-370
91 https://www.seattletimes.com/business/boeing-aerospace/newly-stringent-faa-tests-spur-a-fundamental-software-redesign-of-737-max-flight-controls/
92 https://ioactive.com/in-flight-hacking-system/
93 https://www.forbes.com/sites/thomasbrewster/2018/08/09/this-guy-hacked-hundreds-of-planes-from-the-ground/#3e6330a546f2
94 https://edition.cnn.com/2015/05/17/us/fbi-hacker-flight-computer-systems/index.html
95 https://www.sita.aero/resources/type/surveys-reports/air-transport-cybersecurity-insights-2018

96 https://www.welt.de/regionales/hamburg/article161488812/Serverausfall-legt-gesamten-Flughafen-Hamburg-lahm.html
97 https://www.immuniweb.com/blog/state-of-cybersecurity-top-100-airports.html
98 https://www.infobae.com/politica/2020/09/05/la-direccion-nacional-de-migraciones-denuncio-que-un-grupo-de-hackers-robo-informacion-y-ahora-le-pide-un-rescate-millonario/
99 https://www.bfdi.bund.de/DE/Datenschutz/Themen/Sicherheit_Polizei_Nachrichtendienste/SicherheitArtikel/AutomatisierteBiometriegestuetzteGrenzkontrolle.html
100 https://www.welt.de/wirtschaft/article211008233/Wo-ist-Jan-Marsalek-Gefaelschte-Einreiseunterlagen-fuer-Ex-Wirecard-Vorstand.html
101 https://www.nytimes.com/2020/07/28/us/politics/china-vatican-hack.html
102 https://www.welt.de/print/die_welt/finanzen/article153828555/In-Schweden-hat-kaum-jemand-mehr-Bargeld.html
103 https://www.ekd.de/digitaler-klingelbeutel-36096.htm)
104 https://www.datastore365.co.uk/bristol-church-becomes-latest-victim-of-ransomware-attack/
105 https://www.insights.uca.org.au/keeping-cyber-safe/
106 https://www.zdnet.com/article/vulnerabilities-found-in-ge-anesthesia-machines/
107 https://www.zdnet.com/article/vulnerabilities-found-in-ge-anesthesia-machines/
108 https://www.aerzteblatt.de/archiv/175147/Medizinische-IT-Netzwerke-Cybersicherheit-als-Herausforderung
109 https://www.regulatory-affairs.org/entwicklungsprozesse/artikelseite-entwicklungsprozesse/cyberschutz-ist-patientenschutz-neuer-leitfaden-erschienen/
110 https://www.ign.com/articles/2012/12/03/homeland-broken-hearts-review
111 https://scholarworks.umass.edu/cgi/viewcontent.cgi?referer=https://ioactive.com/&httpsredir=1&article=1067&context=cs_faculty_pubs
112 https://www.massdevice.com/dhs-warns-on-medtronic-mycarelink-cybersecurity-vulnerabilities/

3 Ungleichgewicht zwischen Angriff und Verteidigung

1 https://www.mcafee.com/blogs/languages/german/9-arten-von-hackern-und-ihre-unterschiedlichen-motive/
2 https://www.beobachter.ch/burger-verwaltung/akw-muhleberg-einladung-fur-hacker
3 https://www.zdnet.com/article/study-finds-the-average-price-for-renting-a-botnet/
4 https://citizenlab.ca/2020/06/dark-basin-uncovering-a-massive-hack-for-hire-operation/
5 nach: https://www.cbc.ca/news/technology/indian-cyber-firm-1.5604376?cmp=rss
6 https://www.nationalheraldindia.com/national/how-a-delhi-based-obscure-firm-executed-global-cyber-heist
7 https://www.wiwo.de/unternehmen/mittelstand/technologieklau-datendiebe-im-firmennetzwerk/5752142.html
8 https://www.verfassungsschutz.bayern.de/spionageabwehr/wirtschaftsschutz/wirtschaftspionage/index.html
9 zitiert nach: https://www.tagesschau.de/ausland/snowden-177.html
10 https://www.pressebox.de/inaktiv/tuev-informationstechnik-gmbh/Mehr-als-zwei-Drittel-der-deutschen-Unternehmen-ordnen-IT-Sicherheit-der-Produkt-Performance-unter/boxid/875832
11 https://www.bleepingcomputer.com/news/security/ransomware-gangs-to-stop-attacking-health-orgs-during-pandemic/

12 https://www.zdnet.com/article/czech-hospital-hit-by-cyber-attack-while-in-the-midst-of-a-covid-19-outbreak/
13 https://blog.emsisoft.com/de/33791/zahlen-oder-nicht-zahlen-eine-kosten-nutzen-analyse-fuer-ransomware-loesegelder/
14 https://www.sisainfosec.com/blogs/insider-threat-human-vulnerabilities-resulting-in-cyber-attacks/
15 Panda Security 2020
16 Observe IT 2020
17 https://www.theregister.com/2020/08/24/kpmg_microsoft_teams/
18 https://www.bleepingcomputer.com/news/legal/former-it-admin-accused-of-leaving-backdoor-account-accessing-it-700-times/
19 https://www.computerworld.com/article/2541126/unix-admin-pleads-guilty-to-planting-logic-bomb-at-medco-health.html
20 https://www.bleepingcomputer.com/news/security/cisco-engineer-resigns-then-nukes-16k-webex-accounts-456-vms/
21 https://techcrunch.com/2020/08/04/anthony-levandowski-sentenced-to-18-months-in-prison-as-new-4b-lawsuit-against-uber-is-filed/
22 https://www.spiegel.de/spiegel/print/d-13682422.html
23 https://www.nytimes.com/1997/01/10/business/vw-agrees-to-pay-gm-100-million-in-espionage-suit.html
24 https://www.arbeitsrechte.de/pc-ueberwachung-am-arbeitsplatz/
25 https://www.jsof-tech.com/ripple20/
26 zitiert nach: https://mp.weixin.qq.com/s?__biz=MzA4MDQ4NjMwOA==&mid=2651450911&idx=1&sn=f4d41b6fae77ece8493fdec1197d97f0&chksm=-845ec4d4b3294dc23df1d6ecba1e76ccec9ac6533aef4403ecf34f9b72e4cb3c7c94e57dfc89&mpshare=1&scene=1&srcid=1024DskPGO5o4Jgp1qYNtrDZ#wechat_redirect – Übersetzung mit Google Translate
27 https://www.securityweek.com/over-500000-iot-devices-vulnerable-mirai-botnet
28 https://de.wikipedia.org/wiki/Mirai_(Computerwurm)
29 https://www.kaspersky.de/about/press-releases/2017_cyberattacken-auf-industriecomputer-fast-40-prozent-im-zweiten-halbjahr-2016-betroffen
30 https://blog.rapid7.com/2015/12/20/cve-2015-7755-juniper-screenos-authentication-backdoor/
31 https://www.tomshardware.com/news/cisco-backdoor-hardcoded-accounts-software,37480.html
32 https://securityaffairs.co/wordpress/105762/hacking/c-data-ftth-devices-backdoors.html
33 zitiert nach: https://github.com/jgamblin/Mirai-Source-Code/blob/master/mirai/bot/scanner.c
34 https://droidchart.com/en/brands
35 https://blog.checkpoint.com/2020/08/06/achilles-small-chip-big-peril/
36 https://kojenov.com/2020-09-15-hisilicon-encoder-vulnerabilities/
37 https://informationisbeautiful.net/visualizations/million-lines-of-code/
38 siehe dazu fundiert: Steve McConnell: »Code Complete A Practical Handbook of Software Construction«, Microsoft Press
39 https://www.nytimes.com/2000/12/14/technology/cartoon-captures-spirit-of-the-internet.html
40 https://www.bbc.com/news/world-africa-54051424
41 https://www.felix-bauer-it.de/blog/gefaelschte-vpn-seiten-verbreiten-schadsoftware/
42 https://www.felix-bauer-it.de/blog/gefaelschte-vpn-seiten-verbreiten-schadsoftware/

43 https://securelist.com/the-nukebot-banking-trojan-from-rough-drafts-to-real-threats/78957/
44 https://www.finyear.com/14-cyber-attacks-on-crypto-exchanges-resulted-in-a-loss-of-882-million_a40041.html
45 https://www.news18.com/news/tech/alibaba-servers-in-india-stealing-data-of-indian-users-probe-soon-intelligence-sources-2878405.html
46 https://www.theregister.com/2018/04/25/dji_data_security_audit/
47 https://www.theregister.com/2020/09/10/dji_local_data_mode_us_potential_ban/
48 https://www.forbes.com/sites/thomasbrewster/2020/04/30/exclusive-warning-over-chinese-mobile-giant-xiaomi-recording-millions-of-peoples-private-web-and-phone-use/
49 https://www.theregister.com/2020/11/14/google_android_data_allowance/
50 https://www.zdnet.com/article/average-tenure-of-a-ciso-is-just-26-months-due-to-high-stress-and-burnout/
51 https://media.nominetcyber.com/wp-content/uploads/2020/02/Nominet_The-CISO-Stress-Report_2020_V10.pdf
52 https://www.washingtonpost.com/news/the-switch/wp/2017/09/19/equifaxs-top-security-exec-made-some-big-mistakes-studying-music-wasnt-one-of-them/
53 https://www.theguardian.com/technology/2017/sep/15/equifax-hack-susan-mauldin-david-webb
54 https://www.washingtonpost.com/news/the-switch/wp/2017/09/19/equifaxs-top-security-exec-made-some-big-mistakes-studying-music-wasnt-one-of-them/
55 http://securities.stanford.edu/filings-documents/1063/EI00_15/2019128_r01x_17CV03463.pdf
56 https://krebsonsecurity.com/2020/07/thinking-of-a-cybersecurity-career-read-this/
57 https://www.herjavecgroup.com/wp-content/uploads/2019/10/HG-CV-2019-Cybersecurity-Jobs-Report.pdf
58 // am 07.08.2019 unter dem Titel »Cybersecurity pros name their price as data hacking attacks swell«//
59 Vgl. »Security Risks and Protection in Online Learning: A Survey«, in: *The International Review of Research in Open and Distance Learning* (Vol 14/No.5), December 2013
60 https://www.bsi.bund.de/DE/Themen/Unternehmen-und-Organisationen/Standards-und-Zertifizierung/IT-Grundschutz/it-grundschutz_node.html

4 Künstliche Intelligenz und Cybersicherheit

1 https://www.capgemini.com/de-de/news/ai-in-cybersecurity/
2 https://www.zdnet.com/article/ai-set-to-replace-humans-in-cybersecurity-by-2030-says-trend-micro/
3 https://www.sciencemag.org/news/2018/07/turtle-or-rifle-hackers-easily-fool-ais-seeing-wrong-thing
4 https://www.theverge.com/2020/9/2/21419012/edgenuity-online-class-ai-grading-keyword-mashing-students-school-cheating-algorithm-glitch
5 https://www.businessinsider.de/gruenderszene/technologie/studie-ki-startups/
6 https://eprint.iacr.org/2017/613.pdf
7 https://futurezone.at/science/hacker-trickst-tesla-aus-auto-faehrt-80-kmh-zu-schnell/400758744
8 https://www.golem.de/news/autonomes-fahren-forscher-taeuschen-strassenschilderkennung-mit-kfc-schild-1802-132874.html

9. https://www.heise.de/newsticker/meldung/Fast-jeder-Dritte-in-Deutschland-nutzt-Sprachassistenten-4443365.html
10. https://www.heise.de/newsticker/meldung/Fast-jeder-Dritte-in-Deutschland-nutzt-Sprachassistenten-4443365.html
11. https://arxiv.org/pdf/1801.01944.pdf
12. https://www.bloomberg.com/news/articles/2020-03-20/locked-down-lawyers-warned-alexa-is-hearing-confidential-calls
13. https://source.wustl.edu/2020/02/surfing-attack-hacks-siri-google-with-ultrasonic-waves/
14. https://surfingattack.github.io/papers/NDSS-surfingattack.pdf
15. https://nicholas.carlini.com/code/audio_adversarial_examples/
16. https://wirtschaftslexikon.gabler.de/definition/deepfake-120960
17. https://mixed.de/samsung-ki-animiert-koepfe-auf-fotos-und-gemaelden-anhand-realer-mimik/
18. https://mixed.de/deepfake-stallone-ersetzt-schwarzenegger-im-terminator/
19. https://www.perseus.de/wissen/blog/news/liebesgruesse-aus-hollywood/
20. https://www.wsj.com/articles/fraudsters-use-ai-to-mimic-ceos-voice-in-unusual-cybercrime-case-11567157402
21. https://www.whichfaceisreal.com
22. https://www.fastcompany.com/90332538/how-to-spot-the-creepy-fake-faces-who-may-be-lurking-in-your-timelines-deepfaces
23. https://www.theregister.com/2019/06/17/roundup_ai/
24. https://www.computerweekly.com/de/meinung/Kuenstliche-Intelligenz-in-der-IT-Security-Nur-ein-Hype
25. https://people.csail.mit.edu/kalyan/AI2_Paper.pdf

5 Ohne wirksames Gegenmittel

1. https://www.crunchbase.com/organization/eiqnetworks
2. zitiert nach https://techcrunch.com/2020/09/03/cygilant-ransomware/, Übersetzung durch den Autor
3. https://www.immuniweb.com/blog/state-cybersecurity-dark-web-exposure.html. Als »führend« und damit für den Test qualifiziert wurden Unternehmen bewertet, die wichtigen Verbänden angehören oder auf wesentlichen Branchenevents Teilnehmer waren.
4. https://www.spiegel.de/netzwelt/web/citycomp-erpresser-drohen-mit-veroeffentlichung-von-grosskunden-daten-a-1265204.html
5. https://www.spiegel.de/netzwelt/web/citycomp-erpresser-drohen-mit-veroeffentlichung-von-grosskunden-daten-a-1265204.html
6. https://www.citycomp.de/unternehmen/stellungnahme.html
7. https://www.handelsblatt.com/finanzen/banken-versicherungen/cyberrisiken-grossangriff-auf-die-banken-die-aufseher-sind-alarmiert/25399206.html
8. https://www.techbook.de/news/cyberattacke-bei-der-dkb
9. https://www.deutschlandfunk.de/it-sicherheit-solarwind-attacke-betrifft-auch-deutsche.684.de.html?dram:article_id=490528
10. https://www.theregister.com/2020/12/16/solarwinds_github_password/
11. https://www.heise.de/security/meldung/Sicherheitspatches-Trend-Micro-Security-fuer-Attacken-anfaellig-4641930.html
12. https://winfuture.de/news,23878.html

13 https://web.archive.org/web/20060206220611/http://www.infoworld.com/article/06/01/13/73792_03OPcringley_1.html
14 https://www.zerodayinitiative.com/advisories/ZDI-20-803/
15 https://www.beforecrypt.com/de/wie-funktioniert-es/
16 https://www.beforecrypt.com/de/wie-funktioniert-es/
17 https://krebsonsecurity.com/2020/07/ransomware-gangs-dont-need-pr-help/
18 https://www.sec.gov/litigation/litreleases/2020/lr24905.htm)

6 Investitionen in Cybersicherheit

1 https://ap-verlag.de/der-it-security-markt-legt-bis-2020-um-mehr-als-15-prozent-zu/46989/
2 https://www.hiscox.com/documents/2019-Hiscox-Cyber-Readiness-Report.pdf
3 https://www.hiscox.com/documents/2019-Hiscox-Cyber-Readiness-Report.pdf
4 https://www2.deloitte.com/de/de/pages/risk/articles/cyber-security-report.html
5 https://dl.acm.org/doi/10.1145/581271.581274
6 https://www.cio.de/a/gebrauchsanweisung-fuer-kpis,2934944
7 https://www.cio.de/a/ein-it-mitarbeiter-betreut-105-anwender,2217433
8 https://www.finanznachrichten.de/nachrichten-2020-08/50484380-saferide-technologies-erweitert-vsentry-edge-ai-mit-neuer-cybersecurity-loesung-fuer-automotive-ethernet-netzwerke-007.htm
9 https://isg-one.com/research/isg-provider-lens/study/cyber-security-solutions-services-2019/studie
10 https://owasp.org/www-project-cyber-defense-matrix/
11 Übersetzung ins Deutsche über www.deepl.com, Korrekturen durch den Autor

7 Die Kronjuwelen Ihres Unternehmens

1 https://www.bsi.bund.de/DE/Themen/ITGrundschutz/itgrundschutz_node.htmltz
2 https://www.bsi.bund.de/DE/Themen/Cyber-Sicherheit/Empfehlungen/cyberglossar/Functions/glossar.html
3 https://www.sueddeutsche.de/auto/probleme-beim-carsharing-teure-tuecken-der-technik-1.2114131
4 https://techcrunch.com/2020/06/15/walmart-partners-with-shopify-to-expand-its-online-marketplace/
5 https://www.sueddeutsche.de/digital/google-cloud-ausfall-youtube-shopify-snapchat-1.4472709
6 https://blog.cloudflare.com/analysis-of-todays-centurylink-level-3-outage/
7 https://www.gosquared.com/blog/googles-downtime-40-drop-in-traffic
8 https://www.ksta.de/wirtschaft/internetknoten-de-cix-stromausfall-sorgte-bundesweit-fuer-panik-29995920
9 Kersten, H., Klett G. (2012): »Sicherheitsziele auf allen Ebenen«. In: Kersten, H. u.a. (Hg.): Der IT Security Manager. Springer Vieweg, Wiesbaden
10 https://bits.blogs.nytimes.com/2012/05/30/apples-tim-cook-on-steve-jobs-leadership-and-manufacturing/
11 https://theoutline.com/post/1766/leaked-recording-inside-apple-s-global-war-on-leakers?zd=1&zi=y2pki2sc
12 https://www.businessinsider.com/the-most-extreme-examples-of-secrecy-at-apple-2013-7?r=DE&IR=T

13 https://www.bsi.bund.de/DE/Themen/Cyber-Sicherheit/Empfehlungen/cyberglossar/Functions/glossar.html
14 https://www.sueddeutsche.de/digital/interview-zum-stuxnet-sabotagevirus-die-buechse-der-pandora-ist-geoeffnet-1.1005985
15 https://www.degruyter.com/view/journals/mks/98/3/article-p257.xml
16 https://www.handelszeitung.ch/unternehmen/toblerone-besitzer-mondelez-verklagt-zurich-wegen-cyberattacke

Keine Illusionen, aber ein Hoffnungsschimmer

1 vom 17.09.2020 gerichtet an die Mitglieder des Rechtsausschusses des Landtags zum »Stand des Ermittlungsverfahrens zum Cyberangriff auf die Uniklinik Düsseldorf« (Aktenzeichen 4059 E-III.23/20)
2 ebenda S. 3

DER AUTOR

© René Sputh

Thomas R. Köhler ist einer der profiliertesten Vordenker zum Thema Cybersicherheit und Verfasser mehrerer Bücher zur Sicherheit im Netz. Er bringt Erfahrung aus universitärer Forschung und Lehre, Unternehmensberatung und eigenen Unternehmen mit. Als Geschäftsführer der Münchner Technologieberatung CE21 berät er Unternehmen und öffentliche Einrichtungen bei der Bewertung von Cyberrisiken und dem Aufbau und Betrieb sicherer Infrastrukturen. Köhler ist seit 2019 Research Professor am Center for International Innovation der Hankou University (China).